アグリフォトニクス II
―LEDを中心とした植物工場の最新動向―

Agri-Photonics II
―The Latest Technology of Plant Factories with LED Lighting―

《普及版／Popular Edition》

監修 後藤英司

シーエムシー出版

刊行にあたって

　植物工場は，天候の影響を受けずに同一作物を同一品質で年間を通して計画生産できる画期的な植物生産システムである。我が国では 1980 年代から植物工場が実用化され，季節を問わずに無農薬で高品質な野菜と花を消費者に届け，良質の作物苗を生産者に供給している。植物工場は，あまり知られていないことであるが，省資源で環境にやさしい生産システムである。安全・安心な食料を提供する場として，また高付加価値の農作物を生産する場として今後の発展が期待されている。植物工場はまた，工業原料用植物や植林用樹木の苗の大量生産，薬用植物の生産，医療用原材料用植物の生産の場としても注目されている。

　我が国の植物工場は，太陽光利用型に加えて人工光型で商業生産を行っている点でユニークであり，世界中から関心を集めている。2000 年代後半から農林水産省と経済産業省が農商工連携，6 次産業化のモデルとして植物工場・施設園芸の普及拡大のために研究開発，技術実証，商業生産施設に支援をしている。植物工場を構築するためのハードウエアとソフトウエア，環境制御技術および栽培技術は世界一と言えよう。他方，LED は，20 世紀後半に誕生して以降急激に進歩し，様々な産業で使用されるようになった。我が国は LED の開発と応用において世界をリードしていることは言うまでもない。そこで，我が国が誇る植物工場と LED の技術を結びつければ新たな植物生産を創造できるという期待が高まる。

　1990 年代に入り，LED と植物工場を融合して 21 世紀型植物生産を作り出す研究開発が始まった。当初は LED は高価で，利用できる波長も限られていたため一部の研究者しか扱えなかったが，LED は 2000 年以降価格が下がり，植物生育に有効な多種の波長の素子を利用できるようになった。最近は LED を用いる人工光型植物工場が登場し，生産施設向けの植物用光源の販売も始まっている。

　本書は，我が国でこの 10 数年間以上にわたって精力的に進められている「LED と植物育成」に関する研究開発の最前線を紹介している。前版（『アグリフォトニクス－LED を利用した植物工場をめざして－』は 4 年前に出版され大変に好評であった。この数年間の LED 応用に関する技術開発の進展は顕著であり，今回，読者の期待に応えるべく，最新のデータを加えて内容を一新した。本書のカバーする内容は，植物反応を詳細に調べる基礎研究，生産現場を見据えた栽培試験，植物育成用照明装置の開発，照明装置の応用，LED を用いる植物工場の実際までと幅広い。読者は，この分野で活躍し研究開発に取り組む著者の方々の文面から，LED と植物工場の融合による 21 世紀型植物生産への夢と期待を実感することに違いない。そして本書を通じて研究開発動向の理解と知識を得て，LED 植物工場の将来像を描くことができよう。

2012 年 11 月

後藤英司

普及版の刊行にあたって

　本書は2012年に『アグリフォトニクス II―LEDを中心とした植物工場の最新動向―』として刊行されました。普及版の刊行にあたり，内容は当時のままであり加筆・訂正などの手は加えておりませんので，ご了承ください。

　2019年5月

シーエムシー出版　編集部

執筆者一覧（執筆順）

後藤　英司	千葉大学　大学院園芸学研究科　環境調節工学研究室　教授	
伊藤　保	㈱三菱総合研究所　地域経営コンサルティンググループ	
鈴木　廣志	昭和電工㈱　研究開発本部　技術戦略室　戦略マーケティングセンター長	
石渡　正紀	パナソニック㈱　エコソリューションズ社　ライティング事業グループ　R&Dセンター　光応用技術開発グループ　参事	
渡邊　博之	玉川大学　農学部　教授	
中村　謙治	エスペックミック㈱　環境モニタリング事業部　部長	
森　一生	㈱森久エンジニアリング　代表取締役	
辻　昭久	日本アドバンストアグリ㈱　代表取締役	
福田　直也	筑波大学　生命環境系　准教授	
久松　完	㈳農業・食品産業技術総合研究機構　花き研究所　花き研究領域　主任研究員	
雨木　若慶	東京農業大学　農学部　農学科　教授	
庄子　和博	（一財）電力中央研究所　環境科学研究所　バイオテクノロジー領域　主任研究員	
伊藤　真一	山口大学　農学部　教授	
吉村　和正	（地独）山口県産業技術センター　企業支援部　光・ナノ粒子応用チーム　専門研究員	
荊木　康臣	山口大学　農学部　教授	
土屋　和	MKVドリーム㈱　開発センター	
田林　紀子	ホクサン㈱　農業科学研究所　副主任研究員	
彦坂　晶子	千葉大学　大学院園芸学研究科　環境調節工学研究室　准教授	
中島　啓之	㈱朝日工業社　営業本部　リノベーション推進部	
澤田　裕樹	鹿島建設㈱　エンジニアリング本部　次長	
富士原和宏	東京大学　大学院農学生命科学研究科　教授	
谷野　章	島根大学　生物資源科学部　准教授	
宮坂　裕司	シーシーエス㈱　新規事業部門　施設園芸グループ　施設園芸セクション	
秋間　和広	シーシーエス㈱　技術・研究開発部門　光技術研究所　光技術研究セクション　主席技師	
岡田　透	㈱シバサキ　顧問	
阿波加和孝	IDEC㈱　環境事業推進部　植物工場ラボ　担当リーダ	
金満　伸央	スタンレー電気㈱　横浜技術センター　新規事業開発室　主任技師	
岡﨑　聖一	㈱キーストーンテクノロジー　代表取締役社長 兼 CEO；鹿児島大学　大学院連合農学研究科　博士後期課程	
齋藤　和興	㈱セネコム　代表取締役社長	

執筆者の所属表記は，2012年当時のものを使用しております。

目　次

【総論 編】

第1章　光と植物工場　　後藤英司

1　はじめに……………………………………1
2　植物工場の種類……………………………1
3　植物工場の光源……………………………2
　3.1　完全人工光型…………………………2
　3.2　太陽光利用型…………………………3
4　LEDの活用場面……………………………3
5　植物に作用する光の波長域………………5
　5.1　光源……………………………………5
　　5.1.1　紫外線（Ultraviolet radiation; UV）…………………………………5
　　5.1.2　光合成有効放射（Photosynthetically active radiation; PAR）……………………6
　　5.1.3　遠赤色光（Farred; FR）………6
　5.2　植物……………………………………6
6　植物の光に対する反応……………………7
7　植物が光質を認識する方法………………7
8　光質のパラメータ…………………………8
　8.1　B/R比とR/B比………………………8
　8.2　R/FR比………………………………8
　8.3　フィトクロム光平衡 ϕ（Pfr/P）……8
　8.4　UVの強度……………………………8
9　植物育成用光源としてのLED利用の留意点………………………………………9
　9.1　波長別のエネルギーと光量子数……9
　9.2　白色LED……………………………11

第2章　植物工場の実用化の現状　　伊藤　保

1　拡大する植物工場市場……………………13
2　淘汰の歴史を繰り返す植物工場入退場の歴史………………………………………15
3　本格的な実用化の時代到来へ……………16
4　ひとつの産業として自立するために……17
　4.1　業界スタンダードの構築……………18
　4.2　エネルギーに対する配慮……………18

第3章　LED素子の開発動向　　鈴木廣志

1　はじめに……………………………………20
2　植物育成用高輝度LEDについて…………20
3　4元系発光ダイオードの製造……………21
4　波長の制御…………………………………22
5　高出力化，高効率化………………………22
6　LED照明の利点……………………………23
　6.1　省エネの効果…………………………23
　6.2　波長の選択……………………………23

  6.3 適用範囲の拡大……………………24
7 照明器具への応用と今後の課題………24
  7.1 LED 照明器具の種類………………24
  7.2 LED 照明を上手に使いこなすために
    ………………………………………25
  7.3 LED 照明の更なる普及を目指して
    ………………………………………26

第4章　LED 照明の現状と将来　　石渡正紀

1 はじめに……………………………………27
2 LED の特徴と LED 照明の現状…………28
  2.1 寿命…………………………………28
  2.2 省電力・高効率……………………29
  2.3 放射光に紫外線や赤外線を含まない
    ………………………………………29
  2.4 直流点灯……………………………29
  2.5 低温で発光効率が低下しない………30
3 効率低下の要因……………………………30
4 照明用途での LED 応用の変遷…………31
5 植物育成分野への応用……………………33
6 植物育成用光源としての直管形 LED ランプ
  ………………………………………………34
7 LED 照明の関連法規と規格化……………35
8 おわりに……………………………………36

【完全人工光型植物工場の照明技術 編】

第5章　LED を用いた野菜工場　　渡邊博之

1 はじめに……………………………………38
2 植物栽培光源としての LED のメリット
  ………………………………………………38
  2.1 単色性………………………………38
  2.2 近接照射……………………………40
  2.3 形状…………………………………41
3 植物栽培光源としての LED の課題……41
  3.1 高輝度化……………………………41
  3.2 ランプコスト………………………42
  3.3 耐久性………………………………42
4 ダイレクト水冷式ハイパワー LED の開発
  ………………………………………………42
  4.1 水冷式 LED パネル…………………42
  4.2 LED チップの水冷構造の構築………43
5 玉川大学 Future Sci Tech Lab 植物工場研究施設…………………………………………44
6 おわりに……………………………………45

第6章　蛍光灯を用いた野菜工場—コンテナ式；大阪府立大学—

中村謙治

1 はじめに……………………………………47
2 コンテナ式植物工場………………………47
  2.1 開発の経緯…………………………47
  2.2 蛍光灯を用いたコンテナ式…………48

2.3 蛍光灯とLEDを併用したコンテナ式 ……………………………………48
2.4 太陽光発電を組合せたコンテナ式…49
3 大阪府立大学植物工場研究センターにおける蛍光灯利用植物工場 ………………50

3.1 大阪府立大学植物工場研究センター農水棟施設について ………………50
3.2 機能性植物生産室 …………………50
3.3 多層型植物生産室 …………………51
3.4 空調設備について …………………52

第7章 蛍光灯とその反射光を利用した植物工場　　森　一生

1 はじめに ………………………………53
2 わが国の農業を取り巻く環境 …………54
3 完全人工光型植物工場と農業 …………55
　3.1 植物工場の抱えてきた課題 ………55
　3.2 人工光型植物工場の概要 …………55
　3.3 植物工場の栽培コストと野菜の品質 ………………………………………56
4 どうすれば，コストを抑えて採算のとれる植物工場が出来るか？ ………………56
　4.1 照明の方法 …………………………56
　4.2 放物面反射板 ………………………57
　4.3 蛍光ランプのソケット付近の照度低下に対する対策 ……………………58
　4.4 蛍光ランプからの熱の除去 ………58
5 環境，エネルギーから見た植物工場 …58
6 従来農業と植物工場のすみ分け ………60
7 マイ野菜市民農園 ……………………60
8 植物工場の普及 ………………………61
9 おわりに ………………………………62

第8章 HEFLをもちいた「アグリからライフサイエンス事業」への転換！植物工場産シャキシャキ塩味「美容と健康のツブリナブランド」の日産日消事業　　辻　昭久

1 はじめに ………………………………63
2 完全人工光型植物工場の事業モデルを考える ……………………………………63
3 光質制御可能な人工照明を考える ……64
　3.1 HEFL照明 …………………………65
　3.2 LED照明 ……………………………65
4 アイスプラント（ツブリナ）とは ……66
　4.1 「ツブリナ」ブランドの特徴 ………66
　4.2 アイスプラントの特徴 ……………66
　4.3 アイスプラントの機能性成分 ……67
5 「ツブリナ」栽培技術 …………………67
　5.1 「ツブリナ」のシャキシャキした食感 ………………………………………67
　5.2 「ツブリナ」の塩味度と機能性評価 ………………………………………67
　5.3 「ツブリナ」栽培環境技術 …………68
　5.4 「ツブリナ」栽培装置技術 …………68
6 「ツブリナ」の事業化 …………………69
　6.1 「ツブリナ」のマーケッティングと特徴 …………………………………69
　6.2 「ツブリナ」の予防医学研究 ………70
7 おわりに ………………………………71

【太陽光利用型植物工場の照明技術 編】

第9章　温室における補光栽培技術の可能性　　福田直也

1　農業生産現場における補光技術……………72
2　光合成促進を主目的とした補光の照明方法……………………………………………72
3　補光における理想的な照明方法とは？……75
4　作物栽培現場で用いられている各種人工光源の特性………………………………76
5　LEDを利用した補光栽培技術とその可能性……………………………………………77
　5.1　光質による野菜や花の開花制御……79
　5.2　人工光利用による植物の代謝制御……79
6　おわりに…………………………………80

第10章　電照補光　　久松　完

1　はじめに……………………………………82
2　電照を用いた生育・開花調節の鍵となる光応答の生理機構…………………………82
　2.1　光周性………………………………83
　2.2　避陰反応……………………………86
3　電照補光の現状……………………………87
4　光環境の計量法……………………………89
　4.1　単位…………………………………89
　4.2　計測機器（センサー）の特徴………89
　　4.2.1　照度計…………………………90
　　4.2.2　光量子計………………………91
　　4.2.3　放射照度計……………………91
　　4.2.4　分光放射照度計………………91
5　今後の課題…………………………………92

【光に対する作物の反応メカニズムとその生育制御 編】

第11章　LED下における園芸植物の光応答反応　　雨木若慶

1　はじめに……………………………………93
2　植物の光受容体と情報伝達………………93
3　異なる光質下での植物の反応……………95
　3.1　スイートバジルの精油成分含量と節間伸長に及ぼす光質の影響………96
　3.2　観葉植物における赤LED単色光のクロロフィル形成阻害………………97
　3.3　シソの長日下での成長・開花反応……98
　3.4　LED補光による成長促進・品質向上………………………………………100
4　植物の光応答反応の解析と光環境評価の問題点……………………………………103
　4.1　ペチュニアの育苗環境がその後の成長・開花に及ぼす影響………………103
　4.2　栽培時と暗期中断時の光質とその作用評価………………………………104

第12章　光制御による野菜の高品質化　　庄子和博

1 はじめに……………………………107
2 サニーレタスのアントシアニン蓄積を促進する光制御……………………107
　2.1 青色光，UV-A および UV-B の夜間照射がサニーレタスの成長と着色に及ぼす影響……………………107
　2.2 青色光と赤色光の割合がサニーレタスのアントシアニン蓄積と生合成遺伝子の発現に及ぼす影響………109
3 バジルのポリフェノール蓄積を促進する光制御……………………………110
　3.1 連続光処理による抗酸化活性と総ポリフェノール蓄積量の変化………111
　3.2 ポリフェノール類の同定と光質による蓄積量の変化…………………111
　3.3 ロズマリン酸生合成酵素遺伝子の発現…………………………………112
4 おわりに……………………………113

第13章　光を用いた花きの生育制御　　久松　完

1 はじめに……………………………114
2 光合成促進を目的とした補光…………114
3 生育・開花調節を目的とした補光……115
　3.1 キクの事例………………………115
　3.2 トルコギキョウの事例……………117
　3.3 その他花き類の光質応答に関する事例…………………………………118
4 花成ならびに花成関連遺伝子発現に及ぼす光質の影響……………………119
　4.1 キクの花成ならびに FTL3 遺伝子発現に及ぼす暗期中断時の光質の影響…………………………………119
　4.2 トルコギキョウの生育ならびに花成関連遺伝子発現に及ぼす光質の影響…………………………………121
5 おわりに……………………………124

第14章　LEDを用いた野菜の病害抵抗性向上　　伊藤真一，吉村和正，荊木康臣

1 はじめに……………………………125
2 植物の病害抵抗性……………………126
　2.1 静的抵抗性と動的抵抗性…………126
　2.2 病害抵抗性の誘導…………………127
3 LEDによる植物の病害抵抗性誘導……127
　3.1 赤色光………………………………127
　3.2 緑色光………………………………127
　3.3 紫外線………………………………128
　3.4 紫色光………………………………128
4 紫色LED補光によるトマトの病害抑制……………………………………129
　4.1 材料および方法……………………129
　4.2 結果…………………………………131
5 おわりに……………………………132

第15章　光環境制御と薬用植物の生育　　後藤英司

1　はじめに……………………………133
2　薬用植物と環境ストレス……………133
3　ハッカ………………………………133
　3.1　特徴……………………………133
　3.2　紫外線と薬用成分濃度…………134
　3.3　明期・光強度と成長および薬用成分
　　　濃度……………………………135
4　セントジョーンズワート……………136
　4.1　特徴……………………………136
　4.2　光質と成長……………………136
　4.3　光質と薬用成分………………137
5　おわりに……………………………138

【生産システム 編】

第16章　閉鎖型苗生産システムの特徴と利用　　土屋　和

1　はじめに……………………………140
2　閉鎖型苗生産システムの特徴………140
　2.1　装置の構成と特徴……………140
　2.2　育苗の特徴……………………141
3　閉鎖型苗生産システムの利用場面…143
4　おわりに……………………………143

第17章　医療用原材料生産のための密閉型植物工場　　田林紀子

1　開発の背景…………………………145
2　密閉型遺伝子組換え植物工場システム
　……………………………………146
　2.1　遺伝子組換え体の封じ込め対策…146
　2.2　多種多様な作物種の栽培環境を人工
　　　的に構築可能な設備性能…………146
　2.3　医薬品原材料生産のための設備と運
　　　用…………………………………147
　　2.3.1　計画生産性・収穫物の品質の均
　　　　　一性等…………………………147
　　2.3.2　清浄度管理……………………147
3　密閉型遺伝子組換え植物工場施設の開発
　事例…………………………………148
　3.1　遺伝子組換え体の封じ込めのための
　　　仕様…………………………………148
　3.2　照明・空調仕様………………149
4　イヌ歯周病薬原材料生産……………149

第18章　人工光型イチゴ植物工場　　彦坂晶子

1　はじめに……………………………152
2　果菜類の周年生産とイチゴの需要……152
3　人工光型植物工場での果菜類生産のデメ
　リットとイチゴ生産の優位性…………152
4　人工光型植物工場でのイチゴ生産に関す
　る研究開発……………………………153
　4.1　これまでの研究開発……………153
　4.2　遺伝子組換えイチゴによる医療用原

材料生産プロジェクト……………153
5　四季成り性イチゴの生育ステージと研究
　　開発要素…………………………154
6　研究成果………………………………155
　6.1　基本となる栽培環境条件 …………155
　6.2　栄養成長期の開花促進 ……………155
　6.3　生殖成長期の果実生産効率 ………156
7　四季成り性イチゴと一季成り性イチゴの
　　相違点………………………………158
8　イチゴ植物工場の可能性……………158
9　おわりに………………………………159

第19章　人工光型イネ植物工場　　中島啓之

1　はじめに………………………………161
2　人工環境下でのイネ栽培設備事例……161
　2.1　植物育成チャンバ …………………161
　2.2　PASONA O2（2009年閉館）および
　　　アーバンファーム〔㈱パソナグルー
　　　プ〕……………………………………163
　2.3　閉鎖型生態系実験施設〔㈶環境科学
　　　技術研究所〕…………………………163
3　人工光型イネ植物工場………………163
　3.1　光環境制御 …………………………164
　3.2　空気環境制御 ………………………165
　3.3　栽培結果 ……………………………165
4　LED型イネ植物工場への期待 ………166

第20章　薬用植物生産のための植物工場　　澤田裕樹

1　はじめに………………………………169
2　国内の薬用植物を取り巻く状況………169
3　薬用植物を植物工場で生産する意義…170
4　鹿島建設の薬用植物工場生産に関する取
　　り組み…………………………………171
　4.1　甘草とは ……………………………171
　4.2　甘草の植物工場生産に関する取り組
　　　み………………………………………171
　　4.2.1　優良種苗系統の確保と増殖方法
　　　　の開発……………………………171
　　4.2.2　水耕栽培技術の開発…………171
　　4.2.3　環境ストレスの付与によるグリ
　　　　チルリチン含有率制御技術の開
　　　　発……………………………………172
　　4.2.4　光環境について………………173
5　今後の展開に向けた課題………………173
　5.1　従来品との同等性の評価 …………173
　5.2　多品種少量生産への対応 …………174
　5.3　生産コストの削減 …………………174
　5.4　市場の特殊性 ………………………175
6　おわりに………………………………175

【応用展開 編】

第21章　6波長帯光混合照射LED光源システム　　富士原和宏，谷野　章

1　はじめに……………………………176
2　6波長帯光混合照射LED光源システムの
　　ハードウェア構成……………………177
　2.1　光源ユニット……………………178
　　2.1.1　LED………………………178
　　2.1.2　LEDアレイおよびLED配置
　　　　　………………………………178
　　2.1.3　アルミニウム製ヒートシンクお
　　　　　よび冷却ファン…………………179
　　2.1.4　電流微調整用抵抗回路…………179
　2.2　光源ユニット支持台……………179
　2.3　デジタルタイマー………………180
　2.4　LEDの直・並列接続および直流電源
　　　装置…………………………………180
3　運転試験……………………………180
　3.1　分光光量子束密度（SPFD）………180
　3.2　平均光量子束密度（PFD）および平
　　　均光合成有効光量子束密度（PPFD）
　　　………………………………………181
4　次世代の光源システム……………182

第22章　植物栽培用LED照明の研究事例と現状　　宮坂裕司，秋間和広

1　はじめに……………………………184
2　植物研究用LED照明………………184
　2.1　植物研究用LED照明の特徴………184
　2.2　波長特性に関する報告例…………185
　2.3　波長比率検討実験…………………185
3　植物栽培用LED照明とHf蛍光灯の比較
　　………………………………………186
　3.1　LED照明への期待…………………186
　3.2　照明効率……………………………187
　3.3　光強度分布…………………………187
　3.4　周囲温度変化………………………187
　3.5　LED照明が生育に及ぼす影響……188
4　おわりに……………………………189

第23章　LED照明技術―人工光用，補光用，実験研究用―　　岡田　透

1　はじめに……………………………191
2　人工光用LED栽培光源……………191
3　補光用LED栽培光源………………195
4　実験研究用LED光源………………196
　4.1　植物研究用3波長調光光源システム
　　　………………………………………196
　4.2　開花制御研究用波長選択型ランプ光
　　　源……………………………………199

第24章 高演色白色LED照明導入によるイチゴの成長促進実証と緑色LED照明・青色LED照明導入によるイチゴのうどんこ病抑制効果の実証　　阿波加和孝

1　はじめに……………………………201
2　高演色白色LED照明によるイチゴの成長促進………………………………202
　2.1　高演色白色LED照明の実現……202
　2.2　高演色白色LEDのモジュール化…202
　2.3　高演白色LED照明による実験方法
　　………………………………………203
　2.4　実験結果…………………………204
3　緑色LED照明・青色LED照明導入によるイチゴ栽培におけるうどんこ病抑制効果………………………………………205
　3.1　緑色LED照明・青色LED照明の実験方法………………………………205
　3.2　実験結果…………………………206
4　おわりに……………………………206

第25章 LEDの課題と植物工場および補光栽培への応用　　金満伸央

1　はじめに……………………………208
2　LEDの構造…………………………208
3　LEDの課題と対策…………………209
　3.1　防水………………………………209
　3.2　配光………………………………209
　3.3　放熱………………………………210
　3.4　劣化………………………………210
　3.5　光質………………………………211
4　人工光型植物工場への応用………212
　4.1　光源………………………………212
　4.2　応用事例…………………………213
5　補光栽培への応用…………………213
　5.1　光源………………………………213
　5.2　応用事例…………………………214
6　おわりに……………………………216

第26章 サスティナブル・低環境負荷都市型植物工場の事業に向けた提言　　岡﨑聖一

1　はじめに……………………………217
2　フードマイレージの数値を小さくする努力と都市型植物工場の関わり…………217
3　植物工場における栽培用光源選定に求められる視座……………………………218
4　植物栽培に利用可能な光源………219
　4.1　白熱電球…………………………219
　4.2　蛍光ランプ………………………219
　4.3　メタルハライドランプ…………220
　4.4　高圧ナトリウムランプ…………220
　4.5　冷陰極管（CCFL）………………220
　4.6　発光ダイオード（LED）…………220
5　植物工場用栽培ユニット「AGRI-Oh!」
　………………………………………221
6　LED植物工場の導入事例…………222
　6.1　異業種参入事例…………………222

| 6.2 店産店消事例 ……………………224 | 直販一貫姿勢 ……………………………225 |

7 高収益植物工場事業に求められる生産-

第27章 LED照明を用いた植物栽培研究・植物工場　齋藤和興

1 はじめに ……………………………227
2 植物栽培用LED ……………………228
　2.1 LED照明に関するLED配置の重要性 ……………………………228
　2.2 LED照明の温度，湿度対策 ………228
　2.3 LED照明の電源 ……………………230
　2.4 研究用LED照明 ……………………230
3 研究用LEDの応用 …………………231
　3.1 スプラウト類栽培への利用 ………231
　3.2 農研機構 生研センター LED植物栽培試験室 ……………………………231
　3.3 マイクロ水力発電によるコンテナ型機能性植物ミスト栽培システム …232
4 ED植物工場＆栽培システム …………233
　4.1 完全閉鎖型LEDミスト栽培工場 …233
　4.2 見せる化野菜栽培システム ………234

【総論 編】

第1章　光と植物工場

後藤英司[*]

1　はじめに

　植物工場は，天候に左右されずに同一作物を同一品質で年間を通して生産する画期的な植物生産システム[1]であり，農業従事者の長年の夢であった計画生産を可能にした。我が国では，1980年代に葉菜類の生産工場が実用化され，2000年代に入ると苗生産システムが実用化された。我が国では農林水産省と経済産業省が農商工連携の推進および6次産業化のモデルとして植物工場の普及促進を後押ししており，この2000年代後半から現在までの植物工場の普及は目覚ましいものがある（第2章参照）。また人工光型植物工場は，韓国，中国，台湾などのアジア先進国では商業利用が始まっており，欧米でも利用法が検討されている。

　他方，発光ダイオード（Light Emitting Diode, LED）は，20世紀後半に誕生して以降急激に進歩し，様々な産業で使用されるようになった。農業分野では，1990年代に入り，LEDと植物工場を融合して21世紀型植物生産を目指す研究開発が始まった。当初はLEDは高価で，利用できる波長も限られていたため一部の研究者しか扱えなかったが，2000年以降，価格が下がり，植物生育に有効な多種の波長域の素子を組み合わせられるようになった。照明分野では，素子および照明器具の技術的発展（第3章，第4章参照）にあるように，産業用だけでなく数年前から一般照明用のLED商品も販売され始めた。

　本章では，植物工場の種類とそこで使用されている光源を説明し，今後LEDが利用される場面を述べる。つぎに，LEDは波長幅が狭い光源であり，他の光源と性質が異なるため，留意すべき点を述べる。また，本書を読むにあたり知っておくとよい専門用語と植物反応について解説する。

2　植物工場の種類

　植物工場は光の利用形態から完全人工光型と太陽光利用型に分けられる（図1）。完全人工光型は，外界と遮断した人工環境を創造し，その中で植物生産を行う。人工光を用いて，植物に効率的に光合成を行わせる環境条件を作り出すことができる。一年中好適な生育条件を作ることができるので厳密な計画生産に向いている。また，人工気象室で得られる研究成果をそのまま活かしてスケールアップできる点もメリットである。完全人工光型は，生産する作物が野菜の場合は

---

[*]　Eiji Goto　千葉大学　大学院園芸学研究科　環境調節工学研究室　教授

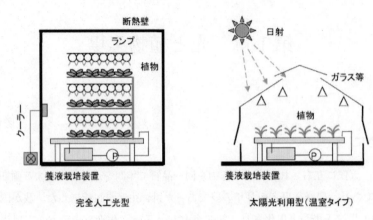

図1 人工光を用いる植物工場の種類

野菜工場，苗の場合は閉鎖型苗生産システム[2]と呼ばれている。

　太陽光利用型は，人工光を用いて補光を行う人工光併用型あるいは太陽光併用型と呼ばれるタイプと補光を用いない太陽光型に分けられる。いずれも建物は屋根面に透明な被覆資材（ガラスまたはプラスチック）を用いる温室で，養液栽培システム，暖房装置，作業機械などを備えて，コンピュータ制御による高度な環境調節を行うが，それでも屋外の気象の影響を受けるため，施設内の環境条件は光合成の最適条件からずれている。その意味では太陽光利用型は理想的な工場とは言えないが，季節に合わせて作型と栽培管理法を工夫すれば高品質の植物を生産する場に相応しく，今後は施設園芸の大規模化，高度化とあわせて普及するであろう。

3　植物工場の光源

　植物生産に必要な光強度は，葉菜類と花卉でおよそ $150～300\mu mol\ m^{-2}\ s^{-1}$，果菜類では $300～800\mu mol\ m^{-2}\ s^{-1}$ である。植物に照射した光エネルギーのうち光合成により糖の化学エネルギーとして固定できるのは1～2%であり，残りは熱として室内に放出される。植物工場ではこの熱を冷房で除去する必要があり，光源の選択と空調コストの削減は大きな課題である。そのため，光源には電気から光への変換効率が高く，植物に作用する波長域を多く含むタイプが選ばれる。従来から植物工場で使用される光源には以下のものがある。

3.1　完全人工光型

　植物育成用の光源は，照明に使用されている光源の中で，電気-光変換効率が高くかつ植物に有効な波長を多く含む光源が使われる。従来から高圧ナトリウムランプ，メタルハライドランプ，蛍光ランプが使用されている。どの光源も複数の波長域タイプがあり，また最近は調光可能な光源が増えているため，さまざまな光環境を作ることが容易になっている。蛍光ランプでは高出力の白色系の高周波点灯専用形（Hf蛍光ランプ）の利用が多いが（図2），組織培養苗生産のよう

第1章 光と植物工場

に多段棚で近接照射しつつ光強度の均一性を重視する場面では，冷陰極蛍光ランプ（CCFL）も利用されている。メタルハライド系では，高効率で長寿命のセラミックメタルハライドランプを使うケースが多い（図3）。

3.2 太陽光利用型

太陽光利用型で人工光を併用する目的は2つある。1つは，光形態形成に作用して開花促進または開花抑制，すなわち開花時期を調節するための日長延長補光と呼ばれるものがある。もう1つは，冬季や梅雨時の日照不足を解消して光合成を促進するための光合成補光と呼ばれるものである。日長延長は低い光強度で効果があること，また開花調節に遠赤色光が有効であるとの立場から白熱ランプを使用することが多い。光合成補光には出力の高い高圧ナトリウムランプ（図4）かメタルハライドランプを用いる。これらの光源は点光源のため，温室天井面に吊り下げても日射透過をあまり妨げない。施設園芸の盛んなオランダや北欧諸国では，我が国よりも日射が少ないため，積極的に光合成補光を行っている。

4 LEDの活用場面

LEDは単色光を得やすい光源であるため「光と植物育成」の研究で利用されることが多い。最近は，LEDを植物育成用光源として利用する試みも増えている。LEDの特徴として次の点を挙げられる。

①寿命が長い
②小さい
③消費電力が少ない
④熱が出ない
⑤単色光が得られる

図2 Hf蛍光ランプを用いた閉鎖型苗生産システム

図3 セラミックメタルハライドランプを用いた人工気象室

図4 高圧ナトリウムランプを用いて光合成補光を行う太陽光利用型植物工場

⑥点灯方法が簡単
⑦近接照射で高光強度が得られる

また植物分野で利用する場合はさらに，メタルハライドランプ，高圧ナトリウムランプ，蛍光ランプと比較して，
⑧光強度の調節が容易
⑨パルス照射ができる
⑩栽培面の光強度を均一できる
⑪実験装置の大きさに合わせた光源が作れる
⑫さまざまなピーク波長のタイプがある
⑬破損時の危険が少ない

などの特徴がある。

このLEDの特徴をふまえると，当面，LEDの植物工場への展開は次のように考えられる（図5）。新規に建設する施設，または新規に構築する照明設備では，初期設備費とランニングコストをベースに光源を選択するが，LEDが他の光源よりも総合的に優位であれば導入できる。

蛍光ランプを用いる施設の場合，既存の照明ユニットおよび安定器（インバータ）を交換する必要があり，その投資に見合う優位性の判断がポイントになる。すでに，葉菜類の野菜工場と閉

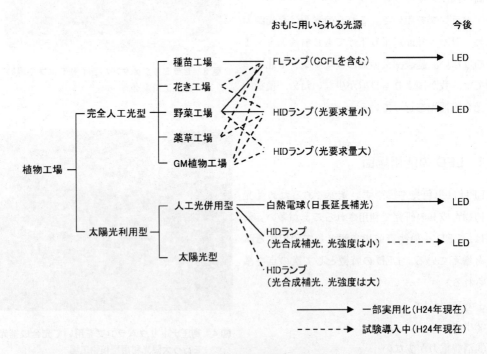

図5　LEDの植物工場への展開

FLは蛍光ランプ。HIDは高輝度放電ランプで高圧ナトリウムランプとメタルハライドランプを含む。GM植物工場は，遺伝子組換え植物で医療用原材料を作る植物工場。

第1章 光と植物工場

鎖型苗生産システムの一部では，試験的に利用され始めている。今後，LEDが一般照明の主役になりオフィスビルや一般住宅の照明に大量に使われる頃には，LEDの導入が加速すると思われる。

　既存設備の場合，既存の照明ユニットおよび安定器（インバータ）を交換する必要があり，その投資に見合う優位性の有無が重要になるが，農業はコストに敏感なため，稼働中の照明設備をLED用に置き換えるのは容易ではない。しかし，低い光強度でも効果を発揮する電照補光（第10章参照）や光要求量の低い野菜・花卉の光合成補光（第9章参照）には有効である。たとえば，既存ランプの取付金具にLEDを取り付ける技術や白熱電球のソケットに小型LEDユニットを取り付ける方法も開発されており，既存施設と言えども，割とスムーズにLEDを導入することができよう。

　いずれにしても，植物生産の場でのLEDの導入は，素子に加えて照明器具としての電気－光変換効率の向上と電源・回路を含めた取り扱いがキーポイントである。2010年代に入り，LED照明器具の変換効率が向上し，規格化されつつあるため，2010年代半ばには蛍光ランプを使う感覚でLEDが導入されていくであろう。

5 植物に作用する光の波長域

　植物に影響を及ぼす主な光環境の要素として，光質，光強度，日長（人工環境下では明期と呼ぶことが多い）がある[3,4]。光質は，光強度と異なり質的な光情報として植物に作用して，さまざまな形態形成反応とそれに伴う発育に影響を及ぼしている。ここで光質について注目すると，植物の成長に影響を及ぼす波長域は約300nmから800nmで生理的有効放射とよばれる。800nm以上の赤外線は熱として作用するが波長依存性の反応はない。そのため，光質と植物生育の関係では300～800nmの波長域が重要である（図6）。

5.1 光源
5.1.1 紫外線（Ultraviolet radiation; UV）

　植物に影響を及ぼすのはUV-A（315～400nm）とUV-B（280nm～315nm）であり，数種類の光形態形成反応を引き起こすことが知られている。分野によってはUV-A（320～400nm）とUV-B（280nm～320nm）に分ける場合もある[5]。

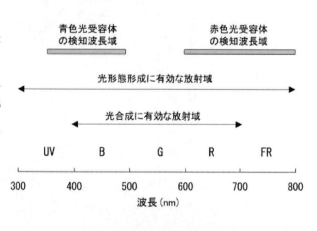

図6　植物生育に必要な波長域

5.1.2 光合成有効放射（Photosynthetically active radiation; PAR）

植物が光合成に利用できる波長域（400〜700nm）は可視光域（380nm〜760nm）にほぼ一致しているが，植物分野では，可視光とは言わずに光合成有効放射と呼ぶ。この波長域の光は，光合成反応だけでなく光形態形成反応も引き起こす。この波長域は一般に青色光（400〜500nm；B），緑色光（500〜600nm；G），赤色光（600〜700nm；R）の3波長域に分けることが多い。

光合成の光化学反応量はこの波長域の光量子数に比例するため，光合成に有効な光量の指標には，放射束ではなく光合成有効光量子束（Photosynthetic photon flux; PPF），または光合成有効光量子束密度（Photosynthetic photon flux density; PPFD）を使用する。単位は$\mu mol\ m^{-2}\ s^{-1}$である。PPFとPPFDは厳密な意味では定義が異なるが，測定面（土壌面，葉面，成長点など）に入る光の強度として示す限りは，同じ意味と考えて良い。本書では，両者を区別しないで使用している。

5.1.3 遠赤色光（Farred; FR）

可視光域で赤外線に隣接する700〜800nmの波長帯を遠赤色光と呼ぶ。近赤外光という呼び方もあるが，この波長域の光は光形態形成反応を引き起こすため，800nm以上の赤外線と区別して遠赤色光を使用する。

5.2 植物

植物の緑色葉の分光特性（反射，透過，吸収）を調べてみると，一般に，青色光（400〜500nm）と赤色光（600〜700nm）の吸収率が高い（図7）。緑色光（500〜600nm）は透過と反射が多く，吸収率は低い。葉が緑色に見えるのは反射光のうちの緑色光の割合が高いためである。また，葉の吸収特性を作物種間で比べてみると（図8），かなり異なる点は興味深い。

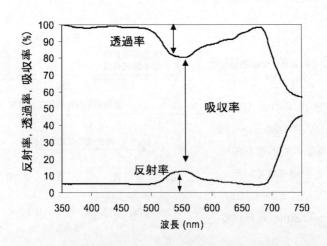

図7　植物葉の反射，透過，吸収スペクトル

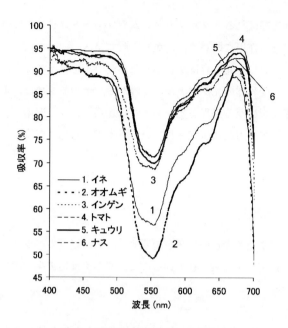

図8　作物別の葉の吸収スペクトル

6　植物の光に対する反応

　植物の光に対する反応は，光合成と光形態形成に分けられる。光合成は，光エネルギーを利用して有機物を合成する反応である。光形態形成は，光を信号として利用する形態的な反応で種子発芽，分化（花芽形成，葉の形成など），運動（気孔開閉，葉緑体運動），光屈性などである。光形態形成の説明と光質応答は第11章を参照されたい。また，植物の光合成にもとづく成長と光形態形成にもとづく発育の不思議さと面白さは，第9章から第13章までを参照されたい。

7　植物が光質を認識する方法

　植物には，光質を検知する物質，すなわち光受容体が複数存在する[6]。主要な光受容体として，赤色光および遠赤色光の受容体であるフィトクロム，青色光－UV-Aの受容体であるクリプトクロムおよびフォトトロピンがある。
　フィトクロムは色素タンパク質で，主な吸収帯は赤色光であるが，青色光も吸収する。日長計測，光周性の調節，日陰の認識などの役割を担っている。フィトクロムの反応には，非常に少ない光量（10^{-1}〜10^{-2} μmol m^{-2}）で飽和する超低光量反応と，生育光のレベル（〜10^3 μmol m^{-2}）の光量で反応し，飽和する低光量反応がある。フィトクロムは複数種存在し，超低光量反応と低光量反応には異なるフィトクロムが関与する。
　クリプトクロムとフォトトロピンは青色光からUV-Aの波長域を検知する色素タンパク質で，

一般には青色光受容体と呼ばれる。クリプトクロムやフォトトロピンも複数種が特定されている。光屈性や気孔の開閉などの作用に関わることが知られている。

　植物の器官，組織において，光受容体が感知したシグナルを伝達する実体としては，植物ホルモンが代表的である。光受容体の光シグナルの受容から，ホルモンなどによるシグナルの伝達，および関係する遺伝子発現に至る過程を光シグナル伝達系という。近年，この系は光植物学分野の分子生理研究者によって精力的に研究されている。本書でも光受容体の働きに着目した研究例が多数紹介されている。

8　光質のパラメータ

　植物生育に影響を及ぼす光源光質の特徴を説明するために以下のパラメータが用いられる。この他にも研究目的ごとに幾つか提案されているので，詳しくは他書を参考にされたい。

8.1　B/R比とR/B比

　B/R比は青色光と赤色光の光量子束の比で，青色光の含まれる割合の指標である。赤色光の指標にするときは逆数のR/B比を用いる。また光合成有効光量子束に占める青色光の割合（B/PPF）を指標にすることもある。

8.2　R/FR比

　R/FR比は赤色光と遠赤色光の光量子束の比で，遠赤色光の割合の指標である。

8.3　フィトクロム光平衡 ϕ （Pfr/P）

　フィトクロム光平衡 ϕ は，光源光質の特性ではなく，植物の赤色光／遠赤色光に対する応答の指標である。具体的には，赤色光を吸収して活性化される活性型フィトクロム（Pfr，後述）と遠赤色光を吸収する不活性型フィトクロム（Pr）の量比（Pfr/P，ここでP=Pfr+Pr）で表す。光源光質のR/FR比とフィトクロム光平衡 ϕ の関係は図9のようになる。自然光下では日中で0.7前後，日陰や日没時は0.5以下になる。

8.4　UVの強度

　紫外線の強度の指標には光量子と放射束の両方とも使用される。UV-Aは，青色光受容体が信号として検知する光形態形成反応がある。この場合は，その強度を光量子束（単位 $\mu mol\ m^{-2}\ s^{-1}$）で示すことが多い。また，UV-AとUV-Bは可視光に比べて光量子当たりのエネルギーが大きいため，葉の表面などに損傷や障害を与えることがある。この場合にはその強度を放射束（単位 $W\ m^{-2}$）で示すことが多い。

第1章　光と植物工場

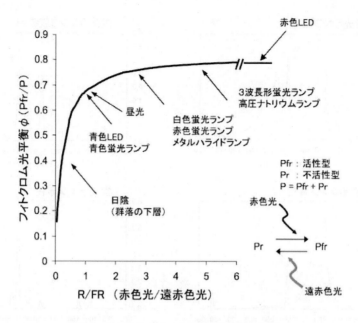

図9　R/FR比とフィトクロム光平衡の関係

9　植物育成用光源としてのLED利用の留意点

9.1　波長別のエネルギーと光量子数

　図10は植物育成に用いられる光源の波長特性を示すためにPPFが100μmol m^{-2} s^{-1}になる場合の波長別の光量子束を示したものである。この図から，人間の目にほぼ同じ白色に見えると言っても光源が違えば波長組成は異なることは容易に理解できる。注目すべきはLEDの波長域の狭さである。蛍光ランプの青色光とLEDの青色光はかなり異なる。赤色光も同様である。

　光量子1個の持つエネルギーは周波数（振動数）に比例する。言い換えると波長に反比例する。したがって同一エネルギーであれば，波長の長い光のほうが光量子数が多い。図11は，PPFまたはPPFDを測定する光量子センサーの感度特性である。同一光エネルギーを持つ光量子束は，700nmの波長を100とすると，400nmは400/700＝57.1%である。光量子センサはこのような感度特性を持つフィルタがついていて，400nm～700nmの光量子数を算出するようになっている。しかしLEDは波長域が狭いため，450nm以下や650nm以上にピークを持つ場合は光量子センサーの変換効率の影響を受けやすいため注意が必要である。また，同一PPFでも，その光量子束が持つエネルギーは最大で40%程度も異なる。たとえば，青色LED（470nm/35nm）は25.5，赤色LED（655nm/15nm）は18.3である。これは前述の光量子とエネルギーの関係から理解できよう。すなわち，同一PPFであれば，短い波長を多く含む光源ほど熱を持つことになる。人工光型植物工場では，発熱は室内の冷房負荷の大部分を占めるため，光源の選定では，植物への効果に加えて冷房負荷の大小の視点も重要になる。

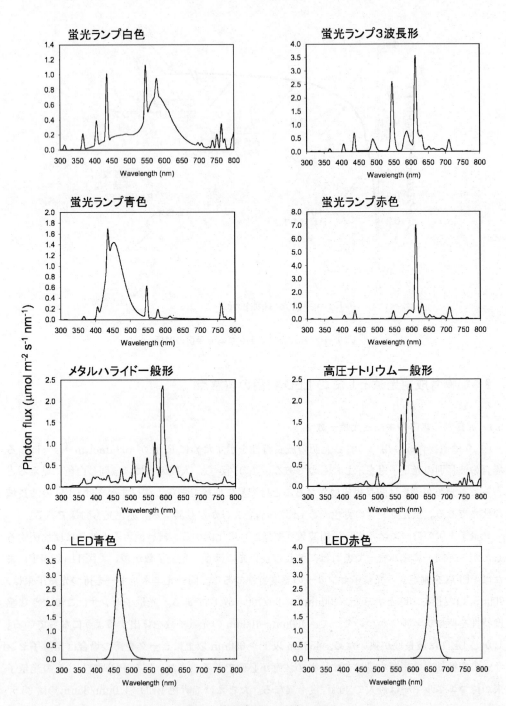

図10 各種光源のスペクトル
PPFが100μmol m^{-2} s^{-1}になるように描いている。

第1章　光と植物工場

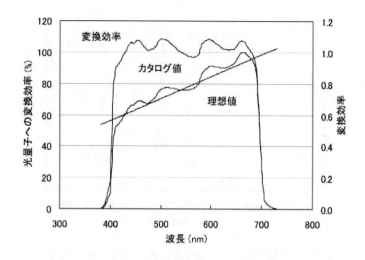

図11　光量子センサーの応答曲線

9.2　白色LED

　最近，一般照明用の白色LEDが商品化されている。電球型は白熱電球や電球型蛍光ランプの代用として，直管型は直管型蛍光ランプの代用という位置づけである。両型のLEDとも"いちおう"白色であるが，その波長特性は同一ではない。図12は，家庭照明用に販売されている電球型蛍光ランプ，電球型LED，白熱電球のスペクトルである。電球型蛍光ランプと電球型LEDは白熱電球のソケットの口金をそのまま利用できるために"電球"と称しているが，白熱電球の波長特性とは全く異なる。たとえば，白熱電球は遠赤色光と赤外線が多いのが特徴である。花成（花芽分化から開花に至る反応）に赤色光と遠赤色光の比率（R/FR）が影響を及ぼすことが知られている。この比が光受容体のフィトクロム光平衡に作用し，結果的に花芽分化の時期を変化させる。たとえば電照栽培の開花時期調節は白熱電球のR/FR比をうまく活用している。表1から，白熱電球のR/FR比は約0.5であり，電球型蛍光ランプや電球型LEDのR/FR比は1.0以上であることがわかる。期待通りの開花時期調節ができない可能性もある。

　また，白色系蛍光ランプと白色系LEDでは，同一の色であっても，青色光，緑色光，赤色光の組成比が異なる（表1）。現在市販されている白色系LEDを植物の栽培に用いると，蛍光ランプで得られた生育とは異なる形態（茎伸長，葉の厚さなど），異なる成長速度，異なるの内容成分含有量などを生じる可能性がある。実際，栽培試験で蛍光ランプ下とLED下の生育を比較すると成長速度や葉の形態が異なることが多い。作物の種類によるが，青色光と赤色光の組成比に敏感な作物の場合は，蛍光ランプの昼光色と電球色では生育に違いが生じる。その場合，LEDの昼光色と電球色でも生育に違いが生じる可能性の高いことは想像できよう。研究者が早期にこれら疑問点を解決することが求められている。

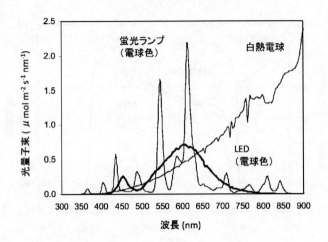

図12 電球型蛍光ランプ，電球型LED，白熱電球のスペクトル
400〜700nm の PPF が 100μmol m^{-2} s^{-1} になるようにグラフ化してある。

表1 白色系蛍光ランプと白色系LEDの波長組成の例

波長 (nm)	蛍光ランプ 昼光色	蛍光ランプ 電球色	LED 昼光色	LED 電球色	白熱電球
300-400	0.8	1.3	0.2	0.1	0.3
400-500 (B)	34.2	14.7	28.9	9.6	7.0
500-600 (G)	41.2	38.9	47.9	43.0	28.6
600-700 (R)	25.1	46.9	23.8	48.2	65.0
700-800 (FR)	2.6	9.2	2.9	6.4	118.9
B/R 比	1.4	0.3	1.2	0.2	0.1
R/FR 比	9.6	5.1	8.3	7.5	0.5

400〜700nm の PPF が約 100μmol m^{-2} s^{-1} になるように示している

文　　献

1) 高辻正基，植物工場システム，シーエムシー出版（1987）
2) 古在豊樹ほか，「最新の苗生産実用技術－閉鎖型苗生産システムの実用化が始まった－」，農業電化協会（2004）
3) 稲田勝美編著，光と植物生育，養賢堂（1984）
4) (社) 照明学会編，光バイオインダストリー，オーム社（1992）
5) (社) 照明学会編，UVと生物産業，養賢堂（1998）
6) 和田正三ほか監修，植物の光センシング，細胞工学別冊「植物細胞工学シリーズ16」，秀潤社（2001）

第2章　植物工場の実用化の現状

伊藤　保*

1　拡大する植物工場市場

　2008年にいわゆる農商工連携促進法が施行されたが，その翌年，すなわち2009年1月から農林水産省と経済産業省は，農商工連携研究会植物工場ワーキンググループ（以下「WG」）を開催，植物工場を農商工連携のシンボル[1]として，その普及・拡大にむけて取り組むとしてきた。同年夏には，平成21年度補正予算として，総額約150億円規模の植物工場に関する研究開発，実用化検証，人材育成，普及拡大にむけた補助事業が実施され，全国各地に様々なタイプの植物工場が展示されるとともに，千葉大学をはじめ，延べ10カ所13拠点に，植物工場の研究開発・普及・人材育成拠点が設置された。

　同時期にはじめて実施された植物工場実態調査では，全国で何らかの形で補光を用いながら，高度に環境制御を行い，年間安定的に販売目的の植物（花卉や野菜等）を生産・出荷している植

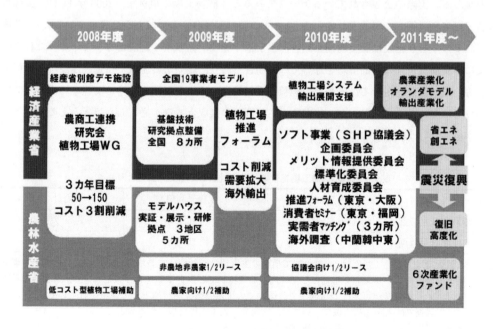

図1　国による植物工場普及拡大支援策の推移
資料：各種資料より三菱総合研究所作成

---

*Tamotsu Ito　㈱三菱総合研究所　地域経営コンサルティンググループ

物工場は50カ所あるとされ，そのうち，完全人工光型は34カ所であった。

当時から，光源としてのLEDの有効性は知られており，省電力・長寿命で波長を含めた制御がしやすい点などが評価されていたが，購買単価が割高であったため，多くの事業者は，蛍光灯を利用していた。

実は，この補正予算で実施された様々な事業が，その後現在に至る植物工場市場の趨勢に大きな影響を与えている。

全国の空港や公共施設，商店街等で実施された植物工場展示のデモンストレーションに参加した企業からは，その後植物工場ビジネスに参入・拡大した企業も少なくなく，岡山県の両備ホールディングスや，大阪の大和ハウス工業などはその代表例といえる。

2011年3月時点で実施された2回目の植物工場実態調査では，全国で約80カ所程度となり，そのうち完全人工光型植物工場は，約2倍弱の64カ所程度に増加している。植物工場実態調査は2012年度も行われているが，その後も増加しているとみられている。植物工場実態調査は，調査実施時点で稼動している施設数を取り纏めているため，少なくとも国内の植物工場市場数からみると，植物工場市場は拡大する傾向にあるとみることができ，特に完全人工光型植物工場については，商用ベースで運営されている施設数が着実に増加傾向にある。

一方で，植物工場のほとんどは赤字経営で，ビジネス面では一人前になっていないと言われることがある。実際の公表されているデータでみると「植物工場の事例集（2009年11月）農林水産省・経済産業省」に記載されている50カ所の植物工場のうち，収支を公表しているのは17施設で，そのうち9施設は収支均衡と回答，黒字は4施設，赤字は4施設となっている。これらの収支には初期投資分の減価償却を除いている場合もあり，幾つかの施設では施設建設時に農林水産省等の補助金を利用しているので，純粋に設備投資から事業展開まで含めて黒字経営をしているわけではないかもしれないが，少なくとも年間の事業収支では，必ずしもほとんどの植物工場が赤字経営という訳ではないことが伺える。

表1　全国の植物工場施設数の推移（植物工場実態調査より）

	完全人工光型	太陽光利用型	合計
2009年3月時点	約34カ所	約16カ所	約50カ所
2011年3月時点	約64カ所	約16カ所	約80カ所

注記：本調査では，植物工場とは，「施設内で植物の生育環境を制御して栽培を行う施設園芸のうち，環境及び生育のモニタリングを基礎として，高度な環境制御と生育予測を行うことにより，野菜等の植物の周年・計画生産が可能な栽培施設で，国内での生産物販売を目的として運営されている施設」。なお，本調査では太陽光利用型については「太陽光・人工光併用型」を対象としている

資料：農林水産省等資料を基に三菱総合研究所作成

第2章　植物工場の実用化の現状

2　淘汰の歴史を繰り返す植物工場入退場の歴史

　植物工場事業では，新規参入する企業もあれば撤退する企業もある。最近1年間でも「日本橋やさい」ブランドでレタス等を銀座のデパ地下生鮮売場などで販売していた企業が，自社の完全人工光型植物工場の操業停止を表明した[2]。また，福井や京都を拠点に完全人工光型植物工場でレタス等を生産していた企業は，野菜の自社生産販売事業から撤退，植物工場プラント販売事業に特化した[3]。

　一方で，ガス事業会社のエア・ウォーターは，かつて精密計測機器メーカーが北海道千歳に建設した大規模植物工場を取得し，カゴメやエスビー食品向け植物を中心にした野菜生産に取り組んでいる。

　歴史を紐解いてみても，過去30年近い歴史の中で，数多くの企業が植物工場事業に参入し，撤退してきた。その中でも，カゴメやキユーピー，JFEライフなどは，10年以上継続して取り組んでおり，これらの企業は事業的にも一定の成果を挙げてきていると言われている。

　最近の傾向としては，植物工場で自ら野菜を生産・販売する事業者としてではなく，植物工場のプラントメーカーとしての参入企業が多いとみられる点が特徴的である。

　ここ1〜2年で増加した植物工場も，植物工場運営事業者が，工場を建設して事業化しているというより，植物工場システムを開発した企業が，実証及びショールームとして，自ら植物工場を建設，生産，生産物の販売を行っているケースが多い。特に完全人工光型植物工場については，従来までの農業資材メーカーや環境制御メーカー，食品関連企業だけでなく，金型や精密機械部品製造など，全くの異業種からの参入がみられる。これらの企業では，自社の植物工場システムを販売するため，自ら生産してみせて，販売先を確保し，植物工場システム購入社の販路開拓支援なども行っている。

　一般的に植物工場市場という時，植物工場の部品を製造するビジネスと，植物工場システムを販売するビジネス，自ら植物工場事業者となって野菜等を生産・販売するビジネスが想定される。

表2　植物工場事業への入退場の代表的要因

	事業参入のきっかけ	事業撤退要因
外部環境	・世界的な人口増加による食料危機 ・気候変動等による野菜供給の不安定化 ・バイオやエネルギーとの関連による新規事業としての農業の魅力度　等	・立地等に関する規制などのリスク要因 ・エネルギーコストや資材コスト上昇 ・市場競争の激化（ライバル社増加）等
内的要因	・自社技術を活かした新規事業の模索 ・余剰工場敷地や人員等の利活用　等	・過剰設備投資等による採算性悪化 ・生産技術の不安定性，人材不足 ・（初期，運営）コスト縮減の失敗 ・安定的販路確保ができない　等

資料：各種資料や企業ヒアリングをもとに三菱総合研究所作成

太陽光を利用する植物工場システムの場合，従来のビニールハウスや，ハウス内の環境制御機器等を販売していた既存農業資材メーカーが中心となって，照明，空調，環境制御部品を調達，完成した植物工場システムを，栽培事業者に販売するケースが多い。

これに対して，完全人工光型植物工場の場合は，太陽という光と温度・湿度に大きな影響を及ぼす変動要因を除いて栽培するため，太陽光利用型植物工場に比べて，比較的環境制御の変動要因が少なく，制御がしやすいとみられ，全国の中小企業など異業種企業が，部品だけでなく植物工場システム全体を設計，建設し，システム販売するケースがみられる。そのため太陽光利用型植物工場に比べて，完全人工光型植物工場は，システムを販売するメーカー数が多く，様々な仕様や特徴を持ったシステムが販売されている。しかも各社のシステムは，一定の互換性や共通規格に沿っているわけではないので，新たに植物工場を始めようとする事業者からすると，共通の指標で比較することが難しく，植物工場で野菜を生産してみようと考える栽培事業者にとって1つの障害になりつつある。

3 本格的な実用化の時代到来へ

近年の事業参入や撤退の状況をみると，以前までと比べて，現在の社会環境で大きく変化した部分がある。それは業務用を中心に，野菜の安定供給に対するニーズが切実さを増している点が挙げられる。

2009年に植物工場の普及促進が本格化したころから，いわゆる異常気象や天候不順などが毎

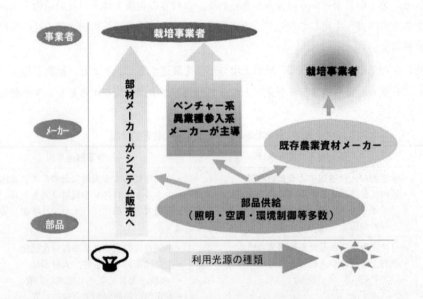

図2　太陽光・人工光別の植物工場市場の概要
資料：各種資料や企業ヒアリングをもとに三菱総合研究所作成

第2章　植物工場の実用化の現状

年のように言われるようになってきた。特に2010年と2011年には，夏場の猛暑によって，葉物野菜の品薄と野菜価格の上昇が問題になった。特に夏場の猛暑は，夜間の温度が下がらないという点で，品質の低下や病気の発生というリスクを増大させた。ハンバーガーやサンドウィッチ，惣菜としてのサラダなどを生産する中食事業者や，ホテルやレストラン等の外食事業者にとって，猛暑による影響は，野菜出荷量の減少により必要とする野菜量を確保できないという問題だけでなく，品薄感から市場価格が上昇し，生産原価も押し上げることで採算性を圧迫，さらに生育不良等で低品質の野菜しか調達できないクオリティ管理の問題など，三重苦をもたらした。こうした事態が，2年連続で起きたことで，各事業者とも，安定した量を安定価格で，安定した品質で供給できる植物工場の魅力を再発見することになった。実際に，最近1年間の植物工場事業者に対する業務用オーダーは，増加していると言われている。

さらに，2011年3月11日に発生した東日本大震災によって引き起こされた原子力発電所事故により，一般消費者の間でも，食の安全，安心に対する関心が高まった。その結果安全，安心，安定的な植物工場野菜への関心と需要が拡大し，スーパー等の店頭でも，植物工場野菜を指名して購入する消費者が現れることとなった。

このような需要側の高まりに呼応する形で，植物工場事業者でも，施設の増設や，共同受注や仕事の割り振りなど，需要増に対応した動きが見られるようになっている。

北海道岩見沢市には，社会福祉法人が経営するLEDを用いた完全人工光型植物工場がある。「植物工場の事例集（2009年　農林水産省，経済産業省）」では，障がい者を中心にしたスタッフで栽培しているが，収支面では赤字と回答していた。しかし，生産するレタスが，地元教育委員会に評価され，小学校と中学校の学校給食向け生野菜サラダの原料として供給されるようになると，その品質を評価した地元生協等から安定的な契約を得ることに成功，省電力型LEDに切り替えたこともあって，一気に黒字経営へ転換，現在は第2工場を建設するまで事業が拡大している。

4　ひとつの産業として自立するために

植物工場の第3次ブームと言われて数年が経過し，未だに様々な機会を通じて，植物工場が注目され続けている。2011年秋には兵庫県宝塚市で，市立図書館に隣接した市民農園型植物工場が開設されたり，東京では分譲マンションの地下に，入居者専用の植物工場が併設された物件まで登場した。前述したように，業務用を中心に植物工場野菜に対する需要は拡大しつつあり，各事業者により施設の増設や新規立地などが真剣に考えられている。

このまま，わが国の植物工場は本格的な普及・実用化段階に突入するのだろうか。すでに植物工場として野菜等を生産し，販売するビジネスとしては，実用化段階にきていると言っても過言ではないが，それが植物工場ビジネスの安定的拡大に必ずしもつながっていないのは，その他に要因があるからである。

わが国の植物工場が，自立した産業として発展していくためには，まだまだ幾つかのハードルを越えなければならない。その代表的な問題が，業界スタンダードの構築である。

4.1 業界スタンダードの構築

植物工場，特に完全人工光型植物工場は，ここ数年急速に事業者数が拡大し，様々な企業が，独自の技術とノウハウで，様々なタイプの植物工場を建設してきた。そのため，空調や照明の仕方，照射に必要な量や時間などをみても，スタンダードとなる基準が存在しない。各植物工場メーカーでは，自社システムの実証を通じて，各社独自のスタンダードを設定，それに基づいて，植物工場栽培事業者にPRをしている。植物工場で野菜を栽培しようと考えた事業者は，各社から資料を取り寄せ比較するが，各社の栽培手法が異なるため，客観的に評価できない。また空調はA社，照明はB社のシステムを導入しようとすると，規格の違いから統合できないケースもみられる。

今後，植物工場市場が拡大していくなかで，必ずしも植物生理や成長に関して科学的知識を有する栽培者だけとは限らないため，植物工場システムとして必要最低限の要素を設定し，客観的に評価できる仕組みを構築することが求められる。

また業界スタンダードの構築は，植物工場システム購入者の評価のためだけではない。業務用需要が拡大するなかで，大手ベンダーなど，大口取引に発展した場合，大規模生産設備を持っていない生産者では，受注を賄いきれないケースも考えられる。そのため生産品種や栽培方法，収穫基準，品質等を共有化して，大量受注に共同で対処できる体制を構築することが求められる。

4.2 エネルギーに対する配慮

さらに克服すべきテーマには，エネルギー問題がある。現在国内で稼動している植物工場のほとんどは，電力会社から電気を購入して運営したり，一部重油ボイラーで加温する施設がある。しかも植物の光合成に必要な二酸化炭素を，購入しているケースがある。

世界的にみると，オランダ等の植物工場先進国では，省エネルギーや再生可能エネルギーの利用は，どんどん普及し，様々な研究開発が行われている。わが国においても木質バイオマスチップを利用した発電事業との連携や，工場等の廃熱利用の可能性などが研究されている。

しかし，これらの技術は未だ実験・検証段階にあり，本格的に民間事業ベースで稼動している施設は少ない。また栽培に必要なエネルギーをいかに低減していくかも重要なテーマである。LEDは，照明関係の電気代を大幅に縮減できると言われており，期待されているが，汎用的な赤色や青色で充分なのか，植物の成長に必要な波長のLEDを新規製造しなければならないのか，といったテーマも研究者や企業の成果として期待している部分である。

このように，植物工場は，今ようやく実用化段階として，成長途上にある業界である。この先縮小傾向に向かうのか，ひとつの産業として，確固たる地位を形成できるのかは，これからの各企業や研究者の取組に関わっており，皆がまとまって研究成果や取組を共有化し，実践すること

第 2 章　植物工場の実用化の現状

ができれば，新たな市場として，さらに大きなマーケットを形成することであろう。

文　献

1) 「農商工連携研究会植物工場ワーキンググループ報告書（2009 年）」では，「農商工連携のシンボルとしての植物工場」と位置づけている
2) 2012 年 1 月 10 日付けで公表された，小津産業（株）「平成 24 年 5 月期　第 2 四半期決算短信（日本基準）（連結）」にて発表
3) 2012 年 3 月 13 日付けで公表された，シーシーエス（株）「植物育成プラント事業の廃止および子会社の解散方針の決定に関するお知らせ」参照。フェアリーエンジェルは，現在はフェアリープラントテクノロジーと社名変更したが，2012 年 3 月に，親会社であるシーシーエス（株）から，植物工場事業からの撤退と同子会社の解散方針決定が公表された

第3章　LED素子の開発動向

鈴木廣志*

1　はじめに

昭和電工は，LED素子の製造に関しては40年以上の歴史を有している。1970年に横浜工場で，アルミ精錬用のボーキサイトに含まれる微量不純物ガリウム（Ga）の用途開発の研究がスタートした。爾来，市場からのニーズに対応する形で様々な波長の素子を開発，上市してきた。現在では，図1に示すように，弊社の製品群は近紫外から赤外領域までの全ての波長領域をカバーしている。

2　植物育成用高輝度LEDについて

植物は，周知の通り様々な光を利用して発芽，成長，開花，結実等のサイクルを繰り返している。光合成，光周性，光形態形成等の光応答には，各種色素タンパクが関与していることが知られている。このうち，光合成については，図2に示すように葉緑素に含まれるクロロフィルを660–680nm付近の赤色光が活性化することがトリガーになっていると言われている。昭和電工では，橙色から赤色をカバーするAl，In，Ga，Pの4種類の元素を用いた4元系LED（AlInGaP）の性能向上に取り組み，2008年に赤色光としては当時世界最高の80lm/Wを達成

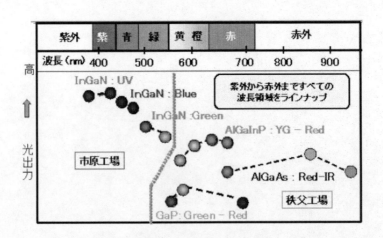

図1　昭和電工のLEDラインアップ

---

*Hiroshi Suzuki　昭和電工㈱　研究開発本部　技術戦略室　戦略マーケティングセンター長

第3章　LED素子の開発動向

した。一方，2008年初頭から植物工場向けの赤色LEDに対する引き合いが増えてきたことから，高輝度化技術を適用して光合成を促進する中心波長660nmの高輝度LEDを開発し，2009年4月にプレスリリース，上市した。

3　4元系発光ダイオードの製造

図3は，弊社における4元系発光ダイオードの製造工程を示している。先ず，ガリウムヒ素

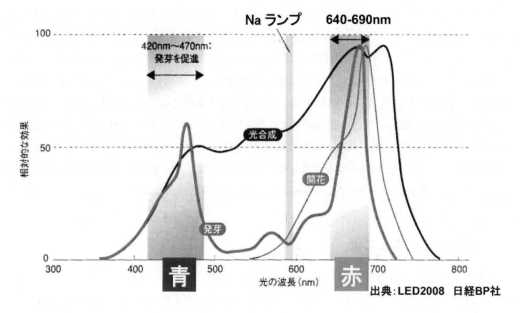

図2　植物の光応答

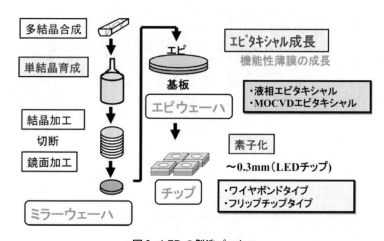

図3　LEDの製造プロセス

（GaAs）の単結晶から作製された基板上に4元系（AlInGaP）発光層を含む薄膜結晶を気相法で成長させる。次に，電極形成，切断等のプロセスを経て素子化している。

4 波長の制御

周知の通りLED（発光ダイオード）は半導体の一種で，電極から注入された電子と正孔が再結合し，材料のバンドギャップに応じた波長の光が放出される。光合成の促進効果がある660nmの赤色LEDには，従来はAlGaAs（3元系）を用いていたが，同用途に用いるには出力が十分ではなかった。そこで，我々は高輝度化技術が確立した4元系LEDで中心波長を660nmにすることを検討した。図4は4元系LEDにおける各元素の割合と波長の関係を示したもの[1]である。4元系LEDは，GaAsの単結晶基板上に4元系の結晶を成長させて作製する。この時AlとGaの相対的な比率を変えることで波長を制御することができる（Al：短波長側，Ga：長波長側）。しかしながら，GaAs基板結晶に格子整合する条件では，図から明らかなようにGaの比率を増しても650nm付近が制御可能な波長の限界となってしまう。660nmの赤色LEDの開発は，出力や信頼性が低下しないよう結晶品質を維持しつつ，4元系では従来実現されていない発光波長に制御するという課題を克服しなければならなかった。種々の試行錯誤の結果，2008年末には，ほぼ狙った波長の赤色LEDを得ることができるようになった。

5 高出力化，高効率化

光合成を促進するLED開発のもう一つの課題は，出力の向上であった。我々は，既に開発していた高出力化技術を660nm赤色素子へも適用した。LED素子の出力を向上させるための手段は，大きく分けて

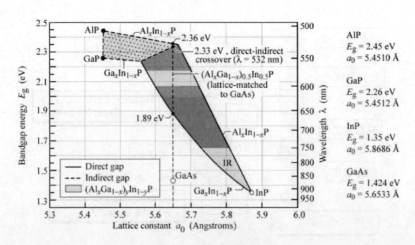

図4　LEDの波長制御

第 3 章　LED 素子の開発動向

①内部発光効率の向上
②光取り出し効率の向上

の 2 通りになる。

　内部発光効率を向上させるために，我々は LED の半導体材料を従来の 3 元系から，より高出力が期待できる 4 元系に変更し，先述した波長制御技術を用いて 660nm を実現した。結晶成長の方法については，材料変更に伴い，液相エピタキシャル法から MOCVD 法へ変更した。

　光取り出し効率に関しては，GaP の透明基板を採用し内部での光吸収を抑制した。更に素子の形状を加工し，素子表面を粗面化することで素子からの光取り出しを大幅に向上させることに成功し，これらの技術を組み合わせて 2008 年に 605nm で 80lm/W を達成したとして対外発表した。今回開発した 660nm の素子も，これらの要素技術を組み合わせることで 30％以上の発光効率を達成した。

6　LED 照明の利点

6.1　省エネの効果

　植物工場へ LED を採用するメリットの一つは，その省エネ効果である。一般照明の世界でも，蛍光灯から LED 照明への置き換えが進んでいる。これは，蛍光灯と同等の照度の LED 照明は消費電力が蛍光灯の半分となるためである。最近では，蛍光灯タイプの LED 照明も低価格化が進んでおり，日本の電力料金を考えると，年間 2000 時間以上点灯するオフィスなどでは，数年で初期投資の差額を回収できるようになってきた。

　一方，植物工場では更なる省エネ効果が期待できる。それは，植物工場においては，LED 照明は蛍光灯と同等の光量を発する必要がないからである。先述したように植物の光合成の作用曲線は 660–680nm 付近に頂点を持っており，その波長に特化した LED 照明は緑色の光が多く含まれる蛍光灯に比べて効率的である。光量子束密度で考えると，LED 照明は蛍光灯の 2/3 程度の光があれば充分に効果を発揮し，電気代で考えると蛍光灯の半分以下の消費電力で済むことになる。この消費電力の削減には LED 素子の発光効率が大きく効いてくる。つまり，同じ光量を得るための電力量が素子の性能によって 2 倍以上異なってくる。素子の性能が向上し，消費電力が少なくなると，光以外の発熱量も低く抑えられることになる。その結果空調に対する負荷が減り空調における消費電力が節約できるほか，空調設備の小型化，つまり初期投資も低く抑えることが期待できる。

6.2　波長の選択

　LED のもう一つの特徴は目的に応じた波長の光を植物に供給できることにある。単色光を照射して，植物の生育，及び有用成分に対する影響，効果を調べる試みが各研究機関等で行われている。安定した条件の下で栽培すれば，それらの有用成分の含有量の範囲を保証して，製品の付

加価値を上げることも可能になる。

6.3 適用範囲の拡大

　LED照明のもう一つの特徴は，高い光量の供給が可能となったことである。これは，発光効率が向上し，発熱量が抑えられたことによる副次的な効果である。LED照明を用いることで，発熱を心配することなく，植物により接近して強い光を照射することが可能となった。昭和電工では，2010年11月に千葉大学の後藤英司教授と，ウシオライティング（株）との共同で，世界で初めて稲作などに適した多光量型LED照明ユニットを開発，このたび千葉大学にて運用が開始された。

7　照明器具への応用と今後の課題

7.1　LED照明器具の種類

　植物工場に用いるLED照明器具には，目的に応じて幾つかの種類がある。葉菜類などの水耕栽培向けには，いわゆる蛍光灯タイプの直管型照明が用いられている。大学の研究室，実験室，栽培装置など，きめ細かい調光が必要な場合は赤青緑のLEDを実装したパネルタイプの照明が用いられている。写真1は弊社のLEDを搭載した人工気象機である。また，トマトや果実などに対する太陽光の補助光源用途には，写真2のような高圧ナトリウムランプ型の光源が用いられている。この他，藻類などの培養には水中への照射を考慮した耐水性ランプなども考案されている。

写真1　LEDを搭載した人工気象機

第 3 章　LED 素子の開発動向

7.2　LED 照明を上手に使いこなすために

　LED 照明を用いた植物育成方法は，蛍光灯のそれとは異なってくる。蛍光灯は基本的には 360 度全面発光であり，光源の背面に反射板を設置すれば，栽培面への均一的な配光を確保することができる。一方，LED 照明は図 5 に示すように発光が直線的であり，栽培面への均一な配光を実現するためには，照明器具の配置，栽培面からの距離の調節，更に専用に設計された反射板の設置などが必要となってくる。

　まず，照明器具の設置位置であるが，一般的に蛍光灯による植物工場では，地表面からの距離を約 40cm 取る。これは照明器具から発生する熱が栽培対象に及ぼす影響を考慮している為でもある。一方，LED 照明については，照射面の発熱が極めて少ない（基板側は発熱する）ことから，植物が照明に近接しても葉焼けを起こす心配が無い。従って，LED 照明の場合，20～25cm ほど上方に照明を設置するのが一般的であり，照明自体もその前提で設計してある。この結果，栽培棚間の距離が狭くなり，限られた空間でのより効率的，且つ経済的な多段栽培が可能となる。また，照明器具の配置も栽培面への均一な配光を実現するために器具の間隔をずらす場合もある。栽培棚の外周，及び四隅の部分は光量が不足するためであり，それを反映した器具の配置が必要である。

　次に，反射板の設置である。LED 照明は一般的に基板がある為，下方にしか光が届かないと

写真 2　補助光源用 LED 照明

写真 3　植物工場専用栽培棚

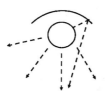
蛍光灯：360度発光

LED灯：発光が直線的

図 5　LED の発光特性

考え，反射板は効果が無いと考えられがちであるが，実際には葉に当たった光は全て吸収されるわけではなく，一部は再度反射する。その光を有効に活用する為に，天井面への反射板の使用は不可欠である。また，栽培棚の外側に漏れる光も言ってみれば無駄であり，これも反射板によって栽培棚の内部に戻すことも可能である。写真3はこれらのことを勘案し，植物工場専用に開発された栽培棚である。

7.3 LED 照明の更なる普及を目指して

LED は，単色性が特長であり，植物の各種光応答に合わせた波長を追加することが容易である。植物に与える効果が波長ごとに明らかになってくれば，栄養成分や味，歯ごたえ，防虫，殺菌，免疫力アップなどについても，光という切り口から改良を進めることができると期待している。また，赤青光の比率を最適化することで植物の生育速度を速められ，収穫期間を短縮できることが判ってきた

LED 照明利用者をサポートする機器類の開発も進んできている。一例として光量子計の改良が挙げられる。一般に光量子計は植物の成長に最も必要な 400-700nm のフォトンの量を測定するものであるが，赤，青と同様に緑色光のフォトン量も合わせて測定される為，緑色光の多い蛍光灯に比べて，LED のほうが低い測定値が出るという問題があった。そこで，システムインスツルメンツ社では，千葉大学後藤英司先生のご指導の下に波長を RGB の3色別に測定できる光量子計を開発し，販売を開始した。このように LED 照明を使用する為の周辺機器も充実し始めており，LED 化を後押ししている。

植物工場への LED の採用は，漸く普及期に入ったと言える。弊社が培ってきた LED の波長制御と高輝度化技術が植物工場に活かされ，生産物の品質の向上と工場の収益拡大に繋がり，食糧問題という 21 世紀の人類共通の課題解決の一助となれば幸甚である。

文　　献

1) C. H. Chen *et al., Semiconductors and Semimetals,* **48**, 97-144（1997）

第4章　LED照明の現状と将来

石渡正紀[*]

1　はじめに

　地球温暖化を緩和するための適応策が国際的に話し合われ，1997年に京都議定書が採択されてから日本はCO_2の排出量削減に対して積極的に取り組んでいる。現在は，2020年の時点で1990年比25%のCO_2削減を達成すべく様々な取り組みを行っている。2008年の調査によると，日本全体のCO_2排出量における照明の占める割合は約5%であるが，電力由来のCO_2排出量では約20%を占めており，照明の消費エネルギーの削減は，CO_2削減に対して一定の役割を果たすと考えられる[1]。一方，電力消費量に占める照明の割合は，家庭内では約15%，オフィスでは約40%を占めている。

　また，図1にあるような現在主流となっている蛍光ランプを光源とした完全閉鎖型の植物工場では，消費電力全体に対する照明の割合は家庭やオフィス以上に高く，あるリーフレタスを栽培する完全閉鎖型の植物工場では全消費電力の60%を占めるケースもある[2]。植物工場の現場でも，日々の消費電力削減によるランニングコストの低減は大きな課題であり，一般の照明以上に，照明の消費エネルギーを削減することは，CO_2の排出量削減に対して寄与率が高いと考えられる。

　照明に使われる光源の過去の歴史を考えると，白熱電球から蛍光ランプに変わり，その蛍光ランプも電力消費効率の低い銅鉄安定器からインバータ式の電子安定器へ変わり，その後，高周波

図1　現在主流となっている蛍光ランプを光源とした植物工場

---

[*]　Masaki Ishiwata　パナソニック㈱　エコソリューションズ社　ライティング事業グループ
　　R&Dセンター　光応用技術開発グループ　参事

点灯ランプも開発され，飛躍的に消費エネルギーの削減が図られてきたことがわかる。

近年，更なる消費エネルギーの削減が期待できる次世代の光源としてLEDが注目されており，その技術革新および製造コスト削減は目覚しいものがある。一般照明市場においては，LED電球も含めたLEDを光源とする照明器具の普及は加速しており，植物育成分野への応用も本格的になりはじめているのが現状である。本章では，一般照明としてのLED照明の現状と将来を解説しながら，植物育成分野への応用展開について考える。

2　LEDの特徴とLED照明の現状

LEDとはLight Emitting Diodeの略で，電気を流すと発光する半導体の一種である。1960年代に赤色と黄緑色のLEDが開発され，早い段階から表示用光源として実用化された。1993年になってはじめて高輝度タイプの青色LEDが開発されたことで，光の3原色がそろい，LEDの白色化やフルカラー化が可能となった。開発当初は，光出力も小さく，効率（投入電力に対して，放射される光量）も現在の高効率蛍光ランプの20分の1以下であったため，照明用途では用いられず，道路交通用の信号灯器やサインに用いられるのがほとんどであった。その後の技術開発により，目覚しく発光効率は向上し，LEDチップまたはパッケージごとの出力も上がり，LEDは次世代照明として大きく注目を浴びるようになった。現在では，一般照明，サイン用途に加え，植物工場も含めた様々な分野で利用されるようになっている。次にLED以外の既存光源と比較した場合のLEDの特徴を解説する。

2.1　寿命

LEDは半導体そのものが発光するという性格上，白熱灯や蛍光ランプのようにフィラメントが切れて消灯するということはない。しかしながら，現在市場に流通している一般的なLEDはLED素子を封止するために透明な樹脂で前面を被っており，この樹脂は常に密着または近距離から高エネルギーの光を浴びているため，劣化によって変色が生じ，時間とともに透過率や反射率が低下して暗くなる性質がある。一般用照明器具の主光源として白色LEDを使用する場合，その寿命は初期の照明器具から放射される光量に対し70％に低減した時と規定されており，現在はこれが約4万時間であるとしている製品が多い。これは1日10時間点灯すると仮定した場合に10年以上使えることを意味しており，照明器具の推奨交換期間である10年を超えるため，実質，ランプ交換は不要といえる。

一方で，植物工場用の光源としてLEDを用いる場合は注意が必要である。なぜなら，一般の照明メーカーがカタログに記載しているランプ寿命は，家庭やオフィスなど少なくとも人が快適に過ごすことが出来る使用条件で保証されるものであり，植物工場のように極端に湿度が高い環境では保証されないからである。さらに，植物工場の場合，人工光源は太陽光の代替としての役割が求められるため，家庭やオフィスに比べて高い光出力が必要とされる。これを実現するため

に，植物工場用の照明ではLEDチップまたはLEDパッケージを高密度で大量に配置することが多く，LED近傍にある樹脂や金属等の部材が通常より高温になることも経時的な光出力の低下を加速させる原因となっている。

2.2 省電力・高効率

LEDの高出力，高効率化技術の進展により，白熱灯や蛍光ランプなどの従来光源の照明器具と比較して，少ない消費電力で同等の明るさを実現することが可能になっている。LED照明器具が発売されはじめた1990年代の終わりは，白熱灯と同等レベルであったが，その後，電球形蛍光ランプと並び，銅鉄安定器を用いた直管形蛍光ランプに追いつき，最近では現在の白色光源で最高ランクである高周波点灯形蛍光ランプを上回る効率をもつ製品が実用化されている。

2.3 放射光に紫外線や赤外線を含まない

現在主流となっている青色を発光するLEDをベースに黄色の蛍光体を通して白色に見せている一般的な白色LEDは，図2にあるように放射光に紫外線や赤外線がほとんど含まれていない。そのため，美術品や化粧品などの被照射物に光をあてる場合に材料の変質などの悪影響をほとんど与えないという利点がある。一方，完全閉鎖型植物工場のように人工光源（LED）だけで植物を栽培する場合は，本来受けるべき太陽光からの紫外線の刺激が極端に少なく，免疫特性の低下などの悪影響の可能性があり注意が必要である。

2.4 直流点灯

LEDは直流（DC）で点灯するため，一般商用電源（AC）で点灯させるためには，別に直流電源回路を必要とする。必要とされる光出力に応じて複数のLED素子を器具内にて直列と並列を組み合わせた回路構成にして配置するが，この場合，直流電源回路を用いずにはじめからDC

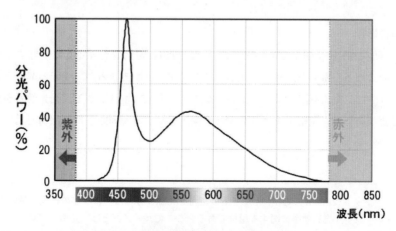

図2 標準的な白色LEDの分光放射分布
紫外線や赤外線を含まない

で配電することで，ACからDCへの変換ロスが無くなり，より省エネルギーを図ることが期待できる．

2.5 低温で発光効率が低下しない

現在，植物工場用の光源として一般的である蛍光ランプは，発光管の周囲温度が25℃の時に発光効率（単位電力あたりの発光量）が最大となるように調整されており，苗の低温貯蔵や冬季におけるビニールハウスのように周囲温度が25℃以下となる環境で使用する場合は極端な効率低下を生じる．一方，LEDは蛍光ランプに比べると，周囲温度の変化に対する効率変化が小さい．また，むしろ低温になるほど効率が高まる性質を持っている．

3 効率低下の要因

白色LED単体での発光効率は100ルーメン／ワット[注]を超えた製品が実用化されている．しかしながら，照明器具形状に加工したものは，次にあげるような幾つかの要因によって発光効率が低下するので注意が必要である．

① 電源回路の影響

前述の通り，LEDは直流点灯であるため，交流を直流に変換するための電源回路を別途内蔵しており，この変換時に10〜30％程度の効率低下が生じる．

② 周囲温度の影響

LEDはもともと発光部の温度が上昇すると発光効率が低下する性質を持っている．従来，照明用途に用いられる一般のLED単体の発光効率に関する性能は，周囲温度が25℃で定義される場合が多い．一方で，発光部（LEDチップやパッケージ）を照明器具に組み込んだ場合，LED自体や電源回路の発熱により周囲温度が25℃よりも高くなることが多いため，5〜15％程度の効率低下が生じる．

③ 電流値の影響

LEDは固有の上限値を超えない範囲であれば，自由に電流値を設定して点灯することができる．定格電流より多く電流を流せば，光出力を増やすことができるが，発光効率は下がる．逆に定格電流より少なく電流を流せば，光出力は減るが，発光効率は上がる．発光効率を重視する照明器具が必要な場合は，定格電流よりも少なく電流を流す電源回路を持つ照明器具にするのが有効である．

注：ルーメン／ワット（lm/W）とは，1ワットの電力を光源に与えた時に，どの程度の量の光が光源から放出されるかを表す，発光効率に関する単位である．ここでルーメンとは，光束に関する単位であり，光束とは1秒間に光源からあらゆる方向へ放射され，各波長に対して標準比視感度の重み付けをされた光の総和のことをいう．

④ 器具効率（器具の光束／光源の光束）の影響

　白熱灯や蛍光ランプなどの従来光源は，ランプ中心から全周方向へ光を放出しているので，反射板等により光を必要な方向へ向けなければならない。一方，LEDは構造的に最初から前面へ放出する光が多いため，一方向に光を放出したい場合であれば反射板等の光学部品の使用が最小限に抑えられる。そのため，吸収や拡散による光のロスが少なく，器具効率は従来光源に比べると高いといえる。

　これら①から④の要因を考慮すると，LED照明器具の効率（固有エネルギー消費効率ともいう）は，LED単体の発光効率を100とすると，70〜80程度の値となる（図3）。

　また，LEDは使用する半導体の化学組成や蛍光体の種類に応じて，光色（色温度の違いも含む）や演色性（色の厳密な見え方）が異なるが，発光効率も異なる。一般的に照明の明るさの評価でよく用いられている照度は，基本的に人間の標準比視感度（図4）によって値が決まっているので，光源から放射される光の中に波長555 nmに近い成分が多ければ，同じ放射エネルギー量でも照度の値は大きくなり発光効率も高くなる。逆に，波長555 nmよりも短い波長や長い波長の光の放射が多ければ，同じ放射エネルギー量でも照度の値は小さくなり発光効率も低くなる。

　また，植物育成と関係の深い光合成有効光量子束密度（Photosynthetic Photon Flux Density：以下PPFD）は，400〜700 nmの範囲の光量子の数で決まり，各光量子のもつエネルギーはその光量子のもつ波長に反比例する。そのため400〜700 nmの範囲内で波長が長い方が少ないエネルギーで高いPPFDとなり，長波長である赤色光（600〜700 nm）の方が青色光（400〜500 nm）や緑色光（500〜600 nm）に比べて光合成に対する効率が高いといえる（図4）。

4　照明用途でのLED応用の変遷

　LEDを器具内に組み込んだ場合の発光効率（固有エネルギー消費効率）に注目したLED照明器具の変遷を図5に示す。白色LEDが開発された1998年当初は光出力（光束）も数ルーメンと小さかったため，常夜灯やフットライト，道路やトンネルの視線誘導灯など光量がそれほど必要とされず，長寿命の特徴が活かせる分野にLEDが応用された。青色LEDが開発されて約10年が経過した2004年頃になってやっと光束が数十ルーメンにまで向上した。この頃になると近

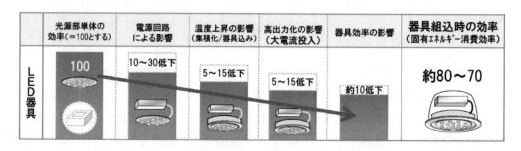

図3　器具の効率低下の要因

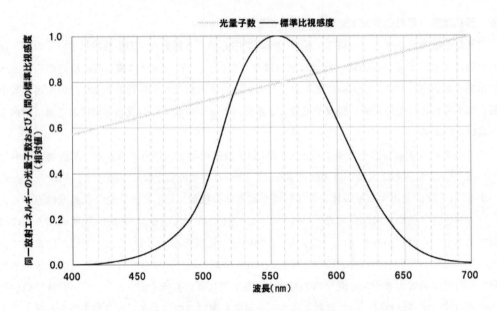

図4 同一放射エネルギーの光量子数および人間の標準比視感度の相対値

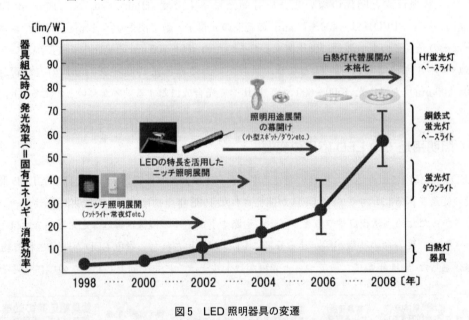

図5 LED照明器具の変遷

接照射に限られるが，モノを照らす目的でショーケース用の近接照明器具などにLEDが応用されはじめた。さらに2005年頃には，長寿命かつ白熱灯より省エネルギーであることを特徴として，1台に複数のLEDパッケージを搭載することで大出力が得られるLED器具が開発され，ダウンライトや屋外に設置されるローポールライトなどへの応用がはじまった。当初は，器具全体のサイズが大きく非常に高価な製品であったが，LEDチップの性能向上とメーカーによる器具

第 4 章　LED 照明の現状と将来

のコストダウンにより普及率が高まり，用途も広がりを見せている。2007 年以降は更なる高効率化とともに価格も下がり，白熱灯代替照明として本格的に市場が拡大されている。

　照明用途としての白色 LED の発光効率は今後もこれまで以上に向上することが予想される。LED 照明推進協議会（JLEDS）の 2008 年時点での予測では，高効率白色タイプの LED チップ単体で 2015 年までに 150 ルーメン／ワット，2020 年までに 200 ルーメン／ワットを超えるとしているが直近の動きは予測を上回っている[3]。図 6 にあるように，㈳日本照明器具工業会は，2010 年のレポートにおいて，2015 年に LED 照明器具として 150 ルーメン／ワットを実現するために，LED チップ単体で 190 ルーメン／ワットを超えることを目標として掲げている[1]。今後の技術開発のポイントとして，LED チップ単体の効率だけでなく，放熱対策や電源回路など器具仕様も含めた全体での高効率化に向けた取り組みが継続的に行われることが必要である。

5　植物育成分野への応用

　照明用途への応用は，1993 年に発光効率の高い青色 LED が発明されてから一気に広がりを見せ，その後は 2000 年代後半までゆっくりとしたペースで広がり，2009 年に大手照明メーカーの多くが LED 電球市場に参入したことで一気に普及期へと突入した。一方，植物育成の分野は，青色 LED や白色 LED の開発と歩調を合わせることなく，従来から比較的安価であったサイン，交通信号用途の赤色 LED をベースに小規模にはじまった。植物工場の実証プラントとしては，コスモプラントが三菱化学（株）の協力で 1998 年に建設したのが実用レベルでのはじめての事例となった[4]。この時に用いられた LED は，照明用途の白色 LED ではなく，植物を育成するのに有利で光合成感度の高いピーク波長（660 nm）を有する赤色 LED であり，さらに，電気から光合成に利用できる光への変換効率を高め，ランプ寿命を延ばすために，LED 基板を裏面から冷却する水冷式 LED パネルが用いられた[5, 6]。この実証プラントの技術的な試みはある程度成功し，現在の最新式 LED 植物工場にもその成果が活かされている。一方で，事業としては，出荷

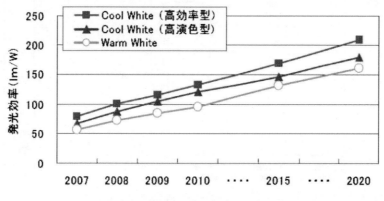

図 6　白色 LED の発光効率に関するロードマップ
JLEDS Technical Report 2 に加筆

物の需給バランス，設備のメンテナンスや開発費用の高騰などが時代と合っておらず，時期尚早だったと考えられる。

6 植物育成用光源としての直管形 LED ランプ

これまで，閉鎖型の植物育成用光源として広く用いられていたのは，オフィスや工場などでよく目にする直管形蛍光ランプであり，特に高周波点灯形の Hf 蛍光ランプが効率面および価格面で優位という理由から採用例が多かった。特に，価格面の優位性は，圧倒的な流通量の多さから実現したものである。昨今の東日本大震災や原子力発電所の問題を考えると，オフィスや工場用照明における電力消費量の削減要求が強力な後押しとなり，LED 照明への交換需要は益々増えることが予想される。LED 照明への交換用商材として最初に考えられるのは，これまでの直管形蛍光ランプと概観形状を似せて作られた直管形 LED ランプである。図7にあるようにその販売量は 2011 年に急激に増加をはじめ，今後も同じような勢いで増えることが予想される[6]。

植物育成分野で利用する場合，LED は植物に有効な波長の光だけを照射できるため効率的であり，放射光に熱線が含まれないため近接照射が可能であり，白熱灯や蛍光ランプに比べ長寿命であるなど，現在主流の光源に比べ優位な点が多いが，イニシャルコストが高すぎることが普及の妨げになっていた。しかしながら最近になって直管形 LED ランプが普及しだしたのを受け，一気にイニシャルコストが下がる可能性が出てきている。コストを重視して LED 照明を導入する場合，直管形 LED ランプは最有力候補となるだろう。

ただし懸念材料もある。LED 照明は基本的に小型光源の集合体であるため，器具に加工する

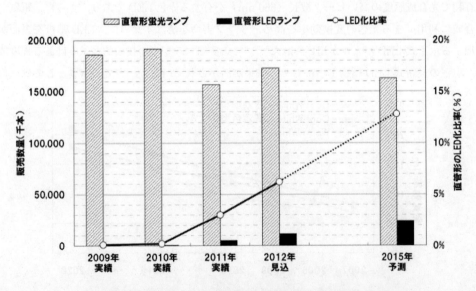

図7　直管形蛍光ランプおよび直管形 LED ランプの販売数量の推移
富士経済の調査データを基に作成

第 4 章　LED 照明の現状と将来

際の形状に制約がほとんど無く，現在の直管形蛍光ランプのように統一された形状にはなりにくい。そのため，将来的に直管形蛍光ランプが直管形 LED ランプに置き換わる比率は限定的であることが予想される。実際に現在もデザイン性を重視して設計された新しいオフィスでは，直管形のような細長い形状ではなく，下から見た時に LED パッケージが格子状に並べられ，全体として正方形に見える外観をもった LED 照明器具が増えているのが現状である。

7　LED 照明の関連法規と規格化

　これまで LED 照明は，新光源という扱いから，ハードとして規格が未整備なまま新仕様の商品が多く世に出回っていた。そのため一部ではあるが，LED の特徴を把握せぬまま回路設計を行ってしまい，チラツキを発生させ，LED は人に不快感を与える光源として報道されることもあった[7]。しかしながら，LED 電球や直管形 LED ランプ等の製品化により，急速に普及が広まり，測光方法や安全面も含めた法令・規格化の動きが加速しているのが現状である。

　2011 年 7 月 6 日に「電気用品安全法施行令の一部を改正する政令」が公布された[8]。これにより「エル・イー・ディー・ランプ」と「エル・イー・ディー・電灯器具」が項目として追加され規制対象となり，2012 年 7 月 1 日から施行される予定となっている。また，LED 照明に関する JIS（日本工業規格：Japanese Industrial Standards）についても現在整備が進められており，2012 年から 2013 年にかけて制定が予定されている。

　前節で述べた直管形 LED ランプについても，2010 年 12 月 3 日に日本電球工業会規格 JEL 801（表 1）[9] が制定され，標準化に向けた取り組みが進んでいる。この規格は，既設の直管形蛍光ランプの器具のランプ代替を目的として，従来の直管形蛍光ランプと長さや口金（G 13）などの互換性をもった様々なタイプの「直管形 LED ランプ」が発売されていることを背景としている。既存器具の安定器をそのまま使用するタイプ，口金部に直接商用電源を印加するタイプ，ランプと別に DC 電源を用意し，口金から DC 電源を印加するタイプなど複数の方式があり，これらはいずれも従来の蛍光ランプの口金（G 13）と同じであったため，構造的に既存の蛍光ランプの器具にそのまま取り付けることが可能であり，誤挿入や万が一の落下など安全面に課題があった。これらを解決するために，従来の直管形蛍光ランプと互換性のない口金（GX 16 t-5）を有した直管形 LED ランプシステムの規格（JEL 801）が制定された。図 8 にあるように，こ

表 1　JEL 801 規格の概要

L形ピン口金GX16t-5付直管形LEDランプシステム		直管形LEDランプ（LDL40）の仕様	
全光束	2300lm以上（N色）	ランプ電圧	95V（最大）〜45V（最小）
演色性(Ra)	80以上	最大ランプ電力	33.3W
配光	120度以内の光束が70％未満	口金（Gx16t-5）	
ランプ電流(mA)	DC350		

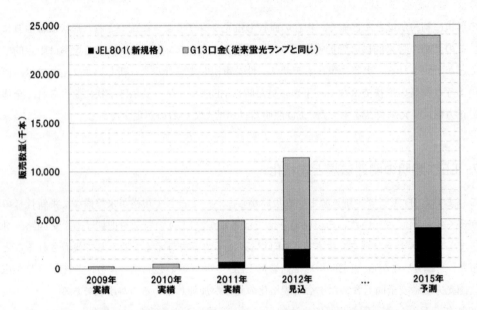

図8 JEL 801 規格対応ランプと従来の G 13 口金対応ランプの販売数量の推移
富士経済の調査データを基に作成

の新規格に準拠した直管形 LED ランプはまだ少数派であるが，2012 年 3 月現在の照明関連メーカー各社の発表では，新規格に準拠した方式の直管形 LED ランプを採用する動きが加速している。

一方，植物育成用として専用に開発されている LED は，特殊用途であるため従来の照明用の規格には該当せず，事実上，メーカーによる自主的な評価に任せているのが現状である。これから植物工場の事業化を検討する場合は，安全面はもちろんのこと，器具効率や器具寿命についても正式な規格がないまま，各メーカーが独自に評価していることを覚えておく必要がある。

8 おわりに

本章では，植物育成分野に限らず一般的な LED 照明全般の現状と将来について紹介した。LED 照明は黎明期から普及期に移行しており，今後もますます市場が拡大し，技術もコスト低下も進むことが予想される。一方で，まだまだ規格化や基準の整備が遅れている部分が散見され，早急な対応が必要である。

植物育成分野の LED 照明は，一般的な LED 照明に比べると遥かに需要が少なく市場が小さいため，照明業界にとって優先順位が低く，その規格化は一般の LED 照明以上に遅れることが予想される。そうなると LED 照明の安全性や品質については，各 LED 照明メーカーや植物工場の工事を請け負う施工業者任せとなり，大きくばらつくことが予想される。このような状況で植物育成分野の LED 照明の品質を向上させるためには，メーカーや施工業者が実際の設置数や

第 4 章　LED 照明の現状と将来

施工経験を増やし，栽培をした人間から課題を聞き取り調査し，現実的なレベルでの対策を考えて実行するという地道なサイクルを重ねる必要がある。そのためには少しでも植物工場の需要が高まり，植物工場への LED 照明の設置数が増えることが重要である。需要を高める方策としては，現状ではコストダウンが一番の課題と言われるが，それ以外にも自然界では育てることができない高価値の生産物を生み出したり，特殊環境でしか育てられない希少作物が育てられるなど，栽培面からのアプローチもあると思われる。メーカーとして，これからもコストダウンの努力を続けていくと同時に，これら植物工場ならではの特殊環境での栽培体系の確立が早期に実現することを期待する。

文　献

1) （社）日本照明器具工業会,「照明器具業界の新成長戦略」(2010)
2) 高辻正基, 図解　よくわかる植物工場, 日刊工業新聞社 (2010)
3) 特定非営利法人 LED 照明推進協議会, 白色 LED の技術ロードマップ, JLEDS Technical Report, **2** (2008)
4) 後藤英司監修, アグリフォトニクス―LED を利用した植物工場を目指して―, シーエムシー出版, 24-26 (2008)
5) 渡辺博之, LED を光源とした野菜工場, SHITA REPORT 17, 13-22 (2001)
6) Special Appli. 光源/照明市場 実態・技術・予測 2012 年版, 富士経済, 21 (2012)
7) 「市の本庁舎 LED 化で省エネのはずが体調不良」, 北海道建設新聞 (2010.3.12)
8) 松本稔, LED 光源開発の今後の動向（法令・規格整備と技術開発）, 電気設備学会誌, **32**(1), 9-12 (2012)
9) （社）日本電球工業会規格　JEL 801「L 形ピン口金 GX 16 t-5 付直管形 LED ランプシステム（一般照明用）」(2010)

【完全人工光型植物工場の照明技術 編】

第5章　LEDを用いた野菜工場

渡邊博之[*]

1　はじめに

　照明分野で急速にLEDランプの普及が進んでいる。照明用の白色LEDの性能向上が進んだうえに東日本大震災にともなう節電ムードが重なり，照明のLED化に拍車をかけている。LEDの性能向上と量産によるコストダウンの2つの要素が好循環をはじめ，全体に十分な性能を持つLEDランプが徐々に普及しやすい価格帯で販売されるようになった。筆者らが植物栽培用光源としてLEDを使い始めた20年前とは価格，性能とも隔日の感がある。

　1993年12月に日亜化学工業㈱はGaNをベースとした高輝度青色LEDを発表し，その後の照明用LEDランプ開発を牽引した。初期の青色LEDの外部量子効率（LEDチップレベルの光エネルギー／電気エネルギーの変換効率）は5%に満たず，その後，照明用に開発された青色LEDベースの白色LED（青色LEDに黄色蛍光材を塗布）の発光効率は20ℓm/W以下であった。現在は，高効率の白色LEDで80ℓm/Wを超えるものが開発されているが，それでも100ℓm/W以上の変換効率である白色蛍光灯（Hf型）にはまだ及ばない。現在のところ，植物栽培光源として白色蛍光灯の代わりに白色LEDを使うということは，発光効率の点でも，ランプの初期費用の点でも，不利と判断せざるを得ないのが実状である。

　では，植物栽培用の光源としてLEDを使うメリットはどこにあるのか。筆者は，LEDを植物栽培用の光源として利用するメリットは，LEDの単色性と植物に対する近接照射と考えている。まず，植物栽培用光源としてのLEDのメリットとデメリットを整理しよう。

2　植物栽培光源としてのLEDのメリット

2.1　単色性

　LEDで出力される放射スペクトルの半値幅は他の植物栽培用光源に比べて小さく，基本的に輝線スペクトルなどの混入がない。例えば，植物栽培で主に使用される赤色LEDのスペクトル半値幅は20–30nmであり，ほぼ純色に近い。現在では，化合物半導体の種類と構造を変えることにより，紫外から赤外まで，幅広い範囲の単色光を自由に選択し，それらを目的に応じて組み合わせることが可能である。

　第11章以降で詳しく述べられるが，植物の光反応は，ある波長域のエネルギーを特異的に吸

---

*　Hiroyuki Watanabe　玉川大学　農学部　教授

第5章　LED を用いた野菜工場

収する光受容体によってスタートする。光合成反応は，赤色と青色を吸収する光合成色素タンパク質により，また屈光性や形態形成にかかわる青色光反応はクリプトクロム系やフォトトロピン系の光受容体が青色光を吸収することにより反応が開始される。また，発芽や花芽形成の日長反応は，フィトクロム系に関わる赤色光と遠赤色光の光がお互いに可逆的に光反応を制御していることが知られている。LED 単色光を用いることにより，これら個々の光反応を独立して制御し，栽培目的に合った作物の生理反応や生育を導き出すことができれば，生産の効率化や生産物の高付加価値化に大いに役立つ可能性がある。

　リーフレタスは野菜工場の主力作物の一つであるが，例えば LED を用いてリーフレタス（品種：レッドファイヤー）を純粋な赤色光下で栽培すると葉長，葉幅が増加し，葉面積が拡大する（写真1，図1）。そこにわずかな青色光を混入するとリーフレタスは敏感に反応して，葉長，葉幅を減少させ，葉面積を縮小させる[1]。リーフレタスの植物工場生産では，できるだけ短期間に多くの収穫を得ることが重要であることから，LED 赤色光でリーフレタスを栽培することはリーフレタス生産には一つの有効な方法である。また，青ジソ（大葉）も同様な赤色反応を示し，LED 赤色光下で急速に葉面積を拡大させる（写真2）。栽培面積あたり，栽培期間あたりの青ジソの収穫量を飛躍的に増加させることが可能である。また，薬草に対しても LED の単色光が薬効成分の増量に効果があることが，ゲンノショウコ[2]やニチニチソウ[3]を材料に明らかにされている。このように LED を用いて自然界には存在しないような極端な光条件を作り出し，植物の特徴的な生理現象を導き出すことにより，栽培の効率化や収量の増加，高品質化などを実現する可能性がある。

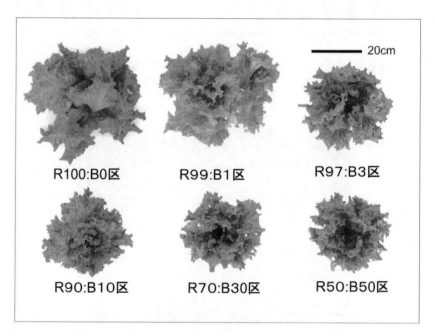

写真1　異なる赤色光（R）：青色光（B）比で栽培したリーフレタスの草型（株上から観察）

2.2 近接照射

　植物栽培に利用する可視領域のLED光には，赤外領域のエネルギー放射がほとんどないこともLEDを植物栽培光源として用いる場合，大きなメリットといえる。それほどパワーのない光源を使って必要な光量を得るためには，光源をいかに栽培対象に近づけられるかがカギとなる。通常の放電型光源では，放射エネルギーに多量の赤外線が含まれ，栽培作物の葉温を直接上昇させる。図2に植物栽培に使用される代表的な光源の電気の変換率を示した[4]。メタルハライド灯や高圧ナトリウム灯では，消費電力の約60％が赤外線に変換され，またランプの表面の温度も高いため栽培作物を光源に近づけることができない。白色蛍光灯であっても赤外線への変換率は40％を超え，極端に作物にランプを近づけることは不可能である。しかし，例えばLEDランプパネルを室温程度に空冷しながら用いた場合，パネルが葉に接触するほど近接させてレタス等の栽培を続けても，赤外線による葉焼け等の障害が全く認められない。LED光源を栽培植物の大きさが許すギリギリの位置から近接照明することにより，植物の光利用効率を高めることができ

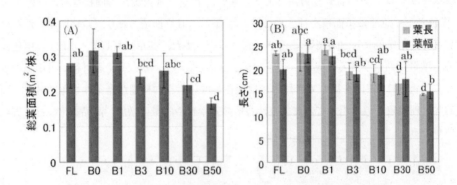

図1　異なる赤色光：青色光（B）比で栽培したリーフレタスの総葉面積（A）と葉長・葉幅（B）
　　　FL：白色蛍光灯，B1は赤色99％＋青色1％の混合比を表す

写真2　LED赤色光で栽培した青ジソ（大葉）

る。さらにそうした小さな栽培ユニットを何層も積み重ねることにより，全体としてコンパクトな栽培装置に仕上げることが可能である。

2.3 形状

LEDチップは形状が小さいため，光源ランプの形状をかなり自由に設計できる。植物工場などのように植物の高密度，集約栽培を極限まで進めようとすると，限られた装置スペースを有効に利用し，栽培植物に対して近接，均一に光照射する必要がある。光源ランプのサイズ，形状を自由に設計し，そのスペースメリットを十分に生かすことは，栽培装置全体を機能的にシステム化する上で重要である。

またチップの形状が小さいため，チップ周囲の反射板の構造を工夫することによりランプの配光をかなり自由に変えることができる。限られた量の光を，目的の場所に正確に集めるためにランプの配光は重要である。配光を工夫することにより，必要な性能を維持しながら消費電力を下げることが可能となる。

3 植物栽培光源としてのLEDの課題

3.1 高輝度化

植物は生育に必要なエネルギーの全てを光を通して受けとっている。従って，光以外の栽培条件を最適化した効率の良い栽培システムにすればするほど，LEDの出力変動が直接作物の生育差につながる。通常，ディスプレイや照明用途で10%程度の出力差が視覚的に認識され，問題にされることは少ないが，植物工場用途の場合はその程度の出力変動が，栽培植物の生育結果としてはっきりとあらわれる。光源の高出力化は何も植物栽培用途に限った課題ではないが，特に植物栽培用途ではLEDランプの出力の均一化，さらなる高出力化，高輝度化が，栽培システムの性能，生産能力に直結した課題といえる。

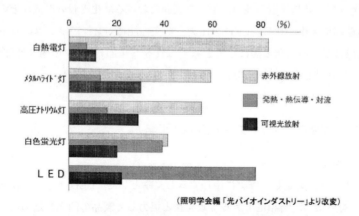

図2 植物栽培光源のエネルギー変換率

3.2 ランプコスト

LEDは植物に合わせて照射波長を選択していることから比較的栽培効率が高く，またランプの耐用年数も高圧ナトリウム灯や白色蛍光灯の3～5倍は確保できると考えられる。しかしそれらをふまえても，現状でLEDのランプコストは年間の償却費として高圧ナトリウム灯の約2倍，白色蛍光灯と比べると3～5倍のコスト高と考えられる。植物工場等の大規模栽培装置の設置を想定した場合，イニシャルコストとしてランプコストが大きな負担となり，LEDランプコストのさらなる低下が望まれる。また，償却費としてのコストを下げるためには，次項で述べるように十分な耐久性を確保することも重要である。

3.3 耐久性

LED点灯中の劣化，出力低下は，すでに述べたランプの償却コストとも関わり，たいへん大きな課題である。通常，LEDランプは，チップボンディングや配線の断線がない限り，いわゆるランプ切れを起こす割合は極めて小さい。ただし長時間点灯（特に高湿条件下での高出力点灯）にともなう出力低下は，植物栽培光源としてのLEDの解決すべき大きな課題である。LED点灯にともなう出力低下の大きな原因はチップの発熱と湿度条件である。

図2に示したとおりLEDランプの外部量子効率は，代表的な性能のもので20～25%程度である。光に変換されない電気エネルギーの大部分はLEDチップの発熱として消耗される。植物栽培に必要な光量を確保するためにLEDを高密度で配置し，比較的大きな電力で駆動させようとした場合には，LEDチップの発熱によるランプや設置基盤の温度上昇が避けられない。特に，栽培ユニットを積層したような高密度な栽培装置を想定した場合，栽培システム全体の温度上昇を避けるためにはLEDランプ基盤やランプユニットの局所的な除熱，冷却装置を備えることが必要である。逆に，LEDは赤外領域のエネルギー放射がほとんどないことから，光源ユニットの除熱を行うことによって栽培システム全体の温度管理を効率的に行うことができる。

LEDチップの直接的な冷却は，チップの耐久性を確保するうえでたいへん重要である。LEDチップの過熱はチップの結晶構造の破壊，チップ表面における酸化皮膜の形成などの原因となり，LEDチップを短期間に劣化させる。LEDの出力，耐久性能に対し，ランプユニットの放熱不足，LEDチップの過熱は最大の劣化要因になると考えられる[5]。LEDランプの耐久性確保にとって，点灯中のチップ冷却は最も重要な対応であろう。

4 ダイレクト水冷式ハイパワーLEDの開発

4.1 水冷式LEDパネル

点灯時のLEDチップを安定して確実に冷却するしくみとして，LEDチップを冷水で効率的に冷却するシステムを考案し，昭和電工アルミ販売㈱と協力して製品の開発を進めた。通常，LEDチップは，電気的な絶縁性の問題やパーツとしての取り扱い易さの観点から，パッケージと呼ば

第5章　LEDを用いた野菜工場

れる樹脂製のモジュールに組み込んで使用することが多い。それら成型樹脂の多くは，熱伝導性の低さからLEDチップの放熱を妨げ，チップの温度上昇，さらにLEDの耐久性の低下をもたらす。そこでLEDチップを熱伝導性の高いアルミ基盤に直接溶着させ，さらにそのアルミ基盤を水冷するシステムを考案した[5]。

4.2　LEDチップの水冷構造の構築

図3に従来の樹脂パッケージ型LEDパネル光源と今回開発した水冷式LEDパネル光源の構造の模式図を示した。水冷式LEDでは，チップの発熱を冷却水路付きのアルミ基盤に直接伝え，従来のパッケージ型LEDに比べて格段に効率よくLEDチップを冷却できる構造をとった。この構造を採用することにより，LEDをフルパワーで点灯しながら，チップのp-n接合面温度を冷却水温度より3.5℃の上昇に留めることに成功した（図4）。LEDパネルのチップ周辺部位の顕微鏡写真を図5に示した。LEDチップがアルミのミロー材にしっかりと溶着し，チップから

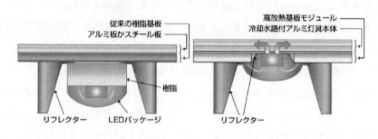

図3　樹脂パッケージ型LEDランプ（POB）とダイレクト水冷式LEDランプ（COB）の構造
　　　（昭和電工アルミ販売HPより）

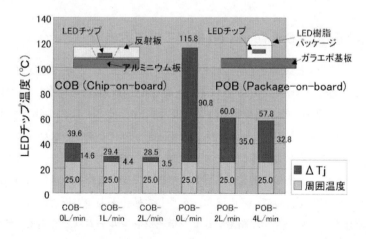

図4　ダイレクト水冷式LEDランプ（COB）のLEDチップの顕微鏡写真

アグリフォトニクスⅡ

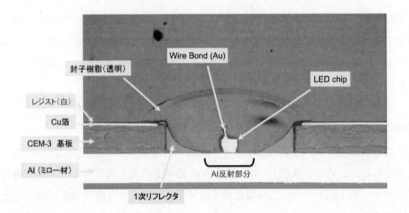

図5　樹脂パッケージ型LEDランプ（POB）とダイレクト水冷式LEDランプ（COB）の
　　　LEDチップジャンクション温度（IF＝72mA）

発生した熱を効率的にアルミ材に分散，冷却している構造が確認された。
　水冷の効果を把握するため，アルミ基盤に直接LEDチップを溶着させる基本構造は維持しながら，冷却システムを水冷からアルミ空冷に切り替えた場合のLEDのジャンクション温度を測定した。LEDの消灯直後の電気抵抗を正確に測定することにより，LEDチップのp-nジャンクション温度を推定した。測定結果を図4に示した。LEDチップのp-nジャンクション温度は，パッケージタイプとダイレクト冷却タイプのジャンクション温度と比較すると大きな違いがあったが，ダイレクト冷却タイプで冷却水を流した時と冷却水を使わずに空冷した時との比較では，約10℃の温度差であり，従来のパッケージ式のLEDに比べて比較的小さな差に留まった。
　以上の結果から，ダイレクト水冷式ハイパワーLEDのチップ冷却効果は，水冷システムの効果にもましてLEDチップをアルミ基盤に直接溶着させたマウント構造の貢献が大きいことが明らかとなった。

5　玉川大学Future Sci Tech Lab植物工場研究施設

昭和電工アルミ販売㈱と共同で開発したダイレクト水冷式ハイパワーLEDパネル光源（写真3）を多段式NFT水耕システムと組み合わせて野菜の試験栽培装置を構築し，同様のLED栽培装置を15台備えた大型の植物工場研究施設（玉川大学Future Sci Tech Lab）を2010年3月に完成させた（写真4，写真5）[6,7,8]。研究施設は，床面積801m^{2}で4つの水耕栽培室と1つの育苗室，作業室，管理室を備えた実験施設であり，天候に左右されず，都心のビルでも地下室でも作物が栽培できる新しい農業技術の開発をめざし，無農薬で安全な作物生産のための栽培システム構築をめざした実証実験を行っている。また，そうした植物工場の実用化技術に関する研究成果を広く社会に紹介するため，見学通路やプレゼンテーションルームなどを備え，他の研究機関や新規参入企業への情報発信を行っている。

第 5 章　LED を用いた野菜工場

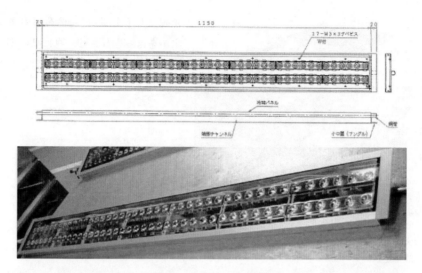

写真 3　ダイレクト水冷式ハイパワー LED パネル（昭和電工アルミ販売㈱と共同開発）

写真 4　玉川大学 Future Sci Tech Lab 植物工場研究施設の外観

写真 5　植物工場研究施設内の多段式 LED 植物栽培システム

6　おわりに

　LED のハイパワー化，低コスト化が進む中，LED を光源とした野菜工場の開発もいくつかの会社で試みられてきた[9]。三菱化学㈱とコスモプラント㈱が共同開発し，コスモプラント㈱が事業化を進めた「コスモファーム」（2001 年）[10]，㈱キーストンテクノロジーが開発した「アグリ王」（2011 年）などが LED を主光源にした野菜工場を提案しているが，事業性についての明確な結論が出るのはこれからである。

　玉川大学では，Future Sci Tech Lab での研究成果を踏まえ，ダイレクト冷却式ハイパワーLED パネルをベースとした野菜工場システムの事業化検討を開始した。西松建設㈱と協力し，学内に日産 3900 株規模の LED 野菜工場を建設する。野菜の生産，販売を西松建設㈱が担当することにより，この野菜生産技術の事業性の検証を行いたいと考えている（図 6）。植物栽培用

45

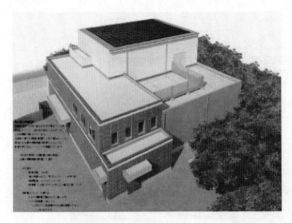

図6 玉川大学 LED 植物工場事業化実証施設（2012 年 10 月完成予定）

光源として LED の特徴をどのように生かすかをはっきりさせ，真に高い事業性を備えた野菜工場技術の確立を目指したい。

文　　献

1) 大嶋泰平，雨木若慶，大橋敬子，渡邊博之，LED 青色光の照射割合がレタスの生育，葉形，および品質に与える影響，日本生物環境工学会 2011 年札幌大会講演要旨，294-295（2011）
2) Watanabe H, Namiki K, Nemoto S, Tajima M, Ono E, Amaki W. Effects of light qualities on geraniin production of *Geranium thunbergii*. Acta Horticulturae. 907: 111-114 (2011)
3) 福山太郎，大橋（兼子）敬子，大塚みゆき，高野昭人，雨木若慶，渡邊博之，赤色および青色 LED 光がニチニチソウの生育とアルカロイド含有量に及ぼす影響，第 53 回日本植物生理学会年会要旨集，361（2012）
4) 洞口公俊,光放射とその特性,光バイオインダストリー，照明学会編，オーム社，96-133（1992）
5) 渡邊博之，宇佐見仁英，大橋敬子，大野英一，布施政好，木村数男，太田幸彦，熊野滋子，ダイレクト水冷式ハイパワー LED ランプを用いた植物栽培システム—玉川大学 LED 植物工場研究施設の機能—，日本生物環境工学会 2011 年札幌大会講演要旨，66-67（2011）
6) 渡邊博之，玉川大学の植物工場研究の取り組み，農耕と園芸66: 25-28（2011）
7) Ono E, Usami H, Fuse M, Watanabe H. Operation of a semi-commercial scale plant factory, ASABE paper number 1110534 (2011)
8) Ono E, Watanabe H, Design and construction of a pilot-scale plant-factory with multiple lighting sources, ASABE paper number 1008799. (2010)
9) Watanabe H, Light-controlled plant cultivation system in Japan-Development of a vegetable factory using LEDs as a light source for plants, *Acta Horticulturae*. 907: 37-44 (2011)
10) 渡邊博之，光環境をコントロールした植物工場と LED の利用について，食品工業53: 89-95（2010）

第6章　蛍光灯を用いた野菜工場
―コンテナ式；大阪府立大学―

中村謙治[*]

1　はじめに

　完全人工光型植物工場の照明は，当初高圧ナトリウムランプやメタルハライドランプに代表される高輝度放電灯（HIDランプ）が主流であった。これは，ランプ効率や寿命が長かったことがその大きな理由の一つにあげられる。それから，蛍光灯のランプ効率や寿命，価格低下が進んできたことで，蛍光灯が現在の多くの完全人工光型植物工場における照明の主流となっている。今後同じような流れで，数年後にはLEDの技術開発がさらに進展することで，完全人工光型植物工場の主流になると期待される。

　本章では，現在完全制御型植物工場の照明の主流である蛍光灯を利用した野菜工場の実例について，コンテナ式植物工場と，2011年4月に大阪府立大学内に開設された植物工場研究センターの施設のうち，植物工場での生産実証研究を行う農水棟における蛍光灯を使用した野菜工場について紹介する。

2　コンテナ式植物工場

2.1　開発の経緯

　海上輸送用のコンテナを完全人工光型植物工場の建物がわりに利用する取組みが最近では各所で行われている。われわれは1992年にこのコンテナ式植物工場の開発に着手し，商品化を行い，その後特許取得，普及への取組みを開始してきた。

　当時も今日でも新たに植物工場での野菜生産に取組もうとするにあたり，異業種の企業等がいきなり何の経験もない中で大規模な植物工場を建設・運営することは非常にリスクが高く，小規模の植物工場から始めたいというニーズは高い。われわれは自社の持つ環境制御技術を農業分野に生かせないかということから，植物工場の開発に着手した経緯があり，これを実現する手段として輸送用の大型コンテナに着目した。

　開発した当時，海上輸送用コンテナが郊外のカラオケボックスなどに利用されるようになってきており，その設置や移設の容易さ，大きさが20・40フィートと大きく2つのサイズに国際規格で規格が決められており，国内外への海路や陸路での輸送方法も確立されていることなどから，海上輸送用のコンテナは植物工場の入門編として最適であると考えた。

---

　*　Kenji Nakamura　エスペックミック㈱　環境モニタリング事業部　部長

コンテナ式植物工場（図1）は，温度・湿度・炭酸ガス濃度などの地上部の環境制御を行う空調装置，人工照明および，養液栽培装置とそれらを制御する栽培システムで構成される。開発当初は，人工照明として高圧ナトリウムランプと，育苗部に蛍光灯を多段化し併用することで，限られた空間を立体的に有効に活用する方法をとっていたが，最近製作するものはほぼ100%が，蛍光灯またはLEDを照明とし，3〜5段の多段化を行ったタイプになっている。

図1　コンテナ式植物工場外観

図2　コンテナ式内部

2.2　蛍光灯を用いたコンテナ式

コンテナ式植物工場で使用している蛍光灯は，三波長発光型のHf蛍光灯で，長さ約1200 mmの32 Wタイプを主に使用している。コンテナ式植物工場の場合，室内幅が約2.2 mと狭いため，中央を通路とし，左右に幅約700 mm程度の栽培棚を配置している（図2）。蛍光灯照明はその栽培棚の幅と高さにあわせて，BOX形状の植物工場専用の照明器具を製作し，栽培する野菜の種類や用途により，蛍光灯の本数を3〜8本程度まで選択できるよう設計している。蛍光灯はLEDと比較すると，ランプ直下への熱の伝達が多いため，ランプと野菜を近接すると葉やけの原因となり，空間が必要となる。

標準的な20フィートタイプコンテナ式植物工場で，使用している蛍光灯は，Hf 32 W蛍光灯で96本，このコンテナでリーフ系レタスを定植から14日で生産栽培する場合，20フィートコンテナ1台の生産能力が日産約40株であることから，1株当たり2.4本，76.8 Wの蛍光灯が配置されていることになる。

2.3　蛍光灯とLEDを併用したコンテナ式

LEDは前述のように，技術的にも発展途上にあり，価格も蛍光灯の数倍以上とまだ割高であることから，蛍光灯とLEDを併用したタイプの照明も開発している。蛍光灯で栽培に必要な光量を確保しながら，赤色や青色

第6章　蛍光灯を用いた野菜工場—コンテナ式；大阪府立大学—

の植物の光合成に有効な波長にピークを持つ単波長の発光を行うLEDを併用することで，生育促進や発色，栄養成分を高めるなどの効果が期待できる．図3は，蛍光灯と赤または青色LEDを併用した例であるが，赤色のLEDを併用し，葉の伸長を促すことで20%以上の生育促進効果がある．また，青色LEDを併用することで，アントシアニン色素の合成を促し，葉の発色を良くする，栄養価をより高めるなどの効果がみられるようである．

2.4　太陽光発電を組合せたコンテナ式

完全人工光型植物工場は，電気がなければ照明を点灯することもできず空調や栽培のポンプを動かすことも当然できないため，電気の安定的な供給を維持しその使用量を低減することはコンテナ式に限らず，植物工場の重要な課題である．われわれはいち早くその太陽光発電のもつ潜在能力に着目し，太陽光発電とコンテナ式植物工場を組合せた施設を1996年に設置し，これまで運用を行ってきた（図4）．

設置した40フィートコンテナ式植物工場の場合，消費電力量は年間平均で1日当たり約100 kWhであり，この電力量を賄うには，設置する立地条件にも左右されるが，30〜40 kW程度の発電能力のある太陽光発電設備が必要となる．その設置面積は40フィートコンテナの床面積が約30 m^2 であるのに対して，約5倍程度は必要であり，コンテナの屋根全体に太陽光発電を敷設することは困難であるので，別の敷地に併設する必要がある．実際に40フィートコンテナの屋根面に設置できる太陽光発電は5 kW程度であり，植物工場を動かすのに必要な電気をすべて賄うことはできないが，栽培用のポンプを可動させることは可能であり，使用方法を考慮することで有効な電気供給手段になることは間違いない．

図3　蛍光灯とLEDを併用した照明（赤と青）

図4　太陽光発電を併設したコンテナ式

3 大阪府立大学植物工場研究センターにおける蛍光灯利用植物工場

3.1 大阪府立大学植物工場研究センター農水棟施設について

大阪府立大学植物工場研究センターは，国内の植物工場研究拠点の施設として，千葉大学や愛媛大学などとともに全国の拠点のひとつとして設置された。ここには，基礎的研究を主として行う経産棟と，完全人工光型植物工場のコスト低減，生産実証を行う農水棟の2棟が設置されている。ここで紹介する農水棟は，生産品目として，①ハーブ類，②リーフレタス類，③アイスプラント，④緑化用コケ，の4品目が設定されて栽培実証が行われている。植物工場施設内には，5つの植物工場栽培室が設置されており，そのいずれも蛍光灯を照明として使用している（図5）。

3.2 機能性植物生産室

機能性植物生産室はA,Bの大小2つの植物工場で構成されている。A室は，ハーブ類の生産実証を，B室はアイスプラントの生産実証を行う施設となっている。

A室（ハーブ室）は，草丈が高くなるハーブにも対応できるよう，間隔を通常よりも広くした多段（3段）の栽培棚を設けている。栽培室内は温度，湿度，炭酸ガス濃度および養液の自動制御を行うことができる。照明は前述のBOX型の蛍光灯照明器具を使用することで反射効率を高めている。

B室はアイスプラントの生産実証を行っている。栽培部は平面移動式の多段（4段）式養液栽培装置が設置されており，多段化することで栽培室の床面積に対し約2倍の約140 m^2 の栽培面

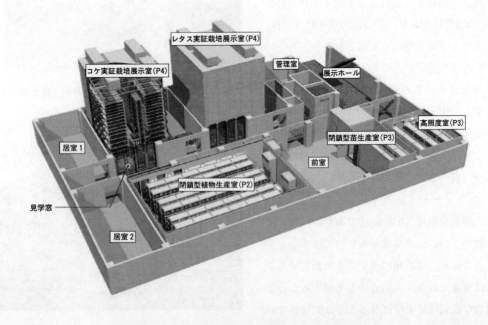

図5 大阪府立大学植物工場研究センター（農水棟）

第6章 蛍光灯を用いた野菜工場―コンテナ式；大阪府立大学―

積を確保している（図6）。栽培室内は温度，炭酸ガス濃度および養液の自動制御を行うことができる。照明はA室同様のBOX型蛍光灯照明器具を使用している。

3.3 多層型植物生産室

多層型植物生産室は，リーフレタスを生産するレタス生産室，その苗を生産する育苗室，緑化用スナゴケの生産を行うコケ生産室の3つの部屋で構成されている。育苗室は，機能性野菜生産室と同様の，多段（4段）式栽培棚が設置されており，栽培室内は温度，湿度，炭酸ガス濃度および養液の自動制御を行うことができる。照明もBOX型蛍光灯照明器具を使用している。

レタス生産室とコケ生産室は，両施設とも自動搬送装置を備えた栽培システムが設置されている。システムは高さ約7m，15段の立体多層型栽培システムであり，栽培室床面積が約40 m^2 であるのに対し，約4.5倍の約180 m^2 の述べ栽培面積がこの立体化により実現されている（図7）。栽培室内は温度，湿度，炭酸ガス濃度および養液の自動制御を行うことができる。育苗室で育苗した苗を，専用の栽培トレイに定植し，それが自動搬送装置で最上段のラックに収納され，1日ごとに，1段ずつ自動搬送装置で栽培トレイを降ろし，最下段で収穫サイズになるよう設計されている。栽培しているのは，フリルレタスであり，日産250株の生産能力を有している。このように立体多段構造にし，栽培トレイを1段ずつ降ろしてくることで，定植直後は，照明と栽培面の距離を短くし，下段にいくに従ってこの距離を広げていく，垂直方向のスペーシングを実現している。

照明は，Hf 32 W型蛍光灯を2灯収納

図6 機能性植物生産室

図7 多層型植物生産室

した，BOX型蛍光灯照明器具を製作し設置している。専用の照明器具を製作することで，反射効率を高めるとともに，将来的にLEDへの交換にも対応できるように配慮を行っている。また，蛍光灯は，通常昼光色や昼白色の蛍光灯を使用する場合がほとんどだが，本施設では，栽培後期にレタスの葉の伸長をより促すため赤色波長を多く含む，電球色タイプの蛍光灯を使用する工夫がなされている。

3.4 空調設備について

人工光型植物工場は，外部からの害虫などの侵入などを防ぎ，野菜の清浄度を高く保つことが求められる。また，植物工場内では，温度，湿度制御とともに植物の光合成を促進させ，生育スピードを速めるために炭酸ガス制御が不可欠である。炭酸ガスを植物に運ぶための気流制御も重要な環境制御因子となってくる。

本施設における各生産室は，建築建物とは独立して，断熱パネルで部屋を構成しており，これにより密閉度を保つとともに，清浄度を保つよう配慮している。

また，各室とも左右の両壁面から室内の中心に向かって送風する両壁面吹出方式の空調となっている。植物の光合成促進にはゆるやかな微風環境が再現されていることが好ましく，レタス育苗室やアイスプラント生産室では4段，レタス生産室およびコケ生産室の場合では，15段，約7mある垂直方向に配置されている多段式栽培システムにおいてはこの点は重要である。側壁面から植物に直接送風することで，温湿度のムラをできるだけ少なくし，炭酸ガスをこの送風によって植物に運ぶように配慮している。送風ダクトの吹出部はステンレス鋼板を採用し清浄度を保っている。

また，両壁面の空調ダクト内には，空気除菌装置（プラズマクラスター）と無電極放電ランプ（ソーラーウオール）を備えており，壁面からの光照射と，空気の清浄度を保つとともに，養液中の緑藻の発生を抑える効果も期待している（図8）。

図8 送風ダクトとソーラーウオール

第7章 蛍光灯とその反射光を利用した植物工場

森 一生[*]

1 はじめに

　近年，露地栽培野菜の生産が不安定になっている。昨年，東北地方に発生した地震は，大きな津波を伴い，東北地方に大きな被害を与えた。津波は，田畑に塩害をもたらし，米や野菜などの栽培を一挙に奪い去った。また同時に，津波は発電所をもおそい，大きな被害をもたらした。このため，全国の多くの電力会社は，原子力発電を含む発電所の安全性を再点検する必要性が生じ，電力の供給に制約を受ける状況が続いている。

　最近の野菜の供給を不安定にさせる大きな要因は，農業労働者の高齢化と気象の温暖化，不安定化がその主たるものであろう。一方で，輸入野菜に対する，安全衛生上の不安やわが国の高齢者人口の急増と食生活の変化，TPPなどの農業を取り巻く環境の激変など，わが国農業を揺さぶる大きな課題をわれわれは，突きつけられている。こうした中，天候に左右されない植物工場が注目されているが，完全人工光型植物工場は，大量の照明設備や空調設備を必要とする。当然，それに伴い電力使用量も大きくなる傾向がある。電力コストや電力供給に制約を受ける中で，人工光型植物工場の本来の能力を発揮せしめるには，照明の効率化と徹底したロスの削減が必要となる。本章では，こうした照明の効率化について論じることにする。

写真1　マイ野菜市民農園

---

[*] Kazuo Mori　㈱森久エンジニアリング　代表取締役

2　わが国の農業を取り巻く環境

① 気象の異常

近年，温暖化が進み，農業生産が支障をきたし始めている。米，麦，野菜などの栽培では，適切な気温，雨量，日照，肥沃な土壌などが必要な条件となるが，夏場の異常高温，長雨，台風，冬季の異常低温など，この数年，とみにこの異常傾向が強まっている。わが国の野菜は，多くが国内で消費されるが，とりわけ日持ちのしない葉野菜は，その影響を受けやすい。その結果，大量に生野菜を消費する外食産業などへの供給が不安定になり，小売では価格が高騰し，市場を不安定化させている。

② 農業労働者の高齢化

農業労働者の年齢も気がかりである。平成24年度3月1日付けの農林水産省の調べによると，農業就業人口の平均年齢は65.8歳で基幹的農業従事者の平均年齢は66.1歳に達している。サラリーマンであれば，定年になる年齢の労働力に頼って農業生産を行っていることになる。

③ 食のトレンドの変化と生食の増加

高度経済成長期以降，わが国では食の嗜好が多様化し，とりわけ野菜の摂取パターンが大きな変化を見せている。それまでのキャベツに加えてレタスを生でサラダなどにして食する傾向が強くなり，野菜の衛生，安全性に一定の信頼感が必要となってきた。また，高齢化社会を迎える中で，野菜の機能性を求める傾向も強くなり，ビタミンなどの摂取のためにも，生で食する野菜の種類が増えている。

④ 電力コストと供給の制限

昨年発生した東北地方の地震により原子力発電の安全性に対する評価が厳格化し，稼動を休止し，点検に入っている原子力発電所が多くなった。それに伴い，電力の供給が減少している。今後も，原子力発電の安全性が確認できない限り，再稼動が困難なケースが増えると予想される。全体的には，発電能力には余力があるものの，当面，電力需要のピーク時には，一時的に電力が不足し，節電が必要となる可能性がある。今後，植物工場を検討する際には，この電力供給の制約の中で，可能な限り余剰電力を使用して，不足しがちな野菜をいかに生産するかが今後の課題であろう。

⑤ 環境汚染と農業

この数年来，農業従事者の高齢化を抑えるため，農業経験のない若者を農業に就業させる試みが行われてきているが，農業経験に不慣れな作業者が，肥料を過剰に施肥することが多く，土壌が汚染されたり，地下水の汚染が進み，農業が環境汚染の一因になっている。

⑥ 石油価格の高騰による温室野菜のコスト上昇

冬季の温室栽培の暖房の燃料費が高騰し，生産コストを押し上げている。また，冬季の日照時間の不足と照度不足を補うための補光用の照明の電力コストも加算され，葉野菜の価格は，高値で取引されることが多くなってきた。

第7章 蛍光灯とその反射光を利用した植物工場

3 完全人工光型植物工場と農業

　地球資源は，無限ではないことが改めて認識され，「節約」という概念が，全ての生産活動に必要とされている。農業問題を論ずるときに，農業人口や休耕地の問題，消費者米価と生産者米価のギャップの問題は大きく採り上げられても，環境やエネルギー，資源などを農業問題として問題提起されることが少なかった。石油はもちろんのことリン鉱石なども埋蔵量に限界が見え始めている昨今，これらの資源を節約しながら，生産活動を行うことは，われわれ人類にとって，もはや義務であるといっても過言ではない。

　これらの問題を考えるとき，植物工場は，栽培システム内の培養液を循環させることで，肥料の土壌への流出や農薬による汚染のない，環境，エネルギー，資源問題に貢献しうる農業生産手段である。しかしながら，植物工場はまだ発展途上の技術であり，まだまだ課題を多く抱えているのも確かである。現状では，葉野菜類は，量産できるようになったが，根野菜や果菜，穀物については，採算ベースに乗せることができないため，農業生産の効率化という観点で貢献するには，まだまだ力不足ではあるが，これらの技術課題に対して，一歩ずつ改善作業を進めて行く必要がある。ここでは，軌道に乗り始めている葉野菜に対する植物工場の課題と改善策について触れることにする。

3.1　植物工場の抱えてきた課題[4]

　完全人工光型植物工場が，その普及期を迎えるのに30年という歳月を必要とした理由は，その野菜生産コストおよび高額な建設コストに尽きる。市販されている蛍光ランプなどの照明器具をそのまま使用して，照度を野菜の光飽和点付近まで上げて栽培すると，照明費用のみならず空調費用も大きく跳ね上がり，それらが野菜の栽培コストにそのまま反映される。その結果，市場で取引される野菜の価格には程遠い高額なものとなる。また，イニシャルコストも大きな問題である。ビニルハウスなどを作る費用と比べると，高額な建設費用となるため，その建設投資に際しては市場調査を行い，建設する植物工場設備から生産される野菜のコストと販売予定先の仕入れ単価などを入念に調査し，事業計画の精度を上げておくことが必要である。

3.2　人工光型植物工場の概要[1〜5]

　図1に示すように，蛍光ランプを使用した人工光型植物工場は太陽光を必要としないため，多段栽培が出来ることが特徴である。このため，土地利用効率は飛躍的に高まる。構成要素としては，育苗設備，成育設備，環境制御設備で構成され，育苗設備，成育設備には，それぞれ照明機器，空調機器，養液栽培機器が設置される。また，育苗，成育環境を通じて，野菜周辺の照明点灯時（明期）のCO_2濃度を一定に管理し，野菜の成長を促進するCO_2制御設備も有する。

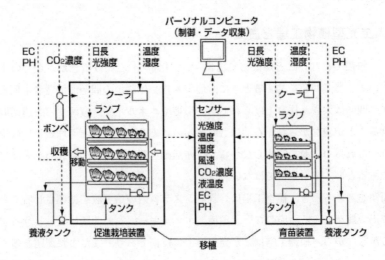

図1 完全人工光型植物工場構成図

3.3 植物工場の栽培コストと野菜の品質[5]

最近、植物工場で生産する野菜は、市場で見かけることが多くなった。また、その品質も数年前とは大きく異なり高品質な野菜が出来始めている。光強度を光飽和点付近まで上げて栽培すると、重量感のある品質の良い野菜が出来るが、一方で、照度を上げるために電力コストが増加し、コスト高になってしまう。植物工場野菜は、まさに、コストと品質の微妙なバランスの上に成り立つものである。反射板などを工夫せずに高品質な野菜を栽培しようとすると、ランプの使用本数は膨大なものに膨れ上がり、それに伴い、空調の能力も増強する必要が生じる。かつて、森久エンジニアリングで行った調査では、反射板などを考慮せず、市販の蛍光灯器具だけを並べた状態で、光飽和点付近まで光強度を上げて栽培すると、野菜の生産コストの約50％以上が照明費用と空調費用となった。一方で、初期コストやランニングコストに配慮して、ランプ本数を削減し、照度を落として光補償点より少し強い程度の照度で、照明時間を延長して栽培すると、野菜は徒長気味に成長し、重量ののらない品質の悪いものになる。これでは市場性を大きく損ねることになるため、本末転倒の結果となる。したがって、いいものをより安く栽培するためには、ランプ本数を必要以上に増やさずに反射を効率的に活用し、光強度を十分に上げて栽培する省エネ設計がカギとなる。

4 どうすれば、コストを抑えて採算のとれる植物工場が出来るか？[4]

4.1 照明の方法

完全人工光型植物工場の光源に使用する蛍光ランプは、市販のものを使用することが多い。専用のランプを製作した場合、小ロット生産となり、コストを大きく押し上げてしまうため、市販のランプで植物栽培に最も適したものを選ぶ。蛍光ランプは、断面は円であるため、そのまま点

第7章 蛍光灯とその反射光を利用した植物工場

灯すると，野菜の方向を照明する成分はわずかしかなく，大半は野菜とは異なる方向を照明することになる。したがって，ランプから発する光を反射板によって野菜の方向に集めることが出来れば，ランプ本数を減らして，照明を効率化することが出来る。図2は，放物面反射板の断面であるが，蛍光ランプから発する光は直接下方に向かう光と，一旦，反射板にあたり，反射により下方に向かう光とがある（反射板がない場合は，下方に向かう光以外はすべて，野菜以外の天井や通路などを照明し，やがて熱に変わってしまう）。放物面反射板は，本来，照明すべき野菜とは異なる方向に放射される光も全て，下方に向かわせて，野菜周辺の光強度を効率的に高める機能を持つと同時に，栽培面を均一に照明させる機能を持つため，反射板のない蛍光ランプに比べて，栽培パネル面では飛躍的に高い照度を均一に得ることが出来る。

植物工場の照明についての議論の中で，「栽培面に対する均一性」がよく見落とされる。野菜の栽培に最も効率のよい照度を維持しながら，照明コストを最小限に抑える技術が必要であるが，一方で，栽培面を均一に照明することも重要である。照明ムラが生じると，ばらつきのない野菜栽培を可能にするはずの植物工場で，逆にばらつきを生じさせる原因となるからである。

森久エンジニアリングでは，これらの照明のロスを解決する手段として，断面を放物線とする反射板を開発し使用している（以下，放物面反射板と呼ぶ）。

4.2 放物面反射板

植物工場の栽培ベッド上に，照明設備を設計するときにまず，第一に考慮すべきは，ランプが発する光を全て野菜に集めることである。市販の照明器具をそのまま設置するだけでは，通路や天井など直接栽培に関係のないところも照明することになり，照明費用だけでなく，それに伴う

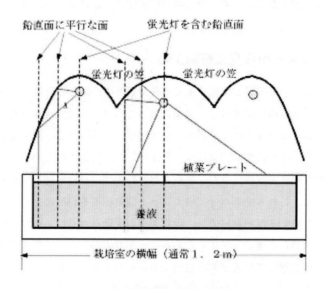

図2 放物面反射板断面図
実線は蛍光灯の光線の経路を栽培室の横断面から垂直に見たもの。

空調費用を合わせてみたとき，波及的に大きな損失となる。

　図2に示した放物面反射板により，平面反射板などで反射する場合に比べて，側面の開放部からの光漏れも少なく野菜周辺の光強度を上げることが出来る。この構造では，上部や横方向に発する光もすべて野菜の方向に反射され，野菜周辺の光の強度を上げることが出来るほか，断面方向での，照度の均一性を維持するためにも非常に有効な役割を果たしている。

4.3　蛍光ランプのソケット付近の照度低下に対する対策

　蛍光ランプは，ソケット付近の照度は低下するという構造的な特徴がある。したがって，照明を均一化するためには，ソケット付近の照度低下が野菜の成長に影響しないよう配慮することが必要となる。放物面反射板で，断面方向の均一性は保たれるが，長手方向とくに，ソケットあたりの照度の低下に対しては別の対策が必要である。一番簡単な方法は，蛍光ランプを栽培ベッド長手方向に平行に設置し，野菜を長手方向に移動させることである（図4）。これにより野菜は，ランプに沿って移動し，照度の高いゾーンと低いゾーンを交互に一定期間に通過することで，照明は平均化され，照明ムラを抑えることができる。この方法は，同時に植物工場のオペレーション上，作業者の作業場所を栽培ライン端部に固定化させることが出来，動線を単純化できるというメリットも生むため非常に有効である。

4.4　蛍光ランプからの熱の除去

　放物面反射板は，ランプの発する熱を除去するのにも都合の良い構造体である。ランプ周辺の熱は，反射板上部周辺に集まるため，ランプ上部の反射板に熱抜き孔を設けることで，熱を反射板の上方から，外に逃がすことが出来，野菜周辺の温度を一定に保つのに有効である。

5　環境，エネルギーから見た植物工場

　現在の農業を見たとき，不安定な天候による不作や農薬の問題と安全性，農作業従事者の高齢化，肥料の施肥過多による環境汚染など，農業にとってのマイナス面ばかりが多く目立つ。一方で，野菜の消費トレンドは戦後大きく変わり，レタスなどの葉野菜は，生で食するのが当たり前になっている。しかし，生で食する野菜には，衛生面での配慮が一段と必要になり，それらの栽培履歴とともに大事な要素となる。また，生食を行う野菜は，在庫が利かずジャストインタイムでの供給が必要である。これらをあわせて考えると，栽培環境を自然に大きく依存する露地栽培や太陽光を採光して栽培する温室栽培では，環境条件の変動とともに品質や収穫量が大きくふれ，トレーサビリティを含めた市場ニーズにこたえることがむずかしい。植物工場は，生食に対応する野菜を安全に，季節を選ばずに安定的に栽培でき，かつトレーサビリティの取れる栽培手段である。

　近年の農業や工業を考えるときに，環境，資源問題に加えてエネルギー問題もあわせて考慮す

第7章 蛍光灯とその反射光を利用した植物工場

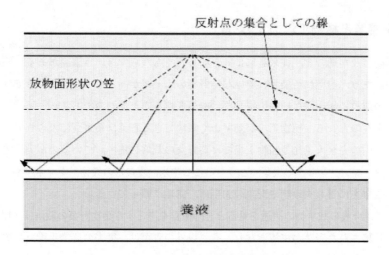

図3 放物面反射板縦切り図
実・点線は蛍光灯の光線の経路を栽培室の縦断面から垂直に見たもので，点線は反射前，実線は反射後。

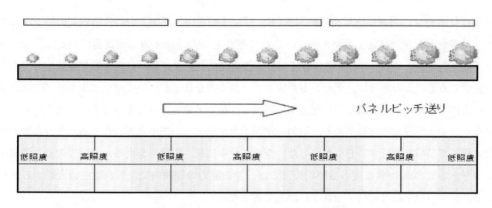

図4 栽培パネル移動による照度の平均化

る必要がある。特に，昨年の東北の大震災以降，電力供給が不安定になってきた。全体でみると，電力量は不足しているわけではないが，負荷が大きくなるピーク時には電力が不足するため，ピークカットを行わなければ，停電が生じることも考えられる。植物工場内の照明設備の性能を効率化出来れば，照明時間は10時間あまりで品質の良い重量感のある野菜を低コストで栽培することが出来るだけでなく，電力需要のピーク時をはずして栽培できるため，電力供給に負荷を与えないで不足する生野菜を供給できる，現在の状況にぴったり合う設備だといえる。

59

6 従来農業と植物工場のすみ分け

植物工場の普及が進むと，従来農家に大きな被害をもたらすという議論がある。確かに，生食のニーズが高まり，農薬に汚染されていない野菜のニーズが高くなってきた今日では，トレーサビリティーの取れる衛生的な植物工場野菜はその条件を満たすものである。

しかし，現在のところ，植物工場が効率よく栽培できる野菜は葉野菜に限られており，とりわけ，既存の国内の完全人工光型植物工場では葉野菜の栽培に集中しているのが実情である。馬鈴薯やダイコン，ニンジンなどの根菜，とうもろこしや米，麦などの穀物，タマネギやブロッコリーなど今日の食卓をにぎわす穀物や野菜の大半は，露地に頼っている。

したがって，今後の栽培物の流通を見るとき，生食を主とする葉物野菜の栽培は，屋内のクリーンな環境で栽培された野菜が主流となり，それ以外の野菜は，従来の農業手段で栽培される方向ですみ分けられて発展すると考えられる。

7 マイ野菜市民農園

2011年6月に，兵庫県宝塚市逆瀬川駅前に，「マイ野菜市民農園」という国内初のレンタルタイプの完全人工光型植物工場がオープンした（写真1，2）。「マイ野菜市民農園」とは，蛍光ランプで照明された1.2m角の水耕栽培区画を一般市民にレンタルし，自由に野菜を栽培してもらう施設である。この施設は，テナントが抜けて，長く空き状態が続いていたビルの地下2階の空間に植物工場の技術を利用した市民農園を開設し，集客効果を狙ったものである。既存のビルの空き空間で，既設の空調機があり，追加の空調工事が出来ない環境であったため，既設の空調能力の範囲で設備を設置する必要が生じた。空調の負荷に最も影響を与えるのは，投入した電気エネルギーの約80%が熱に変わる照明であるが，空調能力の範囲内で設置台数を最大にするためには，照明の効率化は避けて通れない課題であった。

「マイ野菜市民農園」の栽培設備は，湛液水耕栽培設備と蛍光ランプに放物面反射板を装着した照明設備で構成される。蛍光ランプの使用本数は，1ベッドあたり3本にとどめて，反射板により，光強度を十分上げている。そのため，一日あたりの照明時間を12時間以内に抑制しても，野菜はかなりの速度で成長する。

したがって，蛍光ランプを24時間点けっぱなしにすれば，照明ユニットを移動させることで，連続する2箇所の栽培エリアを一基の照明ユニットで照明できる。この機構により，栽培ベッド数を減らすことなく，ランプ本数を半減させ，空調負荷も半分にすることが出来た。

この照明設備の合理化により，従来の空調機の能力の範囲内で敷地面積一杯に栽培設備を設置することを可能にした。現在372ベッドの栽培区画が一般市民にレンタルされ，市民農園として野菜や果菜を栽培している。市民農園はフランチャイズ化され，大阪市の㈱ジャスナ（写真3）でも稼動を開始している。

第7章　蛍光灯とその反射光を利用した植物工場

写真2　マイ野菜市民農園

写真3　ジャスナ農園

8　植物工場の普及

　植物工場の普及速度が加速化するとともに，前述の環境，資源，エネルギーとの関連性が非常に重要な要素となってきた。完全人工光型植物工場は，環境負荷が少ない反面電力を使用するため，省エネという設計概念は絶えず必要とされる。しかし一方では，従来の植物工場の栽培メニューの定番とも言うべき弱光野菜だけではなく，強い光強度を必要とする野菜にも踏み込んで栽培品目を増やしていかない限り，植物工場が消費者のニーズをとらえることはむずかしい。とりわけ，光強度と野菜の品質や栽培コストは直結する問題であるので，この点をどのように設計するかで建設する植物工場の性能がほぼ決定される。新築の植物工場であれば，まだ自由に設計できるが，既存の建物を利用するリフォーム型植物工場の場合であれば，「マイ野菜市民農園」のように，現在ある設備（建物のサイズ，空調能力，栽培室の形状など）にあわせた設計を施し，なおかつ，採算性を追求する必要があるので，最もランニングコストのかかる照明設計はさらに重要性を増す。

　一般に，野菜は，光飽和点を超えない範囲で光強度を上げると照明時間を短縮しても徒長せずに成長するが，光強度を弱めて，光補償点付近で栽培すると，栽培速度が遅くなるだけではなく

徒長し，品質を著しく損なうことになる。この場合，品質や重量を補うために照明時間を延長してもあまり効果がない。これらのことから，今後の植物工場は，電力供給に負荷をかけないように，余剰電力で栽培できるだけの短時間照明に耐えうる照明技術を向上させるとともに環境に負荷を与えず，衛生面やトレーサビリティの取れる設備にブラッシュアップすることが必要条件であろう。

9 おわりに

　植物工場は，第3次のブームといわれている。過去2度のブームと異なる点は，流通市場に植物工場野菜がでまわるようになり，消費者に浸透しはじめた点である。背景には，生で野菜を食するトレンドが強くなったこととあわせて，食の安全意識の高まりや中国を初めとする海外からの輸入野菜の安全性や衛生面での不安，さらには露地栽培農家の減少などいろいろな要素があるのは言うまでもないことであるが，この問題は，このまま放置しておいても時期がくれば自然に解決できるものではない。植物工場の持つ長所と課題を整理し今後の発展性を模索することが急務である。また，植物工場単体で評価するのではなく，前述のように環境，資源，エネルギーといった諸問題とリンクさせて考え，さらには，障害者雇用といった切り口で，新しい農業の生産手段として発展させる時期にきていると考える。

文　　献

1) 高辻正基，野菜工場の進展，計測と制御，**22**，pp.522-528 (1983)
2) 池田彰，谷村泰宏，江崎謙治，河相好孝，中山繁樹，岩尾憲三，蛍光ランプを光源とした植物工場の開発，植物工場学会誌，**3**，pp.111-123 (1992)
3) 谷村泰宏，池田彰ほか，蛍光ランプを用いた人工光型植物工場の研究（生物環境調節）(1991)
4) 伊藤利朗，森一生，植物工場とその照明技術，p.24～39 (2009)
5) 高辻正基，植物工場，pp.116～117，講談社 (1979)
6) 高辻正基，よくわかる植物工場，p.44-45 (2011)
7) 池田彰，植物工場の将来展望，日本能率協会 MDB，技術予測レポート第2巻—エネルギー・地球危機への対応技術，日本ビジネスレポート㈱，pp.411-42 (2000)
8) 古在豊樹，閉鎖型苗生産システムの開発と利用，pp.79-83，養賢堂 (1999)

関連出願特許
　　特願2008-292495　　　意匠登録第1375244号
　　特願2009-152728　　　意匠登録第1375245号

第8章 HEFLをもちいた「アグリからライフサイエンス事業」への転換！
植物工場産シャキシャキ塩味「美容と健康のツブリナブランド」の日産日消事業

辻　昭久*

1　はじめに

　HEFL照明の光質制御（波長特性）と独自の養液栽培により，アイスプラントの栽培過程において人工的なストレスを与え，本来もつ機能性成分を高め，さらには，おいしい塩味，シャキシャキした食感となるブランド新野菜「ツブリナ」の生産販売を事業化している。この「ツブリナ」の機能性成分，予防医学的評価に関しても紹介し，今後の完全人工光型植物工場の事業モデルの展望についても考えていきたい。

2　完全人工光型植物工場の事業モデルを考える

　室内やコンテナ内での植物の栽培は，人工光や温湿度管理が必要となり，投資やランニングコストの観点から実用化に向けて課題が多く，なかなか実用化が見出せないのが実情である。そのために，事業の差別化や採算性の観点から，付加価値の高い薬草や機能性野菜の栽培の検討がなされ始めている。特に，薬用植物では，遺伝資源を国内で安定的に確保・供給することが求められる。甘草（かんぞう）は，漢方薬をはじめ，食品，健康食品，化粧品など幅広い用途で用いられ，ほぼ100％を海外から輸入している。そのような背景の中で，一部の大手企業が植物工場での人工栽培をおこない，良質な甘草を短期間，かつ安定的に生産できる栽培システムを開発していると公表し，植物工場が薬草栽培の一つの事業モデルとして大きな期待を集めている。また，韓国では，朝鮮人参の人工栽培の研究が活発におこなわれており，今後の薬草栽培への植物工場は，海外においても付加価値が高い分野への応用が期待されている。しかしながら，薬草となると種の入手，根物の栽培日数の長さ，さらには，漢方薬は薬事法とのかかわりもあり，中小企業がすぐに参入することは容易ではないと考えている。

　そこで弊社では，野菜や果実などに含まれている「ファイトケミカル」（植物が作る化学物質）に注目している。よく聞き慣れたカタカナである「ポリフェノール，カロテン，イソフラボン」は，老化やがんに対する予防効果などが分かり始めてきているが，これらは，まさにファイトケミカルと呼ばれる。このファイトケミカルは，ギリシャ語で植物を表す「ファイト（phyto）」と英語の化学（ケミカル）を組み合わせた造語であり，「第7の栄養素」として，急速に注目を

---

*　Akihisa Tsuji　日本アドバンストアグリ㈱　代表取締役

浴びている（3大栄養素であるビタミン・ミネラル・脂質。これに糖質・たんぱく質を加えたものが5大栄養素。さらに第6の栄養素と呼ばれている食物繊維となる。）。

ファイトケミカルはもともと植物が毒物や害虫から身を守るために作り出した化学成分で，動物は作れない。積極的に摂取すれば，健康の維持にとても役立つことが分かっている。食事とがんとの関係を科学的に調べようと1980年代に提唱された「機能性食品」の研究が進展し，この10年ほどで予防医学や食品分野で広がってきた。これまでに判明している成分は約1500種類で，ポリフェノールやアントシアニン，イソフラボン，カテキンなどが有名である。未知の成分は，1万種以上あるともいわれ，大きく以下の6つのタイプに分類される。

① ポリフェノール，② カルテノイド，③ イオウ化合物，
④ 糖関連物質，⑤ 香り成分，⑥ アミノ酸関連物質

確認されている生理作用は，3つあるといわれている。一つ目は，よく知られている作用として，細胞の老化などに深くかかわっている反応性の高い酵素の働きを抑える抗酸化作用がある。ポリフェノールやカロテノイドの仲間のリコピンには強力な抗酸化作用がある。二つ目は，免疫細胞を増やしたり働きを高めたりするイオウ化合物にこの作用がある。三つ目は，がんの発生や増殖を抑制する作用で，カロテノイド（βカロテン，βクリプトキサチン）に多いとされている[1]。野菜や果実にどの成分がどれほど含まれているのか，どの食材をどれだけ食べれば健康維持に役立つのか，まだまだ明確なデータが揃っておらず，研究が進められている。

ただし，ファイトケミカルの効果を期待して同じ成分を摂取し続けると，予期しないアレルギー反応が起こりうるともいわれており，今後の研究が期待される。

最近話題のレスベラトロールもファイトケミカルで，ブドウの皮や赤ワインに含まれる天然ポリフェノールの抗酸化物質である。レスベラトロールがサーチュイン遺伝子（抗老化遺伝子とも呼ばれており，カロリー制限によって活性化する）を活性化させ，抗老化作用があることに注目が集まっている。

弊社では，平成22年6月から，「ツブリナ」（アイスプラント）の光質制御（波長特性）や特殊にブレンドした養液により，ストレスを与え機能を高める完全人工光型植物工場での生産販売をおこなっているが，まさに抗酸化能成分が多いファイトケミカルにかかわる機能性野菜事業であり，「アグリからライフサイエンスを考える事業」を見据えている。

3　光質制御可能な人工照明を考える

光質制御による人工照明での機能性野菜の応用を進めている。但し，現場での実用性を考えると栽培植物の品質の確認しやすさや作業性を鑑み，白系にこだわりながら，青が強い白，赤が強い白での応用となる。光質制御が可能な照明を考えるとHEFL（HEFL：Hybrid Electrode Fluorescent Lamp）やLED（Light Emitting Diode）がある。

第8章　HEFLをもちいた「アグリからライフサイエンス事業」への転換！

3.1　HEFL照明

　HEFL（冷陰極管と外部電極管を呼ぶ弊社登録商標：大型液晶テレビに利用される省電力型長寿命バックライト）は，既存の蛍光灯と発光原理が同じで管内壁面に塗布された蛍光体を紫外線で励起し，可視光に変換する。その際に，蛍光体の種類によって様々な光質を作り出すことができる。弊社では，白系，青，赤，緑，赤青混色，紫外線，遠赤外色など18色程度の実績がある。HEFL照明としては，放物柱形状の反射板を用い，効率的に光を直下に落とし，面として均一な光量を可能にしている。また，標準型蛍光灯として，取り扱いが簡単なHEFL蛍光管（口金G13）を取り揃えている（写真1）。

3.2　LED照明

　LEDは，擬似白と呼ばれる青色LEDと黄色蛍光体で白色を出すのが一般照明として急速に出回り始めている。しかし，植物向け照明としては，赤系が非常に弱いことに課題が残る。弊社では，Solidlite社の開発したシングルチップ方式の3波長型ワイドバンドLEDの青白系，赤白系にて，HEFLとは異なる光質制御をもつ植物向け照明として，LEDパネル型及び，取り扱いが容易なLED蛍光管（口金G13）を取り揃えている（図1）。光質制御は，ワンチップで，蛍光体により，光質制御をカスタマイズできるところに特徴がある。

写真1　HEFL照明，放物柱形状の反射板，HEFL光質制御の例，HEFL蛍光管（左から）

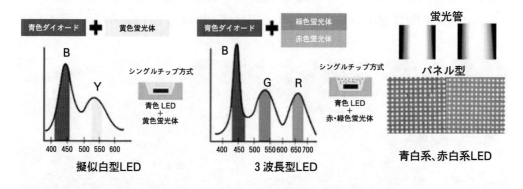

図1　擬似白型LEDと3波長型LEDの特徴
蛍光管とパネル型

4 アイスプラント（ツブリナ）とは

4.1 「ツブリナ」ブランドの特徴

弊社では，HEFL照明の光質制御の特徴を活かし，アンチエイジング野菜の人工栽培ができないかと考え，平成20年からアイスプラントに注目し，独自の養液栽培技術を確立し，平成22年6月より，「ツブリナ」ブランドにて販売を開始している。アイスプラントは，ツルナ科（Aizoaseae），マツバギク属の植物で，学名は，*Mesembryanthemum crystallinum* の一年生草木，英名は，commmon ice plant（日本名での通称アイスプラント）と言い，原産地は，南アフリカのナミブ砂漠などの乾燥地域である。アイスプラントは佐賀大学・野瀬教授が商品化された新食感の新野菜として，「バラフ」の名称で平成19年から生産，販売されている[2]。弊社の「ツブリナ」は，シャキシャキという食感のある茎を食べることに主眼をおくために，葉を小さくし，茎の表面にキラキラなブラッター細胞を多く付着させ，塩分（ミネラル）を調整し，適度な塩味を感じさせるような独自の養液栽培技術を採用している。

写真2に「ツブリナ」の茎のブラッター細胞と栽培風景を示すが，長浜バイオ大学との共同研究では，人工的なストレス制御がブラッター細胞を増やし，ナトリウム，カリウム，カルシウムなどのミネラルを多く含ませ[3]，天然のイノシトール類（ミオイノシトール，オノニトール，ピニトールの総量），βカロテン，ビタミンK，プロリンなどの機能性成分が高くなることが分かってきている。

4.2 アイスプラントの特徴

アイスプラントは，一定レベル以上の塩分や乾燥条件になった時，自分の体質を切り替えて適応し，障害なく成長し続けることができる。一般的な植物がおこなうC3型光合成と乾燥地の植物がおこなうCAM型光合成を切り替えられるC3/CAM変換ストレス誘導制御植物として研究モデルになっている。特徴として，二酸化炭素の取り込みを夜に行い，昼に還元することがあげられる。CAMとは，ベンケイソウ型有機酸合成のことでCrassulacean Acid Metabolism の略である。CAM植物は，涼しい夜に気孔を開け，二酸化炭素の取り込みをおこない，昼は気孔を

写真2　ツブリナのブラッター細胞とツブリナの栽培風景

第8章 HEFLをもちいた「アグリからライフサイエンス事業」への転換！

閉じることで水分の損失を最小限に抑えることができる。アイスプラントは，CAM化されるとリンゴ酸やクエン酸を生成する特徴があり，味が非常に酸っぱくなることで分かる。

弊社の完全制御型植物工場栽培では，CAM化せずに，C3のままで成長し親株になり，一年安定した茎のシャキシャキ感，美味しい塩味が可能になる。

4.3 アイスプラントの機能性成分

アイスプラントの機能性成分としては，ミネラルとしてナトリウム（Na）やカリウム（K）などが多く含まれている。ナトリウムは，真夏の熱中症対策に必要な成分となり，体液の濃度の調整，血圧の維持に必要とされる。カリウムは，ナトリウム（塩）の排泄に役立ち，高血圧を抑制する。他に，イノシトール類，βカロテン，ビタミンK，プロリンが多く含まれることが分かってきている。イノシトール類は，糖アルコールの一種であり，細胞成長促進に不可欠なビタミンB群の一種とされ，脂質の流れを良くし，身体に脂肪がたまらなくする「抗脂質ビタミン」の働きがあり，高脂血症，うつ病などに有効とされている。イノシトール類として，代表的な成分にミオイノシトール，ピニトールがある。ミオイノシトールは，中性脂肪の抑制効果，ピニトールは，血糖値を下げる効果があり，血糖値調整用の機能性健康食品素材として認められている。イノシトール類は，葉菜類のレタスやキャベツには，ほとんど検出されていないと報告されている[4]。βカロテンは，体内の活性酸素を抑える抗酸化作用やがんの予防効果が高く，老化防止や疲労回復の効果も期待されている。ビタミンKは，血液を正常に凝固させるための必須物質で，骨粗鬆症予防として骨へのカルシウム定着にも必要とされている。プロリンは，20種ある重要アミノ酸の一つで，乾燥肌を防ぐ天然保湿成分であり，美肌を保つコラーゲン生成に必要とされている。

5 「ツブリナ」栽培技術

「ツブリナ」を人工栽培する上で，重要なポイントとして食感，塩味度，機能性評価が上げられる。

5.1 「ツブリナ」のシャキシャキした食感

「ツブリナ」では，食味葉を小さく，茎にシャキシャキ感という栽培技術を採用している。HEFL照明の光質制御を用いた外観形状と食味実験をおこない，その結果を写真3に示す。日常の品質管理や作業性の上からも白系が良く，青と赤の比を考慮した紫色に，緑を混合したやや青白色光質制御を採用している。

5.2 「ツブリナ」の塩味度と機能性評価

味と機能性の研究から，塩分濃度が食味として，どうあるべきかの評価をおこなった。また，

アイスプラントは，浸透圧作用から塩分濃度とイノシトール類量の相関が得られるために，その実験をおこなった。味については，味香り戦略研究所に委託し，人間の舌をモデル化した味覚センサーによる分析をおこなった。結果として，イノシトール類量が多く，コクとミネラル由来の味が醸し出される養液処理技術を採用している。「ツブリナ」は，咀嚼（そしゃく）感や後味を重要視し，ほんのり感じる塩味を醸し出している。他社のハウス栽培とは，食感，味覚が異なることに特徴があり，ブランド化した新野菜「ツブリナ」としての価値を見出すことを意図したアイスプラントに仕上げている。特殊な養液処理と光質制御（青白系）を組み合わせ，塩分濃度を管理栽培すれば，比較的安定したイノシトール類量 71.6 mg，βカロテン 1665μg，ビタミンK 85μg，プロリン 8.13 mg（100 gの生野菜あたり）を確認することができた[5]。

5.3 「ツブリナ」栽培環境技術

栽培室は，気流解析をもちいた空調設計をおこなっている。室温を均一化する（上下の温度差を無くす）ことが，植物栽培では重要で，品質向上につながる。そのために，エアコンの配置が重要で，室温の均一性と安定した空調管理をIT手法にてモニターしている。また，HEFL照明の光量，室温，湿度，EC，pHの遠隔モニター，二酸化炭素濃度の制御技術を導入している。

5.4 「ツブリナ」栽培装置技術

栽培システムの基本図面を図2に示すが，8灯のHEFL照明（85 W程度）を標準システム当たり60台配置している。このシステムの台数により，栽培規模が決まることになる。当システムは，2.5 mの高さとなり，HEFL照明の低発熱という特徴を活かした多段式栽培として，6段を積み上げている。装置の棚間のピッチは，375 mm，植物の有効高さは，190 mmとし，HEFL照明を棚に据え置き配置し，光量は，照明の中心から平面10 cmにて138μmol/m²s程度となる。栽培室は，室温 22–24℃，湿度 60–65%，CO₂濃度 650 ppm程度を標準環境としている[5]。

事業採算性を考えるとこの栽培システムの投資金額と空間の中に，どの程度の量の「ツブリナ」が収穫され，いくらで販売できるかが重要となり，月々の「ツブリナ」の売上が投資効果に結び

写真3　HEFL照明の光質制御実験と結果

第8章 HEFLをもちいた「アグリからライフサイエンス事業」への転換！

つくことになる。販売先と販売金額を視野にいれた収益性を考えた投資を前提とした事業を推進している。

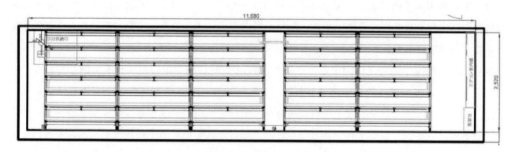

図2　ツブリナ栽培での多段式（2.5m6段）システム

6　「ツブリナ」の事業化

6.1　「ツブリナ」のマーケッティングと特徴

　平成22年6月から，滋賀県長浜市の地産地消野菜として，「ツブリナ」ブランド野菜の定着化から事業を進め，小売店向けの30g，60gパック入りと外食向けの株の袋入り（150g）を量販，レストラン，通販へ販売を開始した。平成23年からは，「ツブリナ」ブランドの全国展開を視野にいれ，農産物展示会にも出展し，マーケッティング活動を積極的におこない（写真4），現在，東京，名古屋，京都，大阪にも販路を広げ始めている。競合のアイスプラントは，冬野菜として流通しており，夏の出荷は見当たらない。「ツブリナ」は，一年を通じての安定出荷が可能で，猛暑の塩分（ミネラル）吸収として熱中症対策野菜という付加価値があり，今後もビジネスの伸びしろは，非常に大きいと考えている。現在販売中の「ツブリナ」のPOPを図3に示すが，滋賀県農政課，長浜保健所の方々のアドバイスを頂き，生鮮野菜では，初めての取り組みである10種の栄養価表示をおこなっている。

写真4　30gパック店頭販売，展示会出展

6.2 「ツブリナ」の予防医学研究

　三重大学大学院医学系研究科での肥満ゼブラフィッシュへの「ツブリナ」パウダー投与の研究では，生活習慣病予防に大きい効果があることが示唆されている[6]。実験後のゼブラフィッシュの肝臓脂肪染色結果を写真5に示すが，脂肪組織内の赤色着色の差にて脂肪抑制に大きな効果があることが示唆された。

　さらに，予防医学的効果に関するマウス3T3L1脂肪細胞も用いた研究を実施しており，遺伝子発現レベルでの予防効果が確認されている[7]。「ツブリナ」の機能性成分であるイノシトール類，プロリン，βカロテンなどの有効成分が，生活習慣病（メタボリックシンドローム）や抗老化効果（パーキンソンやアルツハイマーなどの神経変性疾患）の予防に効果があるかという医学的見地から，アンチエイジング機能性野菜「ツブリナ」ブランドの確立を目指している。さらに，希少価値成分の分析も含め，栽培ストレスと有能機能性向上に関する栽培研究開発を進めており，さらに機能を高めた「ツブリナ」の天然機能性素材をたっぷり含む青汁，サプリメントな

図3　「ツブリナ」紹介POP

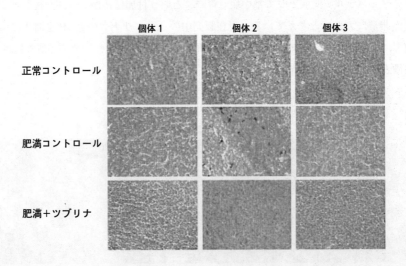

写真5　ゼブラフィッシュによる脂肪染色結果

第 8 章　HEFL をもちいた「アグリからライフサイエンス事業」への転換！

どの販売をおこなっていく。

7　おわりに

　「ツブリナ」事業では，機能性評価と予防医学的評価を踏まえ，「美容と健康」のアンチエイジング機能性野菜「ツブリナ」の日産日消（日本で生産し，日本で消費）を基本に，全国展開に向けて知名度を上げていきたい。さらには，ケールや大麦若葉などに含まれない貴重な有能成分を含む青汁やサプリメントの健康素材としての価値を高めていきたい。植物工場事業を単なる野菜生産ではなく，植物からの天然の有能機能性素材生成という「ライフサイエンス事業」として転換できるように事業を推進しているところである。

文　　献

1)　日本経済新聞記事 H 23-2-20 から抜粋
2)　野瀬昭博，下田敏史，平成 21 年特産野菜 4 の 4-7 追録 34 号第 11 巻（2009）
3)　早川真，辻昭久，蔡晃植，日本環境生物工学会（2010.9）
4)　山本良子，The Vitamin Society of Japan，第 28 回大会研究発表，p.225（1976）
5)　早川真，岡本陽介，辻昭久，山本将嗣，日本環境生物工学会（2011.9）
6)　西村訓弘，臧黎清，大村佳之，丸山篤芳，日本未病システム学会雑誌 **17**（1）（2011）
7)　坂本和一，*Journal of Natural Pharmaceutical*（2011.12）

参考 WEB　①日本アドバンストアグリ　http://www.adv-agri.co.jp/
　　　　　②ママズ・ファーム「ツブリナ」　http://mama-farm.jp/

【太陽光利用型植物工場の照明技術 編】

第9章 温室における補光栽培技術の可能性

福田直也[*]

1 農業生産現場における補光技術

　通常の作物生産では，光合成をするための光エネルギーとして，太陽光を利用している。しかしながら，太陽光の強さや光が当たっている時間は，気象条件や季節によって大きく変動する。また，緯度の違いや地形によっても太陽光の受け方は変わってくるだろう。こういった調整がきかない太陽の「不安定さ」は，作物生産の不安定さに結びつくこととなる。

　北欧や北米など冬季の日射が著しく減少する地域では，作物の成長に必要な光の不足を補うための「補光」技術が利用されている。その一方で，我が国の太平洋側では冬の間晴天日が多いことから，光不足を補うことが目的の「補光」はあまり利用されていない。しかしながら，我が国においても，日本海側など，冬の間に作物生産に必要な日射が不足することから，生産性を高めるために照明技術を施設園芸の現場において導入することが有効な地域もあると考えられる。

2 光合成促進を主目的とした補光の照明方法

　北欧や北米などの高緯度地帯では，早くから野菜栽培への補光利用が検討されてきた（表1）。ノルウェーやスウェーデンなどの北欧では，水銀ランプや蛍光灯と白熱ランプによる補光がトマトやレタスなどの野菜の生育促進に効果的であることが判明している[6]。また，アメリカでの研究例では，トマトの低段密植栽培に高圧ナトリウムランプによる補光を組み合わせることにより生産性を最大93％高めることができたことが報告されている。カナダでも，冬季に温室でトマト生産を行う場合補光を行うことが一般的であり，摘芽方法や補光の光強度など実用的な補光方法の検討を行っている[4]。このような高緯度地帯では人工光源による補光が野菜の収量増加にもたらす効果は大きく，多くの園芸生産施設において必要不可欠な技術となっている。一方，収量に関する効果だけでなく，補光によってイチゴの収穫期が早まるといった効果も報告されている[7]。

　北欧やカナダ等の事例では，トマトやキュウリなど生育に強光強度を要求する作物では，300 $\mu mol\cdot m^{-2}\cdot s^{-1}$（光合成有効放射束：PPF）以上の光強度で1日20時間程度補光を実施している（図1）。また，ハーブなどの葉菜類生産の場合，気象条件に合わせて調節を行うものの，平均的に一日当たり16から20時間程度，200$\mu mol\cdot m^{-2}\cdot s^{-1}$ほどの光量で補光を行っている（図2）。

　　＊　Naoya Fukuda　筑波大学　生命環境系　准教授

第9章 温室における補光栽培技術の可能性

表1 作物別の補光・電照研究事例

作物	目的	光波 (z)	光強度 (PPF) (y)	補光パターン	効果その他	引用 (国名)
トマト	生育促進	HPS	100–150	明期中　明期延長 (8:00–24:00)	果実収量が2倍（乾物ベース）	カナダ[4]
トマト	生育促進	蛍光灯	25	明期中　明期延長 (6:00–24:00)	果実収量が26%増加	ノルウェー[6]
トマト	果実裂果抑制	冷白色蛍光灯	81.1	夜間補光 (1:00–5:00)	ミニトマト裂果を4%まで抑制	日本[11]
イチゴ	開花促進	電球型蛍光灯	0.5<	日長延長（日没1時間前–22:00）	白熱灯よりも小電力	日本[7]
キュウリ	光合成促進	蛍光灯（青色）	30	夜明け前 (2時間)	生育増大	日本[8]
レタス	生育促進	HPS,MH	30<	夜間補光 (10時間以上)	30–50%収量増加	日本[10]
ツケナ	生育促進	HPS	15<	夜間補光 (8時間以上)	20%以上収量増加	日本[1]
ホウレンソウ	生育促進	MH,HPS,蛍光灯	0.03<	日長延長	11月播種で収穫が20日前進	日本[9]
ホウレンソウ	生育促進	MH,HPS	200	夜間補光（8時間）	収量が2–4倍に増加	日本[13]

z：MHはメタルハライドランプを，HPSは高圧ナトリウムランプを示す。
y：文献中表記がPPFでなかったものについては換算した。

オランダやデンマークなどの国々では，バラ（図3）や，キク，ユリ，フリージア，ベゴニア，シクラメン，ポインセチア（図4）など，切り花，鉢花を問わず生産性向上のために補光を行っている。バラの場合，400W以上の大型高圧ナトリウムランプを光源として，50～100 $\mu mol\cdot m^{-2}\cdot s^{-1}$ 程度の光で，日射が不足する時期など20時間程度補光を行っている。このような補光により，採花本数を大幅に増やすとともに，切り花ではその重量を2割程度増加させて品質を著しく向上させている。

一方，我が国では，特に太平洋側では冬季の日射も十分であり，一般的な園芸作物生産に，これまではあまり補光技術の必要性がないとされてきた。例えば，神奈川県での試験結果では，バラに対して補光は顕著な効果を示さず，また，宮城県での事例では，収量の増加

図1　北米におけるトマトへの補光
冬の間は，夕方3時から夜中の12時くらいまで高圧ナトリウムランプによる照明を行っている。

図2 鉢植えハーブ類の補光栽培
日射が 7000 lx 以下になったところで 8000〜15000 lx の光強度で補光を開始し、季節にもよるが、一日に合計 16〜20 時間程度補光する。

図3 北欧におけるバラの補光栽培
10000〜17000 lx の光強度で一日 20 時間程度補光を行っている。この農場では、m^2 当たり 250〜500 本のバラを採花している。

と品質向上の効果はみられたものの、設備費や電力料金を含む総合評価では、バラに対する補光は増収効果をもたなかったとされている。しかしながら、冬季間日射が不足する日本海側などの地域では補光の効果は強く、作物によっては十分増収効果が得られることも予想される。

一方、野菜類については、施設生産における生産性向上技術として、補光栽培に関する技術開発が我が国でも検討されるようになってきている。イチゴの場合では、先述のように、促成栽培での花芽の休眠防止に電照が利用されているが、電照以外に補光の有効性を評価した試験もある（表2）[7]。ここでは、植物育成用高圧ナトリウムランプにより、52 klx（PPF：630 μ mol・m^{-2}・s^{-1} 程度）の光強度で補光を行ったところ、無補光と比べて総収量が 70% 以上増加したことが報告された。その他にピーマンなどの果菜類に関する補光試験の事例もある。

太陽光・人工光併用型植物工場では、周年安定生産と生産性向上のために補光が利用されており、レタスやミツバ、ホウレンソウなどの生産でその効果が評価されている。JFE ライフ社やグリーンズプラント巻社では、高圧ナトリウムランプを使った補光による安定生産が試みられている。例えば、JFE ライフ社の場合、レタスの安定生産ために、昼間に必要とされる日射維持を目的として明期中に補光を行っている。補光だけの効果ではないが、このシステムにより播種後 45 日間でリーフレタスを収穫するという安定生産が可能であるとされている。このような補光の場合、光合成促進の補助光として人工光源を用いている関係で、高出力を期待できる高輝度放電ランプ（HID ランプ）が用いられることが多い。

3 補光における理想的な照明方法とは？

成長速度を，植物体内の乾物量の増大ととらえるのであれば，成長の促進とは，光合成などの機能による同化作用を促進することを意味する。例えば，人工環境下での作物の光要求量は，葉菜類では $100〜300\mu mol・m^{-2}・s^{-1}$，果菜類の場合 $200〜600\mu mol・m^{-2}・s^{-1}$，花卉類は $50〜200\mu mol・m^{-2}・s^{-1}$ であるとされている[5]。直接的には，光の強さを増大させて光合成速度を増大させることにより，結果として生育速度を高めることは可能である。しかしながら，この同化作用に伴う成長や作物における可食部の発達は，単純に光照射強度だけで決定されるものではない。

葉菜類の場合，植物体の地上部の成長がそのまま収穫物となるため，植物体の総光合成量と作物としての可食部の成長がほぼ一致する。そのため，各作物の光

図4 北欧におけるポインセチアの補光栽培

表2 補光の光量がイチゴ'レッドパール'の収量に及ぼす影響[7]

処理区	総収量 g	7g以上 g	20g以上 g	1果実重 g
無補光	795	669	157	8.4
27 klx	1089	963	242	9.3
40 klx	1051	1407	562	12.5
52 klx	1360	1235	390	11.1
lsd 0.05[y]	212	246	185	—

z：いずれの数値も株当たりのデータを示す。
y：5％レベルにおける最小有意差を示す。

合成光飽和点に近い光強度とすれば，植物体可食物の成長を最大にできるはずである。加えて，光合成を行う時間（昼間）を延長すれば，更に成長速度は増大することとなる。しかしながら，昼間の時間を過剰に延長させた場合，さまざまな障害が発生することがある。例えば，ツケナやレタスにおいて，24時間連続で光合成を行わせた場合，過剰に蓄積した糖やデンプンの影響により細胞が壊れてしまうことがある。また，ホウレンソウのような長日植物では，花芽分化を誘導してしまうような長時間の光照射は，茎の伸長反応である抽だいを引き起こし，作物の商品性を失わせてしまうだろう。従って，葉菜類の場合，作物の光周期性に合わせて花芽が誘導されない日長とした上で，障害が発生しない程度の光量を与えることが，作物として成長速度を高めるために理想的な光環境となると言える。

果菜類の場合には，まず花芽誘導を阻害しない光周期を考える必要がある。トマトやナス，ピーマンのように基本的に光周期が花芽の形成に関係がない作物では，あまり考慮する必要はないが，キュウリの華南系品種のように，長日条件では雌花がつきにくいものもある。従って，果菜類では，作物の特徴に合わせて花成誘導が順調に行われる日長を考慮する必要がある。このことに加

えて，果実に光合成産物が転流するためには，昼夜のサイクルが必要であるという指摘もある。

　花卉類についてはどうだろう。基本的には，植物体の栄養状態を良くするために，葉や茎などの栄養体が成長する時期には十分な強度の光を与える必要がある一方，開花時期を必要以上に早めてしまわない日長を維持することが重要である。加えて，花芽を誘導する時期については，その作物の花成誘導にあった日長を与える必要がある。その後，切り花の場合では，連続して花が発達する光周期条件を維持するとともに，成長を維持するための光合成を行う光量を与えることになる。このように，花卉類については，成長段階に合わせた光環境を与えることが重要である。

4　作物栽培現場で用いられている各種人工光源の特性

　補光に実際使われている光源としては，蛍光灯，メタルハライドランプ，高圧ナトリウムランプなどがある（表3）。

　植物生産システムにおける理想的な人工光源を考えると，以下のような項目について検討することが必要であろう。①低価格，②少ない熱放射，③長寿命，④高発光効率，⑤高出力，⑥選択可能な放射波長域，⑦小型かつ堅牢，⑧調光可能などである。LEDや冷陰極蛍光ランプなどは，その他の光源と比べて，②や③，⑥，⑦，⑧といった条件を満たしている比較的良好な光源であると言えよう。しかしながら，出力や価格などの点において，一般的に普及可能な状態には至っていない。出力や効率といった点では，可視半導体レーザー（LD）が期待できるとされている。また，太陽・人工光併用型植物工場の場合，一日のうちどの時間帯に照明するかという問題に加えて，上記の項目中，①，③，④，⑤，⑦などの項目が重要視されるだろう。特に⑦の小型かつ

表3　作物栽培に利用されている主な光源

	白熱電球	蛍光灯	メタルハライドランプ	高圧ナトリウムランプ	低圧ナトリウムランプ	LED
消費電力（W/ランプ）	75	40	400	360	180	0.04
可視光への変換率（%）	9	20	20	30	35	22
赤外線への変換率（%）	84	40	61	47	5	0
PAR効率（mW/W）	71	151	197	287	295	224
分光特性	連続（赤色大）	連続・白色	連続・白色	連続・樺色	輝線・橙色	単色・赤色
寿命（h）	1000-2000	3000-10000	8000-10000	10000-12000	9000	3000-100000
価格	安	安	高	高	高	高
主な用途	キクやシソなどの開花調節	電球型蛍光灯については，イチゴやキクの開花調節・その他に育苗用補光・棚下栽培補光に利用	光合成促進用補光，開花調節など主に研究用	光合成促進用補光波長分布特性改善型の光源もあり開花調節にも利用	光合成促進用補光	光形態形成調節への利用を検討中

数値は，渡辺[14]，関山[12]の各文献より抜粋ならびに改変した。

第9章 温室における補光栽培技術の可能性

堅牢という特性は，天井面などに取り付けた場合に太陽光を遮らないという点で重要である。更に，②の熱放射の問題については，温室の暖房を兼ねる場合には，高圧ナトリウムランプのように発光箇所からの熱放射が有効であるという意見もある。また，トマトなどの群落内で太陽光がうまく当たらない葉に近接照明する補光技術が考えられているが，この場合は LED のように熱を光照射面からあまり放出しないものが望ましいと言えるだろう。

最近では，蛍光灯でも形態形成や光合成に有効な波長分布特性を備えたものが開発されており，中でも波長分布特性を白熱灯型に調整したものは，電照栽培に利用されるようになった。その他に，メタルハライドランプや高圧ナトリウムランプなどの高輝度放電ランプ（HIDランプ）も植物育成用光源として使用されてきた。特に高圧ナトリウムランプは，照明用ランプとしてはもっとも効率が良いとされており，かつ，赤色や青色域の光を増やしたタイプのものなど，波長分布特性を改善したランプも開発されていることから，開花調節など電照への応用も期待される。また近年，光源として発光ダイオード（LED）の利用も検討されている。

5　LEDを利用した補光栽培技術とその可能性

LED は特定波長域の光を放射し，その際，発光面において熱の放射をほとんど行わないことから，対象物に近接照明できるなどの特徴をもつ。波長分布特性の面でも，青色や遠赤色光などさまざまな波長域の光を放射する LED が開発されており，開花など光形態形成調節への応用が期待できる。現時点では，植物育成用光源として LED は高価であるが，特定波長域のみを放射するといった特性を生かし，電照による開花調節などを LED によって効率よく行える可能性がある。また最近は，高出力型の LED 光源が開発されており（図5），植物工場などでの作物生産に利用可能な LED 型光源の実用化も間近だと考えられる。現時点では，植物栽培用の LED のような光源が，国内外のメーカーによって開発が進められている段階である。基本的には，蛍光灯や LED など熱放射の少ない光源については，植物体への近接照明による光合成の促進が開発

スタンレー電気㈱の LED 光源

㈱シバサキの投光器型 LED 光源

図5　補光用高出力 LED 光源

の目標となっており，トマトやキュウリなどの群落内部に光源を設置し，太陽光が届きにくいような場所での光合成を促進する補光技術が検討されている（図6）。

LEDを栽培用光源として利用する場合，その光質について十分検討する必要がある。なぜならば，LEDは，基本的には単色に近い波長分布特性を備えている一方で，最近では蛍光体を利用した疑似白色を放射するタイプのものが普及しており，作物の光質応答反応に注意して光源を選ぶ必要があるからである。筆者らの研究では，長寿命でかつ堅牢，光質の選択が可能といったLEDの特徴を生かした補光技術の開発を行っている[1]。広く葉菜類の生育を促進する技術として，光合成時間の延長を行うことを目的としたLEDによる夜間連続照明技術がある。これまで，レタスやシュンギク，ツケナ類，葉ネギといった代表的葉菜類について，各種LEDによる終夜間連続照明を行ったところ，青や赤といった波長域をもつLEDによる連続照明により生育が著しく促進されることが示された（表4）。また，形態的な変化についても検討を行い，赤色LEDを利用した場合，連続照明による徒長的生長が抑制されることも示唆された。更に，照明の光強度を増加させた場合，光強度依存的に生育速度が増大した（図7）。

図6 畝間に蛍光灯を配置した補光栽培

表4 各種LEDによる終夜間照明がレタス，シュンギク，ツケナ類ならびにハーブ類の生育および形態形成に及ぼす影響[1]z

作物	LEDの光質y	葉枚数	最大葉長	最大葉幅	主茎長	地上部生体重
レタス	B	0.95	1.41	1.30	1.38	1.79
	G	0.75	0.80	0.91	1.27	0.95
	R	1.18	1.10	1.17	1.04	1.52
	Fr	0.87	1.14	1.21	5.23	1.67
シュンギク	B	1.13	1.08	1.15	1.64	1.23
	G	0.95	1.00	0.98	1.06	1.00
	R	1.12	1.01	1.10	1.39	1.10
	Fr	0.84	1.08	1.03	2.12	0.83
ツケナ類	B	1.05	1.21	1.01	1.38	1.51
	G	1.37	1.85	1.81	1.14	4.75
	R	1.95	2.43	2.47	1.22	12.52
	Fr	枯死	枯死	枯死	枯死	枯死
ハーブ類	B	0.80	0.96	0.82	—	0.76
	G	0.80	1.14	0.99	—	0.87
	R	0.93	1.03	0.94	—	0.76
	Fr	0.79	1.11	1.10	—	0.95

z：数値はいずれも，無処理区を1.0とした相対値で示した。
y：表中のB，G，RならびにFrは，それぞれ青色光，緑色光，赤色光ならびに遠赤色光LEDによる終夜間照明処理を示す。

第9章　温室における補光栽培技術の可能性

このような長時間連続照明を行う補光については，寿命が長いLEDが適しており，更には，日長延長に伴う形態的な異常を避けるためには，光質の選択が可能なLEDが望ましいと言えるだろう。また，夜間の補光については，昼間に比べて環境調節が行いやすく，CO_2の導入やヒートポンプなどによる温度調節を組み合わせることによって補光の効率を高めて，補光による生育促進効果を更に高めることも可能だろう（図8）。

今後は，LED素子の進歩により，高出力化や，高効率化，小型化，寿命の延長など実用化が進むものと期待される。このようなLEDの特性を生かした新しい栽培技術を開発することも期待される。

5.1　光質による野菜や花の開花制御

植物の開花時期を自由に制御することは，現時点では困難である。しかしながら，「フロリゲン」がある種のタンパク質であることが明らかになるとともに，その生理機構が解明されつつある。先に述べたように，花卉類や果菜類では，花成誘導がその生産性を左右することになるが，日長延長を伴う補光の場合，植物によっては，その花成を阻害してしまう恐れがある。これに対して，花成誘導への刺激が少ない波長のLED素子を補光用光源に使用することにより，花成への影響を避けながら，植物体の光合成を促進して栄養状態を改善できる補光技術につながると考えられる。

5.2　人工光利用による植物の代謝制御

植物体の硝酸イオン還元作用やビタミンCの代謝にも光は関与していることが知られている。

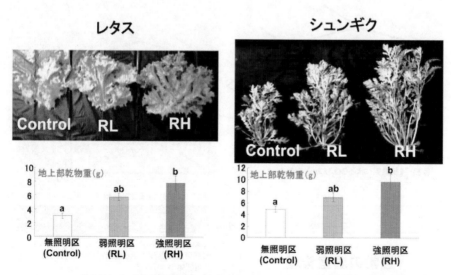

図7　赤色LEDによる終夜間の補光がレタスならびにシュンギクの生育に及ぼす影響
RLは100μmol・m^{-2}・s^{-1}，RHは300μmol・m^{-2}・s^{-1}の光合成有効放射束により夜間に連続して補光を行った。図中の異なる文字間には，統計的に有意差があることを示す。

このような光と生理反応の関係を利用した補光・電照による作物の品質コントロールは可能であろう。人体に有害とされる，植物体内の硝酸イオンを還元する酵素活性を補光により高めることや[3]，補光を行った場合レタスなどのビタミンC含有量が増加するといった報告もある。また，カロテノイド類や，ポリフェノール類，アントシアン類に関して，光がその合成酵素を制御し，果実中での蓄積を左右していることが示唆されている。このような植物体内における物質代謝について，色素の合成やビタミンC合成に光質が関わっていることが指摘されている。このような物質は，葉菜類や果実の品質を左右するものであり，光環境の制御によってその高品質化が図れる可能性がある。LEDによる補光によって，特定波長の放射による植物体中の含有成分制御などが可能となった場合，機能性成分の含有量などの調節により，新しい高付加価値をもつ野菜を生産できる可能性がある。

6 おわりに

我が国において，その効果に対する期待値の低さより，補光技術の実用化はとどまっていた。しかしながら，エネルギー効率の増大や光質の選択が可能となった蛍光灯やLEDなどの新型光源の出現，更には照明時間などの検討により，新しい栽培技術開発の可能性が出てきたと言えよう。このような補光技術は，園芸施設における生産性を高める切り札とも成り得る技術である。今後の発展を期待したい。

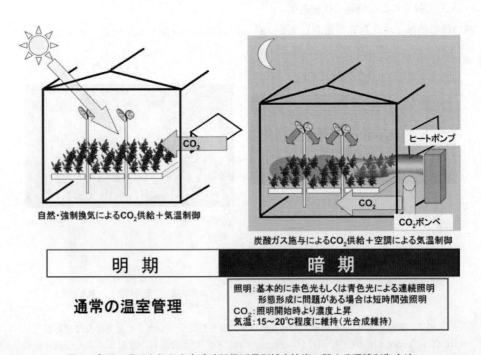

図8 夜間に照明を行う光合成時間帯延長型補光技術に関する環境制御方法

第 9 章　温室における補光栽培技術の可能性

文　　献

1) 福田直也ほか，園学雑，**10 別 2**，465（2011）
2) N. Fukuda *et al., Acta Hort.*, **633**, 237-244（2004）
3) 福田直也ほか，園学雑，**68**，146-151（1999）
4) A. Gosselin *et al., J. Japan. Soc. Hort. Sci.*, **65**, 595-601（1996）
5) 後藤英司，人工光源の農林水産分野への応用，pp.111-114，㈳農業電化協会（2010）
6) G. O. Grimstad, *Scientia Hortic.*, **33**, 189-196（1987）
7) 長谷川繁樹，野菜生産における光調節技術の現状と展望（平成 10 年度課題別研究会資料），50-55（1998）
8) 成日慶ほか，植物工場学会誌，**9**，271-277（1998）
9) 成松次郎，平成 10 年度農林水産省課題別検討会資料，44-49（1998）
10) 岡部勝美，電力中央研究所報告，pp.1-2，電力中央研究所（1988）
11) 太田勝巳ほか，園学雑，**67**，219-227（1998）
12) 関山哲雄，電照・補光栽培の実用技術，pp.199-225，箕原善和編，㈳農業電化協会（1996）
13) 関山哲雄ほか，電力中央研究所報 485031，1-40（1987）
14) 渡辺博之，SHITA REPORT，**17**，13-22（2001）

第10章　電照補光

久松　完[*]

1　はじめに

　補光は，生育・開花調節を目的とした補光（以下，電照）と光合成促進を目的とした補光とに大別される。電照技術の開発の端緒はガーナーとアラードによる光周性花成の発見（1920年）であり，これを機に光周性機構の探究が始まるとともに日長調節による様々な植物の開花調節技術が開発されてきた。1930年代にはアメリカにおいて日長調節を利用した商業的なキク生産が始まっている。日本で最初に電照による開花調節が試みられたのは，1937年，アセチレンガスの炎光を人工照明としてキク生産に利用したものとされている。1950年代以降，日本では安価で取り扱いやすい光源として白熱電球が電照栽培に利用されるようになり，全国に普及拡大された。その後，電照による生育・開花調節の場面で白熱電球が最も多く使用されてきた。環境意識の高まりを背景に省電力による地球温暖化防止対策の一環として，2008年に経済産業省からオフィス，家庭などでの一般照明用途において，電力消費量の多い白熱電球の製造，販売を中止して，2012年までに電球形蛍光灯や発光ダイオード（Light Emitting Diode；LED）照明器具などに切り替える方針が示され，一部メーカーでは，一般照明用途の白熱電球（農業用などの特殊電球を除く）について生産中止や減産の方向にある。このような社会情勢から，国内の農業生産場面においても白熱電球代替光源を求める機運が高まり，白熱電球に代わる光源の探索が精力的に行われている。特に発光スペクトル幅の狭い単色光を発光するLED光源の利用に高い関心が寄せられており，効率的な利用方法の検討が精力的に行われ，先駆的な生産現場においてLED照明器具などの新しい光源の利用が始まっている。しかし，普及拡大を図るには，光源あるいは品目ごとに生育や開花反応に与える影響など検証していく必要がある。また，様々な人工照明が利用されるようになった今日，生産現場レベルで利用される光源の種類が増えることによって基準となる光環境の評価方法が問題となってきている。

2　電照を用いた生育・開花調節の鍵となる光応答の生理機構

　電照を用いた生育・開花調節は植物の生理反応に基づいて開発されており，光量（長さと強さ），光質（波長）や処理のタイミングの重要性が指摘されている。動けない植物にとって光は，光合

---

[*]　Tamotsu Hisamatsu　㈱農業・食品産業技術総合研究機構　花き研究所　花き研究領域主任研究員

第10章　電照補光

成を行うために不可欠なエネルギー源であるとともに，生育している場所の環境を感知して，いつ発芽するか，いつ開花するかなどを決定していく上で重要な情報源でもある。"もやし"のように暗所で育った幼植物は黄白色で徒長し，葉も展開しない。他方，明所で育った幼植物は光を巧みに利用して発生や分化の過程が調節されている。この光による生長・分化すなわち形態形成の変化を光形態形成と呼ぶ。情報としての光は，赤色光（red light；R）領域と遠赤色光（far-red light；FR）領域に吸収極大をもつフィトクロム，青色光（Blue light；B）領域を主に吸収するクリプトクロム，フォトトロピンやFKF/LKP/ZTLファミリーなどの光受容体によって感受され，情報伝達系を通じて光形態形成，光生理反応を支配している。ここでは，植物の光応答のうち電照を用いた生育・開花調節の鍵となる光周性と避陰反応について概説しておきたい。

2.1　光周性

　様々な光応答のうち，日長の変化を感知して植物が季節を判断し，開花時期や休眠の導入時期などを決定する応答は，光周性あるいは日長感応性と呼ばれ，生育・開花調節の鍵となる重要な光応答である。光周性反応は，"日長"，"短日"，"長日"，"限界日長"のように1日のうちの明期の長さを基準にした用語で説明される。光周性花成において植物は，基本的に次の3つに分類される（図1）。

①短日植物（short-day plant）：日長が短くなると花芽が形成され，開花する植物
②長日植物（long-day plant）：日長が長くなると花芽が形成され，開花する植物
③中性植物（day-neutral plant）：日長に関係なく花芽が形成され，開花する植物

　短日・長日植物は，さらに質的（絶対的）な反応を示すものと量的（相対的）な反応を示すものに分けられる。ある一定時間以下の日長条件でなければ開花しないものが質的（絶対的）短日植物（qualitative or obligate short-day plant）であり，逆に一定時間以上の日長条件でなければ開花しないものが質的（絶対的）長日植物（qualitative or obligate long-day plant）である。この開花を決定する閾値となる日長を限界日長（critical daylength）という。また，いずれの日長条件下でも開花し限界日長をもたないが，短日条件で開花がより促進されるものを量的（相対的）短日植物（quantitative or facultative short-day plant），長日条件で開花がより促進されるものを量的（相対的）長日植物（quantitative or facultative long-day plant）という。なお，花芽形成と花芽発達に質的に異なる日長反応を示す

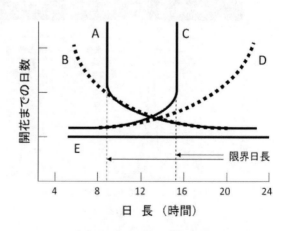

図1　光周性花成反応（模式図）
A：質的長日植物，B：量的長日植物，C：質的短日植物，D：量的短日植物，E：中性植物

種類が知られており，短日条件で花芽形成が促進され，花芽発達が長日条件で促進される植物を短長日（性）植物（short-long day plant；SLDP），長日条件で花芽形成が促進され，花芽発達が短日条件で促進される植物を長短日（性）植物（long-short day plant；LSDP）という。また，花芽形成と花芽発達の限界日長が量的に異なる種類が知られている。キクの場合，花芽発達のための限界日長が花芽形成開始の限界日長よりも短く，限界日長が量的に変化するため，比較的長い日長条件では花芽形成を開始するものの花芽発達が正常に進まず開花に至らない。

短日植物の開花反応の場合，長い暗期の中央に与えられた光パルス（暗期中断）は花成を阻害する。この暗期中断に最も効果的な光は 600-700 nm 付近の赤色（R）光であり（図2），R 光の効果は直後に照射した 700-800 nm 付近の遠赤色（FR）光で打ち消される。このことは，短日植物の場合，日長によって誘導される開花は明期の長さよりも連続した暗期の長さが重要であること，花成を制御する暗期中断効果にフィトクロムが関与していることを示している。このように光周性反応では，光照射の長さや強さといった光のエネルギー量とともに光質（波長）が重要になる。長日植物の開花反応の場合も，短日条件での R 光照射による暗期中断によって開花が促進されることが見いだされ，短日植物の場合と同様，暗期の長さが重要であるとされてきた。しかし，事例を重ねていくと長日植物の場合，R 光ばかりでなく青色光や FR 光に反応する事例もみられ，光質に対する長日植物の反応にはバリエーションがある。

植物の成長は，光，温度，湿度，栄養条件など様々な外界の環境に影響を受けているが，これらの外的環境シグナルのうち日長の変化は最もぶれの小さい環境要因であり，植物が季節の変化を感知する場合に，日長の変化を適用するのは理にかなった選択といえる。光周性反応において，植物が光情報を感受する器官は葉である。その感受性は葉齢により異なり，最も感受性が高いのは完全展開前後の葉である。生物は進化の過程で細胞内に概日時計と呼ばれる約24

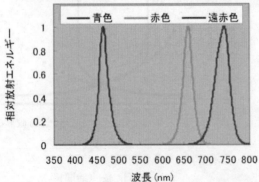

図2 キクの開花に及ぼす暗期中断時の光質の影響
上：12時間日長で栽培し暗期中断を4時間与えた
下：照射した光の分光特性，青色（B），赤色（R），遠赤色（FR）

第 10 章　電照補光

時間周期の体内時計を備えるようになったと考えられている。植物は内在の概日時計と葉で感受した光情報とを用いて日長の変化を感知しており，この体内時計と光情報の相互作用によって日長を計測しているとするモデルは外的符号モデルと呼ばれ，その機構解明が進んでいる。光周性反応では，葉から情報の作用器官への情報伝達物質の存在が想定されてきた。光周性花成では，1937 年のチャイラヒャンによって，葉で感知した光周期に応答して生成される花成誘導因子，"フロリゲン" を情報伝達物質として葉から茎頂分裂組織へと情報が伝達され，花芽形成が開始されるという "フロリゲン説" が提唱された（図3）。その後，誰もフロリゲンを抽出することができず，フロリゲンは "幻の植物ホルモン" と呼ばれてきたが，"フロリゲン説" 提唱から 70 年後の 2007 年，長日植物シロイヌナズナの *FLOWERING LOCUS T*（*FT*）遺伝子，短日植物イネの *Heading date 3a*（*Hd3a*）遺伝子の翻訳産物，*FT* タンパク質と *Hd3a* タンパク質が実際の情報伝達物質の正体であることが示された[1,2]。これら遺伝子は相同遺伝子であり，他の植物種でも同様の遺伝子の存在が確認されている。さらに，シロイヌナズナの光周性花成では，*FT* 遺伝子の発現調節の鍵となる因子として，*CONSTANS*（*CO*）遺伝子が同定されている。*CO* 遺伝子の発現は光情報によって同調された概日時計の制御により日周変動を示し，さらに，光質（青色光あるいは遠赤色光）が重要な環境因子となって翻訳産物であるタンパク質の機能性に作用して *FT* 遺伝子の発現を制御している[3]。この CO-FT 経路は，シロイヌナズナとは日長反応が異なるイネの光周性花成[4]，ポプラの芽の休眠誘導[5] やジャガイモの塊茎形成[6] においても重要な役割を担っていることが示され，光周性の分子機構が植物の中で広く保存されていることが示されつつある。

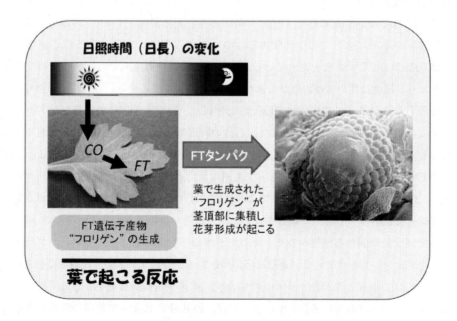

図3　"フロリゲン説" の概要

最近，イネの光周性花成においてCO-FT経路以外に体内時計の働きで一日のうち決まった時間にだけ開く"門（ゲート）"の開け閉めにより日長を認識するモデルが示された[7]。イネにはこの体内時計によって制御されるゲートが2つ存在する。ひとつのゲートは，生育環境の日長にかかわらず朝方に開いており，ゲートの開いている朝方に光（この場合，青色光が重要）を受けると *Early heading date 1* (*Ehd1*) の発現が誘導され，誘導された*Ehd1*タンパク質の作用によりイネのフロリゲン遺伝子*Hd3a*の発現を促進し，開花が誘導される。もうひとつは，開花を抑制する*Grain number, plant height and heading date7* (*Ghd7*) 遺伝子の発現量に影響を与えるゲートで生育環境の日長により開く時間帯が異なる。長日条件では朝方に，短日条件では夜中にゲートが開く。長日条件では，ゲートの開いている朝方の光（この場合，赤色光が重要）により*Ghd7*遺伝子が誘導され，*Ghd7*タンパク質の作用で*Ehd1*遺伝子の発現を抑制し，開花が抑制される。短日条件ではゲートが開いている時間帯が暗期であるため明期の光では*Ghd7*遺伝子が誘導されないので，開花が抑制されない。短日条件での暗期中断による開花抑制は，暗期中断の光により*Ghd7*遺伝子が誘導されるためと説明することができる。このように植物は体内時計と光情報の相互作用によって日長を計測しており，光周性反応では明暗周期の長さや光の強さばかりでなく光の質や照射のタイミングが重要な役割を担っている。

2.2 避陰反応

自然環境下における植物群落では光エネルギー獲得のために生存競争が行われる。そのため植物には周囲の他個体の存在を感知し，他の植物の陰から逃れようとするメカニズムが備わっている。日射は可視光領域の光をほぼ等分に含むが，植物群落内ではクロロフィルにより赤色光（R）が吸収されるため，遠赤色光（FR）に対する赤色光の割合（R/FR）が減少する。日射のR/FRは天候や季節によって多少変動するものの1から1.15の範囲であるが，植物群落内のR/FRは0.05から0.7であるとされている。このような植物群落内での低R/FRの光環境がシグナルとなり，植物は他の植物の陰から逃れようと茎伸長を促進する。さらに，植物種によっては開花促進もみられる。この応答は避陰反応と呼ばれ，R/FR受容体であるフィトクロムにより調節を受けると考えられている[8]。また，日没の時間帯に地上に到達する太陽光はFR光の割合が増加し，低R/FRの光環境となる。自然現象を模倣した明期終了時（End-of-day：EOD）の短時間FR照射（EOD-FR）処理によっても避陰反応と同様の伸長・開花促進作用がみられる（図4）。これらの低R/FRやEOD-FRによる反応には，数種類存在するフィトクロム分子種のうち，特に光安定型のフィトクロムBを介した情報伝達が重要であると考えられている。

植物の伸長成長に関わる植物ホルモンとしてジベレリン（GA），オーキシン，ブラシノステロイド，エチレンが知られている。避陰反応についてもシロイヌナズナの胚軸や葉柄での解析が行われGAをはじめ種々の植物ホルモンの生合成，輸送や情報伝達系を介して成長パターンを変化させることが示されている。GAについては，EOD-FRによって伸長の促進がみられる際にGA生合成酵素遺伝子のうちGA 20酸化酵素遺伝子（*GA20ox*）の発現の増大を介した活性

型GA含有量の増加がみられ[9,10]，さらに，GAシグナル伝達を抑制するDELLAタンパク質の分解を介してGA応答性が調節されている[11]。また，オーキシンについては，避陰反応を誘導する光環境下で葉柄や下胚軸でのオーキシンの作用が強まり，DELLAタンパク質の分解促進を介してGAシグナル伝達に関与し，これらの器官の伸長調節に寄与することが示されている[12]。また，オーキシン輸送の関与について，オーキシン排出キャリアをコードするPIN-FORMED（PIN）遺伝子のうちpin3-3変異体を用いた解析により，PIN3の細胞内局在の変化を介したオーキシン分布の変化が避陰反応にとって重要であることが示されている[13]。さらに，葉身のフィトクロムによる光受容によって引き起こされる葉柄伸長において，オーキシンとブラシノステロイドが協働して伸長を促進していることが示されている[14]。さらに，エチレン非感受性突然変異体やエチレン作用阻害剤の1-メチルシクロプロパン（1-MCP）で前処理した植物体では避陰反応（葉柄の伸長）がみられないことから，エチレンも避陰反応の正の制御因子として機能していることが確かめられている[12]。

図4 ストックに対するEOD-FR効果
写真提供：農研機構花き研・住友氏

3 電照補光の現状

　植物の光応答を利用した生育・開花調節では，生産圃場での日長の制御や人為的な光処理が行われる。キク，シソなどの短日植物では開花抑制を，シュッコンカスミソウ，デルフィニウム，トルコギキョウ，カンパニュラなどの長日植物では開花促進を目的として，また，開花調節以外の目的では厳寒期のイチゴの草勢維持などを目的に電照が行われている。最近，キクの電照による開花抑制の場面では他品目に先行して省電力による生産コストや環境負荷の低減等を目的に白熱電球代替光源の探索が進められ，先駆的な生産現場では電球形蛍光灯や赤色LED照明器具などの新光源の導入が始まっている。しかし，照明器具の耐久性の問題や一部品種について新光源では十分な効果が得られないとの報告もあり，未だ安定生産を達成するためには詳細な検証が必要な状況にある。また，赤色LED照明器具を導入した場合，人の視認性の問題から作業効率が低下するといった問題点が指摘されている。
　日長制御の方法として，長日処理（long-day treatment）と短日処理（short-day treatment）がある。長日処理は，自然日長が短い時期に人工照明を利用した電照（lighting）により暗期の

時間を短くする処理であり，長日植物の花芽誘導や短日植物の開花抑制などに有効である。植物の種類によっても異なり一概にはいえないが，長日処理時に必要な光量は，光合成に必要な光量に比較すると極めて低い光量で有効である。ただし，電照時の光質が生育に影響するため，用いる光源の分光分布に留意する必要がある。長日処理の方法には，自然日長を電照によって延長する明期延長（day extension），夜間を継続して電照する終夜照明（continuous lighting），深夜電照（midnight lighting）により暗期を二分する暗期中断，電照の際に短時間の点灯と消灯を繰り返す間欠照明（cyclic lighting）がある。なお，明期延長のうち夜明け前の数時間を電照する方法を早朝電照（pre-dawn lighting）と呼ぶ。短日処理は，自然日長が長い時期の夕方あるいは明け方の時間帯に栽培施設の周囲を完全に光を遮光するフィルム資材を使用したカーテン等で覆う暗黒処理（blacking-out）により暗期の時間を延長し，短日条件にする処理であり，短日植物の花成誘導（floral induction）や長日植物の開花抑制などに有効である。この遮光資材を用いて短日処理を行う栽培をシェード栽培と呼ぶ。最近，人為的な光処理として，避陰反応を応用した明期終了時（End-of-day：EOD）の短時間遠赤色光（far-red light；FR）照射（EOD-FR）処理が注目されている（第13章参照）。

　生育・開花調節を目的とした電照以外の人工照明の活用事例として，黄色光を利用した防蛾技術と紫外線（UV-B領域）等の光照射による病害防除技術がある。

　防蛾技術は，夜間活動中の夜蛾類成虫の複眼の明適応化に580nm付近の黄色光が効果的に作用するため，この波長域の光照射によって夜間の交尾・産卵活動が抑制され，幼虫による加害が低く抑えられるものと考えられている[15]。しかし，黄色光の波長域が植物のフィトクロムを介した日長反応に影響するため，適用が困難な場面がある。そこで，日長反応性をもつ品目での防蛾灯の導入に向け，夜蛾類に対しては同等の効果をもち，植物に対する影響の小さい緑色光領域の光を利用した防蛾灯が開発され，その適切な照射方法の検討が行われている。また，波長幅の狭い単一ピーク波長をもち，パルス点灯が可能なLEDの特性を活かした防蛾灯の開発が始まっている[16,17]。

　光照射による病害防除技術についてはイチゴをはじめ数種野菜類において，紫外線（UV-B）あるいは緑色光照射による病害防除効果が示され，一部実用化されている[18,19]。この技術は特定の波長域の光照射により，植物のキチナーゼやグルカナーゼなどの病害抵抗性に関わる各種PRタンパク質の遺伝子発現を誘導することで，病害抵抗性が向上しているものと考えられている。現在，花き類への応用の可能性についても検討が始まっており，品目，病害ごとの効果の検証と抵抗性誘導機構の解明が進むと思われる。近い将来，植物の光に対する生育反応や病虫害抵抗性反応と組み合わせた「環境と人にやさしい」光を活用したIPM防除技術に発展することが期待される。

第10章　電照補光

4　光環境の計量法

　生産現場では電照補光の始まった頃から「照度」が光環境の評価基準として使用され，最も広く普及している。利用される光源の種類が増えることによって，光の計量についての混乱や誤解を招き，生産現場に適応した基準となる光環境の評価方法が求められている。このため，新たな光源を活用した電照技術を開発・普及していく上で不可欠な光環境の計量法について整理しておきたい。

　まず，「光とは何か」という定義である。広く捉えると「光」とは，電磁波であると定義される。最も身近な光とは人が目で感じることができる「可視光（波長域：400-700 nm）」であろう。また，光は電磁波の一種で波の性質をもつと同時にエネルギーの塊としての粒子的な性質ももっており，その最小単位を光子（光量子）という。光子1個のもつエネルギーは波長によって異なり，短波長の光ほどエネルギーが大きく，長波長ほどエネルギーが小さくなる。

4.1　単位

　光の計量は，物理量の評価と人間の視覚に応じて波長毎の感度特性を加味した評価に大別されている（表1）。光放射エネルギーに対して時間的・空間的な量を組み合わせることによって構築される物理的なエネルギー量を「放射量」と総称し，これに人間の感じる「明るさ」を与える分光視感効率を波長に対して重み付けして加えたものを「測光量」と総称している。明るさを表す場合，基本，エネルギー量ベースで何を比較したいかによって面積や角度などの幾何学的条件を加味して様々な単位が使い分けられている。他方，生体内で反応を引き起こす光量について論議する場合，エネルギー量ベースではなく，光量子数単位で考えることが望ましい。それは，植物の光合成や光形態形成など生物において光によって引き起こされる反応の多くは，生体内で光受容体が起こす光化学反応に基づくと想定されるため，基本的には反応が「起こる」か「起こらない」かの二者択一であり，吸収されるエネルギー量でなく，量子数が重要になるためである。多くの場合，単位は，1秒あたり，1平方メーターあたりの光子の数を表す光量子束密度（mol m^{-2} s^{-1}）で表記されている。ただし，生産現場において個体レベルや植物群落で検討する場合，植物体（群落）は複雑な立体構造をもち，刻一刻と受光体勢を変化させており，正確な受光量（吸収された量子数）を測ることは不可能である。従って，いずれの測定方法あるいは単位を用いるにせよ植物の配置された三次元空間の光環境を再現できるように提示することが重要であろう。

4.2　計測機器（センサー）の特徴

　植物栽培の現場での使用が想定される「照度計」，「光量子計」，「放射照度計」，「分光放射照度計」について，簡単に紹介しておく。なお，それぞれの光センサーは特定の波長感度特性をもつため，あらゆる光源を対象に正確な放射照度あるいは光量子束密度を求めるのは不可能であると

表1 主な放射量と対応する測光量

物理量		視感度を加味した物理量	
放射量	単位	測光量	単位
放射束 (Radiant Flux)	W	光束 (Luminous Flux)	lm（ルーメン）
放射強度 (Radiant Intensity)	W/sr	光度 (Luminous Intensity)	cd（カンデラ）
放射輝度 (Radiance)	$W/sr/m^2$	輝度 (Luminance)	cd/m^2
放射照度 (Irradiance)	W/m^2	照度 (Illuminance)	lx（ルクス）

表2 各ピーク波長のLED光照射下での各種センサー指示値の比較

	放射照度（W/m^2)		光量子束密度（$\mu mol\ m^{-2}s^{-1}$）		
	MS720	LP471RAD	MS720	LI-190SA	LP471PAR
450nm	1	1.09	1	1.16	1.18
530nm	1	1.08	1	1.15	1.44
600nm	1	0.97	1	1.10	1.55
640nm	1	0.88	1	1.12	1.56
660nm	1	0.88	1	1.18	1.00
740nm	1	1.03	1	0.01	0.00

MS720：分光放射照度計（英弘精機㈱）
LP471RAD：放射照度センサー（DeltaOHM 社）
LI-190SA：光量子センサー（LI-COR 社）
LP471PAR：光量子センサー（Delta OHM 社）

いわざるを得ない。参考までに異なるピーク波長の LED 光源の下での光量を計測した時の各センサーの指示値の比較を示した（表2）。できるだけ正確な値を求めるには，光源毎に分光放射照度計で測った値と使用する計測器の指示値から変換係数を求め，換算することが必要となる。なお，検出感度のある波長域について積算値を示す計測器を使用した場合，測定値を基準に光源間の定量評価を行うことは可能であるが，植物の光応答は，それぞれの波長感度特性をもつ光受容体で感受した光によって起こる生理反応であり，生理反応毎のシステムが発達しているため，異なる分光特性をもつ光源間では測定器の指示値が同じでも植物の感度と一致していないことは理解できよう。

4.2.1 照度計

照度計は，可視光（400-700 nm）の波長域（厳密な可視領域は 360-830 nm）について人間の視覚感度に合わせて補正された分光応答をもつ計測器である。つまり，照度計の指示値は受光面の単位面積に入射する放射束に人の目で感じる感度（分光視感効率）を重み付けした値である。

第10章 電照補光

これまで生産現場では照度計が多く用いられてきたが，植物は人間と同じ感度で光を感受していないので，異なる光源の下で測定された照度の値を用いて植物に対する影響について論議することは困難である。ただし，汎用性のある計測器の中では唯一，日本工業規格（JIS）があり，基準を満たした機器であれば，メーカー間の誤差がほとんどない。そのため，光源毎に必要とする光の放射量にあわせた時の照度計の指示値を求めておけば，その値は，現場での各光源設置の目安として利用可能である。また，ランプ設置時から光量がどれだけ低下したのか知りたい場面など，同一光源下での光量の相対値を知ることはできる。

4.2.2 光量子計

市販されている光量子計は，光合成に利用できる波長域（400-700 nm）に限定して受光面の単位面積に入射する光量子数を計量し，「光合成有効光量子束密度（Photosynthetic photon flux density; PPFD）」を計測するセンサーを付帯する。現状，センサー感度に標準規格がないため，メーカー間で波長感度特性や指示値に大きな差がある（表2）。また，電照による植物の生育調節を考える場合，紫外線から遠赤色光の波長域（300-800 nm）に注目した光環境の測定・評価基準が必要となるが，市販されている光量子センサーでは検出できない波長域があるため，検出感度のない波長域については，分光放射照度を求め光量子数を算出する必要がある。

4.2.3 放射照度計

放射照度計は，センサーが感度をもつ波長域について，受光面の単位面積に入射する放射束を測る計測器である。指示値は「放射照度（$W\ m^{-2}$）」を示す。例えば，400-1050 nm の波長域にほぼフラットな感度をもつセンサーを使用すると，青色光から遠赤色光の波長域をカバーでき，紫外線以外の植物の生育に影響する光環境をモニター可能である。ただし，厳密には対象とする波長域においてフラットな感度ではないため，センサーの波長毎の感度特性に留意が必要である（表2）。

紫外線の測定等で使われる UV メーター（紫外放射照度計）も放射照度計の一種である。紫外放射照度計は光センサーにフィルターを取り付け，UV-A, B, C など特定の波長域の放射照度を測定するように調整している。ただし，紫外放射照度計の指示値は標準光源で調整されており，基準とした光源と異なる分光特性をもつ光源の下では正確な放射照度を示していないので留意が必要である。

4.2.4 分光放射照度計

分光放射照度計は，光の波長毎に放射照度を測る計測器である。指示値は単位面積に入射する波長毎の放射束「放射照度（$W\ m^{-2}$）」であり，光源から放射されるエネルギーの分光分布を知ることができるが高額である。なお，人工光源を計測する場合には標準光源を用いた校正値が必要であること，機器によって測定可能な波長範囲や分解能が規定されていることに留意して目的に応じて適切な測定器を使用する必要がある。

5 今後の課題

　最近，LED光源など新光源が施設生産現場レベルで利用できるようになり，多くの品目で光質に着目した光利用の可能性について盛んに検討されるようになった。報告されはじめた光質応答の事例をみると，植物の反応は予想以上に複雑であり，これまでの知見では説明しきれない反応も散見される。今後は，これら現象の機構解明とともに，得られる基礎情報を基に生産現場で活用できる効率的な電照技術の開発に繋げることが大きな課題であろう。他方，ハードの面からはLED照明器具などの新光源は開発の途上にあり，出力，配光性，耐久性など検討すべき課題が残されていることに留意が必要であろう。なお，実用化に向けて新光源の導入を検討する際には，生産現場が特殊な環境であることを念頭に，照明器具の使用基準を遵守し，安全性を確保することを怠ってはならない。

文　献

1) Corbesier, L., *et al., Science,* **316**, 1030–1033 (2007)
2) Tamaki, S., *et al., Science,* **316**, 1033–1036 (2007)
3) Kobayashi, Y and Weigel, D., *Genes & Dev,* **21**, 2371–2384 (2007)
4) Tsuji, H., *et al., Current Opinion in Plant Biology,* **14**, 1–8 (2010)
5) Böhlenius, H., *et al., Science,* **312**, 1040–1043 (2006)
6) Navarro, C., *et al., Nature,* **478**, 119–122 (2011)
7) Itoh, H., *et al., Nature Genetics,* **42**, 635–638 (2010)
8) Franklin, K. and Whitelam, G.C., *Ann. Bot,* **96**, 169–175 (2005)
9) Gocal, G.F.W., *et al., Plant Physiology,* **127**, 1682–1693 (2001)
10) Hisamatsu, T., *et al., Plant Physiology,* **138**, 1106–1116 (2005)
11) Djakovic-Petrovic, T., *et al., Plant Journal,* **51**, 117–126 (2007)
12) Pierik, R., *et al., Plant Physiology,* **149**, 1701–1712 (2009)
13) Keuskamp, D. H., *et al., PNAS,* **107**, 22740–22744 (2010)
14) Kozuka, T., *et al., Plant Physiology,* **153**, 1608–1618 (2010)
15) 本多健一郎，人工光源の農林水産分野への応用（農業電化協会），117-121 (2010)
16) 石倉聡ら，園芸学研究，**10** (別2)，253 (2011)
17) 東浦優ら，園芸学研究，**10** (別2)，254 (2011)
18) 神頭武嗣ほか，植物防疫，**65**(1)，28-32 (2011)
19) 工藤りかほか，人工光源の農林水産分野への応用（農業電化協会），139-141 (2010)

【光に対する作物の反応メカニズムとその生育制御 編】

第11章　LED下における園芸植物の光応答反応

雨木若慶[*]

1　はじめに

　2008年2月に第1版[1]が出版され4年が経過した。この4年間にLEDを巡るいくつかのトピックがあった。2008年4月に省エネなどを理由に経済産業省から2012年までに白熱灯生産を中止するよう生産企業へ要請が出され，LEDが代替光源として俄然注目を集めるようになった。ただし，一部に誤解があるが，一般照明用電球の生産中止であって，農業生産を含めた特殊用途の白熱灯はこれまで通り生産される。2009年4月には，昭和電工㈱よりこれまで無かった4元系（AlGaInP：アルミニウム・ガリウム・インジウム・リン）の材質を用いることで光合成にもっとも有効な660nmにピーク波長をもち，これまでない超高輝度LEDの開発が発表された[2]。また，農水省が大型予算を組んだ委託研究プロジェクト「生物の光応答メカニズムの解明と高度利用技術の開発」（現在は，「高度利用技術」から「省エネルギー，コスト削減技術」に課題変更）が野菜，花き，キノコ，害虫，有用水産物の5部門で公募され，平成21（2009）年度より25（2013）年度までの5ヵ年計画でスタートしている。このプロジェクトにおいては光源としてLEDが注目され，その利用についての基礎的知見の集積と生産現場での利用にあたってのマニュアル作成が目的とされ，現在（平成24年5月）も試験が鋭意進められている。さらに，GaN（ガリウム・窒素）系の材質をベースにより短いピーク波長をもつ紫外・深紫外LEDやこれまで高輝度化が遅れていた緑色光LEDの発光効率の改良が進んできている[3]。
　このようにLEDに関する研究に多額の予算が投入され，また，各種のLEDが入手しやすくなったことなどから，LEDを用いた光質制御を通して植物の成長・分化の調節ならびに内生機能性成分の強化などに関する試験研究がここ数年急速に増えてきている[4]。そこで，本稿では，2008年以降の筆者らの研究結果を中心にその他の研究成果と合わせて，園芸生産におけるLED利用の現状と課題について考えてみたい。

2　植物の光受容体と情報伝達

　表1にこれまで報告のある植物の光受容体についてまとめた[5]。最近シロイヌナズナ（*Arabidopsis taliana*）を中心に光応答反応についての解析が進み，光情報の伝達経路の一端が明らかにされつつあり，稲垣・廣瀬[6]が概説している。一例を挙げると，シロイヌナズナの花成

---

[*]　Wakanori Amaki　東京農業大学　農学部　農学科　教授

表1 植物の光受容体の吸収波長域と生理反応[5]

光受容(色素)体	分子種	主たる吸収波長域	代表的な生理反応	反応の特徴
クロロフィル (chlorophyll)	Chl.a	青 (400–500nm)、赤 (660–700nm)	光合成	タンパク質と結合し、チラコイド膜に色素・タンパク質複合体として存在し、機能的単位を形成。光エネルギーを捕集、光合成反応系に伝達。
	Chl.b	青 (430–480nm)、赤 (640–670nm)	光合成	
カロテノイド (carotenoid)	β-carotene, lutein, violaxanthin, zeaxanthin など	青 (400–500nm)	光合成	光捕集機能の補助、また葉緑体の包膜およびチラコイド膜に存在し、太陽光にもっとも多い500nm付近の光を吸収して、光合成反応系を保護。
フィトクロム (phytochrome)	phyA	誘導:青 (360–480nm) と遠赤 (700–750nm) 打ち消し:青 (360–480nm)	種子発芽の誘導、胚軸伸長の抑制など	光照射下で生合成が抑制され (I型)、暗所下でPfr型消失が早く、主に脱黄化過程での機能。超低光量での種子発芽誘導(VLFR反応)、打ち消しは起こらない、FR光の高照射による胚軸伸長抑制 (FR-HIR反応) に関与。
	phyB	誘導:赤 (540–690nm) 打ち消し:遠赤 (695–780nm)	種子発芽の誘導、胚軸伸長の抑制など	生合成は光環境の影響を受けず (II型)、暗所下のPfr型の消失はゆっくりで、主として緑化植物で機能。低光量での種子発芽誘導(LFR反応)、R光の高照射による胚軸伸長抑制 (R-HIR反応:避陰反応) に関与。
	phyC, phyD	誘導:赤 (660nm付近) 打ち消し:遠赤 (730nm付近)	胚軸伸長の抑制など	R光連続照射下で胚軸伸長を抑制。
クリプトクロム (cryptochrome)	cry1	青 (450nm付近)、UV-A (380nm付近)	胚軸伸長の抑制、アントシアニン合成の促進など	光照射下で安定 (分解されない。主に強光下で機能。
	cry2	青 (450nm付近)、UV-A (380nm付近)	胚軸伸長の抑制、花芽形成の促進など	UV-A、青色光、緑色光の強光下で分解 (弱光下で機能)。
フォトトロピン (phototropin)	phot1	青 (450nm付近)、UV-A (380nm付近)	光屈性、葉緑体定位運動 (集合反応)	光屈性については、弱〜強光下で機能。
	phot2	青 (450nm付近)、UV-A (380nm付近)	光屈性、葉緑体定位運動 (集合・逃避反応)	光屈性については、強光下で機能。葉緑体の逃避反応は強光下でも起こる。
ZTL(ZEITLUPE) (Flavin-binding, Kelchi-repeat, F-box)	FKF1, ZTL, LKP2 など	青 (450nm付近)、UV-A (380nm付近)	光による概日時計の制御	ZTLは転写レベルではタなどにピークを示す日変動を示すが、タンパク質レベルではタンパク質以外の補因子と複合体をつくり実際に機能するフォトトロピン1タンパク質 (ホロタンパク質) だけを示す場合はPHOT1 (大文字ローマン体)、そのアポタンパク質 (アポタンパク質部分) が青色光下でZTLタンパク質を安定化する作用をもつことによる。

* 遺伝子とその遺伝子産物であるタンパク質は以下のルールで表記されている。例えば、タンパク質以外の補因子と複合体をつくり実際に機能するフォトトロピン1タンパク質 (ホロタンパク質) はphot1 (小文字ローマン体)、そのタンパク質 (アポタンパク質) だけを示す場合はPHOT1 (大文字ローマン体)、機能をコードする遺伝子はPHOT1 (大文字イタリック体)、機能を失った突然変異遺伝子はphot1 (小文字イタリック体) で示す。

第11章　LED下における園芸植物の光応答反応

反応は青色光で促進されるが，これには青色光受容体のクリプトクロムとZTLが関与する。クリプトクロムが青色光を受容するとCOP1活性を抑制する。COP1は暗黒下では花成ホルモン遺伝子（*FT*）発現を促進するCOを分解する作用をもつ。ZTLは青色光を受容するとCO発現を抑制するCDF2を不活性化し，CO発現を促進する。従って，青色光は，クリプトクロムによるCOの安定化とZTLによるCO合成増の両面から*FT*発現を促進することでシロイヌナズナの花成反応を促進している。

3　異なる光質下での植物の反応

近年，様々な場面で光質の制御を通して成長・分化を調節する試みが行われている。福岡農試の山田ら[7]は，トルコギキョウ（*Eustoma grandiflorum*）の開花が暗期中断を行う光の赤色光（R）:遠赤色光（FR）比により制御されていることを明らかにし，比が小さい（FRが多い）光環境下では開花が早まり，比が大きい（Rが多い）光環境下では開花が遅れることを明示した（図1）。組織培養苗生産でもLEDが光源として用いられ，シュートの発根やその後の成長に光質が影響することが示されている[8]。トマト（*Solanum lycopersicum*）の接ぎ木に用いる台木は下胚軸が長い方が作業性は高まるが，育苗時のEOD（End of day）-FR照射の有効性と適正放射量が明らかにされている[9]。ストック（*Matthiola incana*），キンギョソウ（*Antirrhinum majus*）などの長日性の花卉の栽培においてもEOD-FR照射は，花茎伸長や開花を促進することが知られている[10]。また，新井・大石[11]は，観葉植物の草姿改善を目的に夜間に4時間のLED照明（$0.2W/m^2$）を行い，赤色光はアフェランドラ（*Aperandra squarrosa*）の茎伸長を抑制

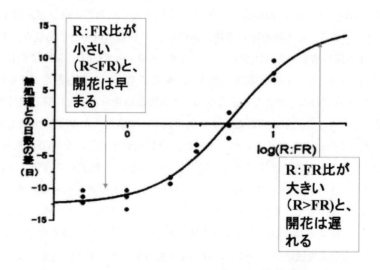

図1　トルコギキョウの開花に及ぼす暗期中断光の光質の影響[7]
　　暗期中断は22:00〜3:00に実施。FR蛍光灯とR蛍光灯の照射。

し，遠赤色光はスパティフィラム（*Spathiphyllum*）の花茎伸長を促進して，いずれも LED の夜間照射により草姿が改善できることを示し，また照射時期は 0:00～4:00 よりも 20:00～24:00 の方がより効果が高いことを明らかにしている。この他にも，機能性成分含量を高める目的で野菜，ハーブ，薬用植物に LED 照射を行う事例も増えてきている。また，光照射を利用した病害防除について，緑色光[12]，UV-B に続いて青紫色の効果も報告された。青紫色 LED（ピーク波長：405nm）をトマト栽培時に点灯するとトマト煤黴病（原因菌：*Pseudocercospora fuligena*）の発生を抑制できたという[13]。さらに，2008 年頃までは点光源で広い範囲に照射するには不向きと考えられていた LED だが，高輝度化，低価格化が進み施設栽培での補光光源としての可能性も出てきている。アメリカにおいても LED の温室栽培利用についての研究プロジェクトが進んでおり，その成果の一部が公表されている[14]。以下に，上記に関連した筆者らの研究結果を紹介する。

3.1 スイートバジルの精油成分含量と節間伸長に及ぼす光質の影響

スイートバジル（*Ocimum basilicum*）を白色（青＋緑＋赤），青（ピーク波長：470nm），青緑（500nm），緑（525nm），赤（660nm）の 5 つの光環境（PPF はすべて $50\mu mol\cdot m^{-2}\cdot s^{-1}$，栽培温度は 24±2℃）で 70 日間栽培し，成長と葉中の精油成分含量を調べた[15]。その結果，生体重は緑 LED 区が最大となったが，精油成分含量は青 LED 区で最も高く，緑，赤 LED 区では著しく低かった。スイートバジル以外のハーブや薬用植物についても光質の影響をみた研究があるが，機能性成分含量が青色光照射下で高まったという報告が多い。光質制御は，野菜のみならずハーブ，薬用植物などの品質向上に有効な技術として期待される[2]。

白色光下で栽培中のスイートバジルを短期間青色光で栽培することで精油成分含量を高められるかを検討していたところ，節間伸長に大きな変化がみられた[16]。白色蛍光灯下（$80\mu mol\cdot m^{-2}\cdot s^{-1}$PPF）で育苗し第 3 節の葉の葉身長が約 3cm に達した苗を白色光（W）または青 LED 光（B）下で 4 週間栽培したが（PPF はいずれも $80\mu mol\cdot m^{-2}\cdot s^{-1}$），途中で相互に移動して栽培光を変更した。表 2 に示した試験区の意味は，例えば W3B1 なら白色光下で 3 週間，その後青 LED 光下で 1 週間栽培したことを意味する。4 週間栽培後の主枝長に有意差は無かったものの，各節間長には大きな差がみられた。全期間白色光下で栽培した W4B0 区はもっとも節数が多く，各節間長は 7cm 前後で比較的小さかった。全期間青色光下の B4W0 区の第 1～3 節間は W4B0 区よりも長く，青色光は節間伸長を促進した（図 2）。白色光から青色光下に移すと節間伸長はさらに促進され，W1B3，W2B2 区では 12cm を越える節間もあった。その一方で，第 5 節以上の節間伸長は小さく，節数の減少もみられた。一方，青 LED 光から白色光に移した場合，下位節間の伸長は促進されるが上位節間の伸長は著しく抑制され，節数も少なくなった（表 2）。以上のように，白色光で栽培中に一時的に青色光を照射すると，下位節間を著しく伸長させるが，上位の葉展開は減少し，全期間白色光下の場合と比べると乾物重は半減するなど，全体的には成長を抑制することが明らかであった。一時的に光質を変化させて機能性成分等の増量を図る場合，

第11章　LED下における園芸植物の光応答反応

成長など他の形質にも影響が及ぶことに注意する必要がある。

3.2　観葉植物における赤LED単色光のクロロフィル形成阻害

陽光下やメタルハライドランプ等でみられる強光障害（high light-damage または photo-bleaching）は，通常PPFで1000μmol・m^{-2}・s^{-1}以上で起こるとされる。しかし，ベンジャミンゴム（*Ficus benjamina*）を青，緑，赤LED光下で栽培したところ，PPF 200μmol・m^{-2}・s^{-1}の赤LED（660nm）光下で特異的に既存葉の黄化（新展開葉では白化）が起こることが観察された[17,18]。そこで，ポトス（*Epipremnum aureum*），シェフレラ（*Shefflera arboricola*），ペペロミア（*Peperomia grebella*），テーブルヤシ（*Chamedorea elegans*），ディフェンバキア（*Diffenbachia*）'カミーラ'の5種をPPF 150μmol・m^{-2}・s^{-1}の赤LED光下および白色光下（青＋緑＋赤LEDの混合光）で76日間栽培してSPAD値を比較した。ポトス，テーブルヤシ，ディフェンバキアについては有意差がなかった（表3）が，ディフェンバキア'カミーラ'の葉身周辺部の緑色部では有意差は無かったものの中斑の淡緑色部が赤LED下では白化していた。シェフレラとペペロミアでは赤LEDで明らかなSPAD値の低下がみられ，ベンジャミンゴム同様の反応を示した（表3）[19]。この黄化の原因を探るためベンジャミンゴムの葉身中

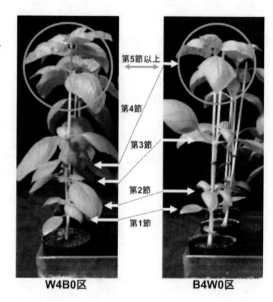

図2　スイートバジルの茎節間伸長に及ぼす光質の影響
光質処理開始から2週間目に撮影。第一節間（本葉第1節と第2節の間）から既に両区に差が生じている。

表2　スイートバジルの主枝伸長に及ぼす青色光の照射時期と期間の影響（n=5）

試験区	全地上部		主枝長 (cm)	主枝節数	主枝節間長 (cm)				
	乾物重 (g)	乾物率 (%)			第1	第2	第3	第4	第5<
W4B0	2.10	12.99	52.8	11.0	5.36	6.82	7.98	8.94	19.6
W3B1	1.41	10.00	48.5	9.6	5.30	6.60	7.82	8.44	16.5
W2B2	1.33	9.00	52.2	9.6	5.08	6.86	10.06	12.16	14.3
W1B3	0.98	9.54	45.9	8.3	6.68	12.08	12.33	7.25	3.0
B4W0	0.97	9.03	46.9	9.0	8.86	9.66	9.32	7.48	6.6
B3W1	1.30	11.11	37.6	9.4	8.18	9.06	7.64	4.86	3.8
B2W2	1.44	12.17	40.8	10.0	7.22	8.06	5.44	5.14	10.7
B1W3	1.69	11.80	46.8	10.0	6.10	5.96	6.72	7.52	7.2
*F*検定	**	**	NS	**	**	**	**	**	**

表3 観葉植物5種のSPAD値の変動に及ぼす栽培時の光質の影響

植物種	光質	SPAD値 既存葉 処理開始時	SPAD値 既存葉 処理76日目	SPAD値 新展開葉 処理76日目
ポトス	白色光[Z]	50.4	50.7	なし
	赤LED	52.1ns	48.2ns	なし
シェフレラ	白色光	72.1	56.7	38.5
	赤LED	70.2ns	46.1*	18.3**
ディフェンバキア	白色光	47.9	48.1	なし
	赤LED	50.6ns	54.8ns	なし
ペペロミア	白色光	60.7	52.8	44.8
	赤LED	65.0ns	39.7**	26.6**
テーブルヤシ	白色光	36.3	23.2	なし
	赤LED	32.6ns	27.7ns	なし

Z：白色光は青，赤，緑LEDの混合光。両区ともPPFは150μmol・m^{-2}・s^{-1}。

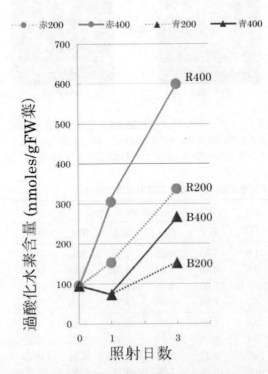

図3 青または赤LED光をスポット照射したベンジャミンゴム葉身中の過酸化水素含量の推移

の過酸化水素含量を測定したところ，図3に示したように，赤LED下では青LED下に比べPPFが高いほど過酸化水素の蓄積が著しく[19]，これがクロロフィル破壊の原因となったと思われる。ベンジャミンゴム葉にPPF400μmol・m^{-2}・s^{-1}の赤LEDスポット光を照射すると葉の黄化だけでなく組織の壊死が数日以内に起こる[17]。植物は過剰な強度の光による傷害発生を回避するため，キサントフィル・サイクルを使って，過剰な光エネルギーを熱に変換して体外に放出することが知られている[20]。キサントフィルはカロテノイドの一種であり，主に青色光を吸収し，赤色光は吸収しない。コムギにおいて青色光下ではストレスによる細胞内の酸化（oxidation）が軽減されることが知られており[21]，太陽光や白色光には青色光が含まれているため，赤色光による葉緑体へのダメージを軽減していると予想される。以上のように，単色光として赤色光領域を利用する場合は，比較的低いPPFでも植物種によっては強光障害が起きる可能性があることに留意する必要がある。

3.3 シソの長日下での成長・開花反応

シソ（*Perilla frutescence*）は，典型的な短日植物（限界日長は約14時間）として古くから花成反応解析の研究材料として利用されてきた。そこで，成長解析を主に想定して16時間照明／8時間暗黒の長日条件下で各種LEDを光源として栽培し，成長・開花に及ぼす光質の影響を検討した[5]。試験には，青ジソの'青ちりめん'，赤ジソの'赤ちりめん'と葉の裏表で色素形成

第11章　LED下における園芸植物の光応答反応

が異なる'芳香うら赤ちりめん'の3品種を用いた。光源は，白色蛍光灯，青（470nm），青緑（500nm），緑（525nm），黄（590nm），赤（660nm）の6種LEDとし，PPFはすべて50μmol・$m^{-2}・s^{-1}$とした。その結果，長日の非誘導条件にもかかわらず，3品種とも緑色光下では花芽分化しており，'赤ちりめん'，'芳香うら赤ちりめん'では処理開始後30日程度で発蕾した（表4）。一方，青色光下では3品種とも花芽分化が完全に抑制された。黄色光，赤色光下の反応には品種間差がみられ，'赤ちりめん'では赤色光下では花芽分化が抑制されたが，'芳香うら赤ちりめん'では遅れたものの発蕾した（表5）。以上のように，シソの花成反応は青および赤色光の光受容体，クリプトクロムとフィトクロムの双方により制御を受けると思われた。また，フィトクロムによる花芽発達の制御には品種により強弱があり，'青ちりめん'＞'赤ちりめん'＞'芳香うら赤ちりめん'の順であった。

　長日条件にもかかわらず緑色光下で3品種すべてに花芽分化がみられたため，緑色光のPPFを変えて花成反応に及ぼす影響を検討した[5]。PPFを20, 40, 80, 150μmol・$m^{-2}・s^{-1}$（いずれも16時間照明/8時間暗黒）とし，'赤ちりめん'と'芳香うら赤ちりめん'を栽培したところ，両品種とも緑色光のPPFを高めるほど花成反応が抑制される結果となった（表5）。シソの長日条件下における花成反応と光質の作用を光受容体から考えてみると，用いたLEDのうち青，青緑LEDはクリプトクロム，赤LEDはフィトクロムに受容されるが，緑LEDはちょうど両光受容体の狭間の光で殆ど受容されない（図4）。しかし，PPFを高めていくとクリプトクロム，フィトクロム（特に赤色光吸収型のPr）の吸光領域に関与するようになる（図4の太矢印参照）。浜本[22]は，数種の園芸作物に対し，さまざまなLEDを用いて短日期に暗期中

表4　長日条件下におけるシソ3品種の花成反応に及ぼす光質の影響（平均値±SE. n=3）

品種名	光条件	花芽分化率(%)	発蕾率(%)	発蕾日数(日)
青ちりめん	蛍光灯	0	—	—
	青LED	0	—	—
	緑LED	100	0	—
	赤LED	0	—	—
赤ちりめん	蛍光灯	0	—	—
	青LED	0	—	—
	青緑LED	0	—	—
	緑LED	100	100	31.3±1.7
	黄LED	100	100	58.7±7.0
	赤LED	0	—	—
芳香うら赤	蛍光灯	100	0	—
	青LED	0	—	—
	青緑LED	0	—	—
	緑LED	100	100	31.0±1.6
	黄LED	100	100	30.7±0.3
	赤LED	100	100	45.3±0.7

表5　シソの発蕾に及ぼす緑色光PPFの影響（n=3. 平均値±SE）[5]

緑色光PPF (μmol・$m^{-2}・s^{-1}$)	赤ちりめん		芳香うら赤	
	発蕾率(%)	発蕾日数	発蕾率(%)	発蕾日数
20	100	27.7±0.3	100	26.0±0.0
40	100	34.3±3.3	100	37.3±1.4
80	33.3	39.0±0.0	100	39.0±1.2
150	0	—	100	44.2±0.9

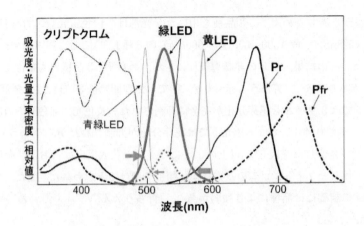

図4 用いた LED の発光スペクトルおよび光受容体の吸光スペクトル[5]

断（22:00～2:00）を行って花成反応を調査し，フィトクロム光平衡値（Pfr/P：FR 吸収型フィトクロム/全フィトクロム）から興味深い解析をしている。用いた LED は紫外（379nm），紫（430nm），青（465nm），緑（525nm），赤（658nm）の5種で，分光光量子分布から求めた Pfr/P はそれぞれ 0.77, 0.53, 0.54, 0.84, 0.89 だった。短日植物の青シソでは紫外，緑，赤 LED 光の暗期中断により花成は完全に抑制され，紫，青 LED 光では弱く抑制された。一方，長日植物のホウレンソウ（*Spinacia oleracea*）では紫外，緑，赤 LED 光で花成が起こり，紫，青 LED 光では花成は誘導されなかった。花成現象と Pfr/P 値に強い相関がみられ，フィトクロムによる吸収率の低い緑色光でも Pfr/P 値は高く，暗期中断による長日処理効果が得られると考察している。また，短日開花性を示すアオウキクサ（*Lemna pausicostata*）と長日開花性を示すイボウキクサ（*Lemna gibba*）を用いて，様々な明暗周期および連続照明下における花成に及ぼす光質の影響が調べられている[23,24]。アオウキクサは短日条件（8時間明/16時間暗）では赤，緑色光で強い花成反応，長日条件（16時間明/8時間暗）では赤，緑色光では強い抑制，青，遠赤色光で弱い花成反応，連続照明下では赤色光では強い抑制，青，遠赤色光で強い花成反応が見られたのに対し，イボウキクサではアオウキクサと対称的な反応を示し，連続照明下での両種の花成反応は Pfr/P 値の変動と強い関連が示唆された（図5）。浜本[22]は，光質の作用を解析する際，特にフィトクロムが光受容体として関与する反応では Pfr/P 値は良い指標となるかもしれないと述べている。

3.4 LED 補光による成長促進・品質向上

ここ数年の間に照明用白色 LED の高輝度化が著しく進んでいる。そこで，照明用白色 LED を用いた光合成促進を目的とした補光栽培が試みられている。古藤らは，スイートピー[25]およびポットバラ[26]にハイパワー型白色 LED を用い，従来から用いられている光源である水銀灯や高圧ナトリウム灯（HPS）との補光効果の比較を行った。

第 11 章　LED 下における園芸植物の光応答反応

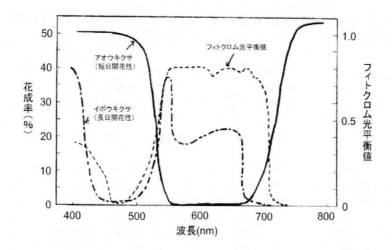

図5　連続照明下でのアオウキクサとイボウキクサの花成と光質の関係[24]

　スイートピーは曇天日が2日以上続くと落蕾が発生し切り花品質が低下する。落蕾防止に過去に補光が試みられたが経費等の問題から普及していない[27]。試験では，神奈川県寒川町の生産農家の栽培施設に，過去に研究例がある水銀灯（H250（250W），岩崎電気）と電力消費が30%減となるようにハイパワー LED（LLM0172A（15W），スタンレー電気）を設置した。夜間の補光時の照度は，花頂部で水銀灯区が 1,400 lx，LED 区が 4,500 lx となった。試験を実施した 2010 年1〜2月は例年よりも晴天日が多かったが，無補光に比べ補光を行った区では切り花品質が向上した（蕾が4つ以上（4P）の割合が，無補光：68.5%，水銀灯区：79.3%，LED 区：86.6%）。電源を含んだ LED ユニットを 18,000 円とし，水銀灯との設置費用ならびにランニングコストの差から，イニシャルコストの差は5年間で回収可能と試算された[28]。

　ポットバラは小輪系から中輪，大輪系に品種が移行してきており，高品質の鉢花に仕上げるのにより多くの日照を要する。冬期の寡日照期にはブラインド枝が多発する品種もあり，補光光源として HPS の導入が進んできている。冬期は HPS の点灯により品質向上だけでなく，光源からの発熱が暖房費軽減に寄与するが，電気使用は年間契約であり HPS が不要な夏期でも基本料金は変わらず年間を通した電力コストは膨大となる。試験は岐阜県本巣市のセントラルローズナーセリーの HPS（GAVITA GAN400AL：450W）設置温室内で実施した。LED（LLM0311A：31W）設置場所は HPS を消灯し，周囲の HPS からの放射を遮るため，夜間補光時（1:00〜7:00）のみ遮光幕で覆った。2回摘心した'バーレッタ・フォーエバー'を供試し，2011 年2〜3月に実施した。PPF は，HPS 区は 120μmol・m^{-2}・s^{-1}，LED 区は 100μmol・m^{-2}・s^{-1} だった。補光の効果はどちらの光源でもみられたが，LED 区よりも HPS 区の方が優った。この試験では LED 区の PPF を 100μmol・m^{-2}・s^{-1} まで高めたが，HPS 区に比べ LED 区はシュートの成長や発蕾シュート率が劣った。摘心を適期に行った結果，従来区と長期区を比較すると長期区が優り，補光はピンチ前から行う方がさらに効果が高まることが示された（表6）。この試験は生産

表6 'バーレッタ・フォーエバー' シュートの成長・開花に及ぼす補光の光源および開始時期の影響（n=6～24．平均値±SE）

補光条件		PPFD (μmol・m⁻²・s⁻¹)	全地上部重 (gFW/株)	総シュート数* (本/鉢)	有効シュート**			
処理区	補光開始時期				本数 (本/鉢)	長さ (cm)	花蕾数 (個/シュート)	発蕾シュート率 (%)
無補光区（対照）	―	―	6.3±0.2	19.2±1.0	3.7±0.3	16.5±1.8	0.7±0.2	50.0
LED 従来	摘心時	100	9.7±0.2	18.9±0.5	5.0±0.2	17.5±0.5	0.7±0.1	54.5
LED 長期1週	摘心前1週間	100	9.9±0.5	21.2±1.1	4.6±0.2	17.9±0.5	1.1±0.1	79.6
LED 長期2週	摘心前2週間	100	10.7±0.4	21.8±1.2	4.5±0.3	19.4±0.9	1.0±0.2	67.9
HPS 従来	摘心時	120	12.9±0.5	23.1±0.7	5.5±0.2	20.1±0.6	0.9±0.1	58.3
HPS 長期1週	摘心前1週間	120	12.7±0.5	22.4±0.6	5.2±0.2	22.7±0.4	1.1±0.1	83.9
HPS 長期2週	摘心前2週間	120	11.2±0.3	24.1±0.6	3.9±0.2	22.9±1.0	1.0±0.1	85.1

＊：長さ5cm以上のシュートを調査対象とした． ＊＊：長さ10cm以上，重さ1gFW以上のシュート．

法人の施設運営の都合もあって，LED区の日中の日射量がやや少なく，夜間の気温も遮光幕の影響で2～4℃低く推移するなど環境条件を揃えることが出来なかったが，白色LEDによる補光はポットバラの品質向上に十分な効果があったと考えている。実際に栽培施設内に設置する際には灯具の設計などを含めて検討課題はあるが，白色LEDの補光光源へ利用の可能性は高いと思われる。一段密植栽培トマトにおいても，白色LED補光の有効性が認められており，白色LED放射光に多く含まれる緑色光の効果を推察している[29]。葉肉組織内では青，赤色光よりも緑色光がより深く入り込み光合成に寄与しているとされる[30]。一方で，掻き菜'チマサンチュ'の人工光栽培においては赤単色光に青や緑色光を付加しても効果がないという報告[31]もある。蛍光体を変えることで赤色光成分を多くした白色LEDもあり（図6），今後の検討課題である。

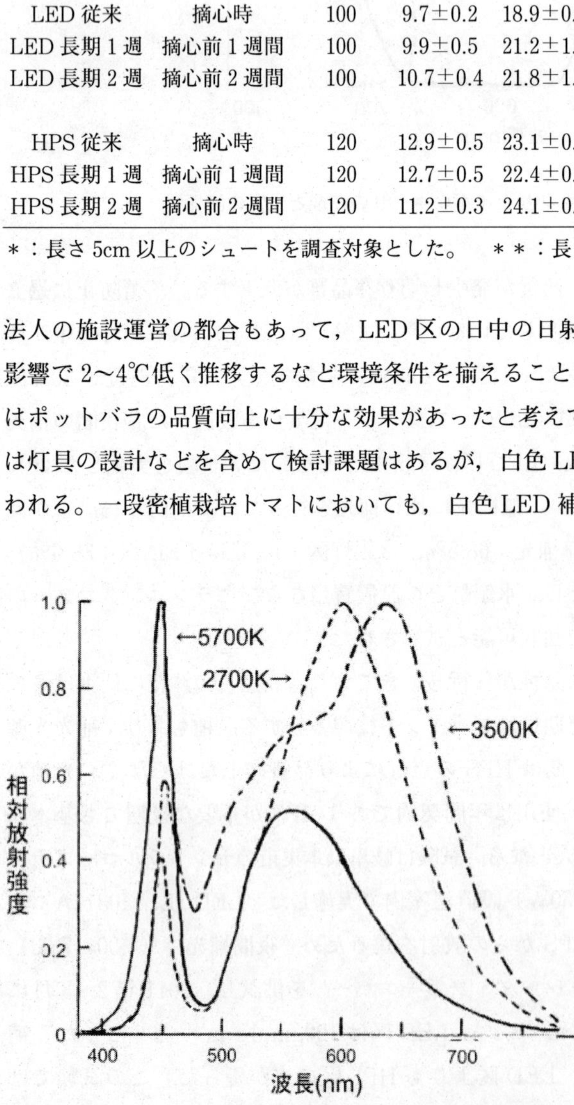

図6 蛍光体の違いによる照明用白色LEDの発光分布の変化
　　ピーク波長460nmLEDと蛍光体による発光

4 植物の光応答反応の解析と光環境評価の問題点

4.1 ペチュニアの育苗環境がその後の成長・開花に及ぼす影響[32]

育苗中の光環境がその後の成長に影響することが明らかになっている。例えば，Oh ら[33]はペチュニア，パンジーについて，育苗時補光の開始時期と期間が苗品質に大きく影響することを示している。そこで，ペチュニア'バカラブルー'を播種後異なる光環境下で3週間育苗し，その後同一の環境下で栽培して成長・開花を比較し，育苗時の影響がどの程度持ち越されるかを検討した。育苗は 288 穴セルトレー，栽培は 3.5cm ポット（容量 20mL）で行い，いずれも用土にはメトロミックス 360 を用いた。放射量の影響については，PPF・照明時間を変えて日積算放射量（mol・m^{-2}・day）を3段階設け育苗した。光質の影響については，青（470nm），緑（525nm），赤（660nm）LED 下（いずれも 80μmol・m^{-2}・s^{-1}）で育苗した。育苗を終えた苗は移植後，白色蛍光下（16 時間照明/8 時間暗黒，100μmol・m^{-2}・s^{-1} PPF，23±2℃）で6週間栽培した。育苗終了時の苗の生育を表7, 8に，栽培後の成長・開花の結果を表9, 10に示した。PPFが同じ場合（100μmol・m^{-2}・s^{-1}）や日積算放射量が同じ場合は照明時間が長い方が苗の乾物重が大きく，主枝も長くなる傾向がみられた（表7）。育苗時の光質については，青色光下で乾物重，主枝長，比葉面積が大きくなり，緑色光で乾物重は最も小さかった（表8）。これらの苗を同じ条件下で6週間栽培した結果，地上部重に差はみられなくなったが（表9, 10），葉数や側枝数には差がみられ，育苗時の日積算放射量が高いとより多くの側枝，葉を形成し，育苗時のPPF が栽培時より高かった 150μmol・m^{-2}・s^{-1} 区では小花数の減少がみられた（表9）。単色光

表7 育苗時の PPF，照明時間（白色蛍光灯）がペチュニア苗の生育に及ぼす影響

PPFD (μmol・m^{-2}・s^{-1})	照明時間 (hr)	日積算放射量 (mol・m^{-2}・days^{-1})	地上部重（mg／株）		主枝長 (mm)	比葉面積 (cm^2 g^{-1})
			生体重	乾物重		
33	24	2.9	326.6b	27.7ab	2.8ab	30.8a
100	8	2.9	204.6c	13.6c	2.4b	31.0a
100	16	5.8	411.8a	31.1ab	3.2a	25.1b
100	24	8.6	328.6b	34.3a	3.1a	22.7c
150	16	8.6	369.6b	33.6ab	2.0c	22.2c

表8 育苗時の光質がペチュニア苗の生育に及ぼす影響

LED 光源 (ピーク波長)	育苗時の光環境			地上部重（mg／株）		主枝長 (mm)	比葉面積 (cm^2 g^{-1})
	PPFD (μmol・m^{-2}・s^{-1})	照明時間 (hr)		生体重	乾物重		
青（470nm）	80	16		340.2a	21.9a	3.7a	34.6a
緑（525nm）	80	16		231.6b	15.6b	2.4b	35.1a
赤（660nm）	80	16		236.9b	18.6ab	2.1b	31.2b

表9　育苗時のPPF，照明時間（白色蛍光灯）が移植後のペチュニアの成長・開花に及ぼす影響

育苗時の光環境			地上部重（g/株）		主枝長（cm）	側枝数（本/株）	全葉数（枚/株）	全小花数（個/株）
PPFD (μmol・m^{-2}・s^{-1})	照明時間（hr）	日積算放射量（mol・m^{-2}・$days^{-1}$）	生体重	乾物重				
33	24	2.9	5.6a	0.63a	1.9b	9.3ab	112.0b	2.3b
100	8	2.9	5.7a	0.63a	2.8a	9.3ab	121.8ab	3.8b
100	16	5.8	6.3a	0.67a	2.4b	8.8b	116.8b	5.5a
100	24	8.6	6.0a	0.62a	2.4b	11.0a	141.8a	2.3b
150	16	8.6	5.9a	0.61a	2.3b	10.3a	143.5a	0.5c

表10　育苗時の光質が移植後のペチュニアの成長・開花に及ぼす影響

育苗時の光環境			地上部乾物重（g/株）	主枝長（cm）	側枝数（本/株）	小花数（個/株）	
LED光源（ピーク波長）	PPFD（μmol・m^{-2}・s^{-1}）	照明時間（hr）				主枝	側枝
青（470nm）	80	16	0.53a	1.9b	6.0b	1.8a	7.8a
緑（525nm）	80	16	0.54a	2.9ab	6.3b	2.8a	7.5a
赤（660nm）	80	16	0.55a	3.5a	8.3a	2.8a	6.8a

下から白色光に移した場合，育苗時に最も主枝長が長かった青色光区では最も短く，最も短かった赤色光区で最も長くなった。以上のように3週間の育苗時の光環境は，その後の成長・開花に影響することが明らかだった。栽培環境は同一にしていても，育苗環境が異なると栽培時の光量や光質に対する反応が変化する可能性があり，試験の再現性を高めるためには育苗環境にも十分留意しなければならない。

4.2　栽培時と暗期中断時の光質とその作用評価

　3.3節で述べたシソやウキクサのように短日条件，長日条件，連続照明下での栽培時の光，また暗期中断時の光では，同じ光質であっても，その作用が異なる例がみられる。過去の研究報告について表11[34]にまとめた。単色光で栽培される植物は，自然にはない特殊な環境下にあり，フィトクロムなど光受容体の状態も白色光下とはかなり異なっていることが予想される。夜間補光についても栽培時に受けた光条件が補光時の作用に影響する可能性もあり，光質の作用といっても非常に複雑である。また，光周反応はフィトクロムの作用で解釈されることが多いが，他の光受容体との関連など未解明な点も多い。前述のシソは青色光の長日条件下で栽培すると完全に花芽分化が抑制されるが，同じ短日植物のキクでは花芽分化は抑制されない。従って，シソではクリプトクロムとフィトクロムの双方が花成制御に関わるが，キクではフィトクロムのみで制御されていると推察され，光周反応においても植物種により制御系が異なることが予想される。ま

第11章　LED下における園芸植物の光応答反応

表11　花成反応に及ぼす栽培時または夜間補光時の光質の影響[34]

光周反応タイプ	植物名	栽培光 促進	栽培光 抑制	夜間補光 促進	夜間補光 抑制
短日植物	エキザカム	青	赤	?	?
	アサガオ	青	赤	?	赤
	キク	?	赤	?	赤
	シソ	?	青,赤	?	赤・緑
中性植物	トマト	赤	?	?	?
	バラ	青	赤	緑	?
	ヒマワリ	青	?	?	?
	タバコ	青	?	?	?
長日植物	シロイヌナズナ	青	赤	遠赤	?
	シュッコンカスミソウ	?	?	遠赤	?
	ストック	?	?	遠赤	?
	トルコギキョウ	赤	?	遠赤	赤
	ペチュニア	青	赤	赤	?
	ホウレンソウ	赤	青	?	?

注：表中の？は，未検討，報告がないことを示す。

た，キクの暗期中断にLED利用が試みられているが，さまざまな結果が報告され評価が分かれている。研究者により結果や評価が異なるケースもあり，電照用灯具としてLEDを利用するには課題が多い。品種間差も大きく，特に夏秋ギクについてはR＋FR照射により花芽形成が抑制されることから，フィトクロムを介した制御系の一部が変異している可能性が示唆されている[35]。用いるLEDのピーク波長や放射強度，照射時間，作型などにより，夜間電照の花芽抑制効果に違いが生じていると思われる。光環境の効果を評価するには，実際に植物が受け取っている光質（分光光量子分布）とその量（光量子束密度）を正確に把握することが重要であるが，測定機器が高価なことから現状は簡易に測定されているケースが多い。久松[10]が指摘しているように，結果の相互比較を行う上で，光環境の測定・評価に何らかの基準が必要である。PPF測定に光量子センサーが広く用いられるようになったが，このセンサーは400～700nmの範囲の光量子束密度は評価できるものの，この範囲からはずれる遠赤・赤外光や紫，紫外光などにピーク波長をもつLEDには使えない。また，400～700nmの範囲内であっても，LED光の波長域は狭く，ラフな測定器ではかなりの誤差を含むので注意が必要である。簡易な測定器を用いる場合は，予備的に一度は正確な機器で測定した値と用いる機器の値を照合して，相対的に評価できるように準備した方が良い。

文　　献

1) 後藤英司（監），アグリフォトニクス，p.298，シーエムシー出版（2008）
2) 高辻正基・森康裕，LED 植物工場，p.42-127，日刊工業新聞社（2011）
3) 天野　浩，「光の日」公開シンポジウム 2012 講演資料，p.1-4,（独）日本学術振興会（2012）
4) 田澤信二，照明学会誌，**96**（8），（印刷中）（2012）
5) 雨木若慶，O plus E, **33**, 22（2011）
6) 稲垣言要・廣瀬文昭，月刊ディスプレイ，**16**（11），50（2010）
7) A. Yamada et al., *Sci. Hortic.*, **120**, 101（2009）
8) A. Gu et al., *HortScience*, **47**, 88（2012）
9) P.-L. Chia and C. Kubota, *HortScience*, **45**, 1501（2010）
10) 久松　完，施設と園芸，**148**, 18（2010）
11) 新井　聡・大石一史，園学研., **10**（別2），256（2011）
12) R. Kudo et al., *Acta Hortic.*, **907**, 251（2011）
13) A. Tokuno et al., *Environ. Control Biol.*, **50**, 19（2012）
14) C.A. Mitchell et al., *Chronica Horticulturae*, **52**, 6（2012）
15) W. Amaki et al., *Acta Hortic.*, **907**, 91（2011）
16) 雨木若慶ほか，園学研., **11**（別1），386（2012）
17) 雨木若慶ほか，園学研., **6**（別1），497（2007）
18) 赤堀奈緒ほか，園学研., **8**（別1），429（2009）
19) 佐無田真，東京農業大学農学部学士論文，p.20（2010）
20) B.A. Logan et al., pp.477-512. In: G.S. Singhal et al.（eds）, Concepts in photobiology, Kluwer Academic（1999）
21) H.F. Causin et al., *Plant Science*, **171**, 24（2006）
22) 浜本　浩，園学研., **11**（別1），394（2012）
23) Y. Esashi and Y. Oda, *Plant Cell Physiol.*, **7**, 59（1966）
24) Y. Ishiguri et al., *Plant Cell Physiol.*, **16**, 521（1975）
25) 古藤澄久ほか，園学研., **9**（別2），540（2010）
26) 古藤澄久ほか，園学研., **11**（別1），448（2012）
27) 井上知昭，スイートピーをつくりこなす，p.53-65, 農文協（2007）
28) 平成21年度施設園芸省エネ新技術等開発支援事業報告書，p.33-41,（社）日本施設園芸協会（2010）
29) N. Lu et al., *Environ. Control Biol.*, **50**, 63（2012）
30) I. Terashima et al., *Plant Cell Physiol.*, **50**, 684（2009）
31) 斎藤裕太ほか，植物環境工学，**24**, 25（2012）
32) 土屋優人，東京農業大学大学院農学研究科修士論文，p.51（2011）
33) W. Oh et al., *HortScience*, **45**, 1332（2010）
34) 雨木若慶・平井正良，月刊ディスプレイ，**16**（11），44（2010）
35) Y. Liao et al., *Hort. Res.*, **11**（Suppl. 1），173,（2012）

第12章　光制御による野菜の高品質化

庄子和博[*]

1　はじめに

　超高齢社会の到来や国民の健康志向の高まりを背景に，ポリフェノールやビタミンなどの機能性物質を多量に含む野菜を求める消費者が増加している。筆者らの研究グループでは，植物工場の要素技術開発の一環として，人工光源を活用して葉菜類の可食部分の増加，徒長の抑制，機能性成分の増量などを可能とする光制御技術の開発を進めてきた。本章では，レタスとバジルのポリフェノール蓄積に関する基礎的な実験結果を紹介する。

2　サニーレタスのアントシアニン蓄積を促進する光制御

　葉にアントシアニンの蓄積による赤褐色の着色があるサニーレタスは食卓で利用される主要な野菜のひとつであるが，ガラス温室などの栽培施設において水耕栽培を行うと着色が十分に進行しないことが多く，商品価値の低下が問題となっていた。我々は，植物体内におけるフラボノイド合成に関わりが深いとされている UV-B（280～315 nm），UV-A（315～400 nm）および青色光（400～500 nm）に着目してサニーレタスのアントシアニン蓄積を促進する光制御方法の検討を行った。

2.1　青色光，UV-A および UV-B の夜間照射がサニーレタスの成長と着色に及ぼす影響[1]

　サニーレタス'晩抽レッドファイヤー'を供試し，光周期は昼／夜間を 12/12 時間とした。昼間照射の光源は白色蛍光ランプとし，光合成有効光量子束密度（PPFD）を 120 μmol m^{-2} s^{-1} に設定した。夜間照射の光源は UV-B，UV-A および青色光の蛍光ランプとし，放射照度をそれぞれ，1.0 Wm^{-2}（2.6 μmol m^{-2} s^{-1}），2.5 Wm^{-2}（7.7 μmol m^{-2} s^{-1}）および 9.4 Wm^{-2}（60 μmol m^{-2} s^{-1}）に設定した。夜間に青色光を照射すると，無処理と比べて，全乾物重，葉乾物重および葉面積が増加した（表1）。UV-B を照射すると，無処理や青色光を照射した場合と比べて，全乾物重，葉乾物重および葉面積は減少した。一方，UV-A を照射しても，無処理と比べて成長に差異は認められなかった。アントシアニン含量は，UV-B と青色光をそれぞれ単独で照射した場合，無処理と比べてともに約3倍に増加したが，UV-A を照射しても変化しなかった。青色光

　　＊　Kazuhiro Shoji　（一財）電力中央研究所　環境科学研究所　バイオテクノロジー領域
　　　　主任研究員

ランプの放射照度は UV-B 蛍光ランプの 9.4 倍であったが,両実験区のアントシアニン含量に有意差はなかった。UV-A ランプの放射照度は UV-B ランプの 2.5 倍であったが,アントシアニン含量に及ぼす影響は認められなかった。したがって,最も少ない放射照度でサニーレタスのアントシアニンの蓄積を促進できるのは,UV-B ランプであることが示された。

次に,UV-B ($1.0~Wm^{-2}$) と UV-A ($2.5~Wm^{-2}$) に青色光ランプ ($9.4~Wm^{-2}$) を併用して夜間照射を 14 日間行った場合の成長と着色に及ぼす影響を調べた(表2)。無処理と比べて,UV-A と青色光を併用して用いた場合や青色光を単独で点灯させた場合は全乾物重,葉乾物重および葉面積が増加した。UV-B と青色光を併用して用いると,無処理と比べて,全乾物重は増加したが,葉乾物重と葉面積に有意差は認められなかった。アントシアニン含量は,無補光と比べて,UV-B と青色光を併用すると 7.0 倍,UV-A と青色光を併用すると 3.7 倍に増加した。UV-B と青色光を併用照射すると,他の照射方法と比べて,アントシアニンの蓄積が著しく促進されることから,UV-B と青色光を併用した夜間照射は,水耕栽培サニーレタスの着色不良を改善する方法として有効であると考えられる。UV-B を単独照射すると成長は阻害されたが(表1),青色光を併用すると成長阻害は緩和されたため(表2),UV-B を夜間に利用する場合は,青色光を併用照射することが重要であることが示唆された。

表1 UV-B, UV-A, 青色光の夜間照射がサニーレタスの成長とアントシアニン含量に及ぼす影響[1]

処理区[z]	全乾物重 (g plant^{-1})	葉乾物重 (g plant^{-1})	葉面積 (cm^2 plant^{-1})	アントシアニン含量 (OD 530 nm gFW^{-1})
無処理	0.59 b[y]	0.52 b	345 b	0.58 b
Blue	1.48 a	1.32 a	776 a	1.87 a
UV-A	0.63 b	0.55 b	363 b	0.74 b
UV-B	0.38 c	0.32 c	208 c	1.83 a

[z]: UV-B, UV-A, 青色光の照射強度は,それぞれ $1.0~Wm^{-2}$ ($2.6~\mu mol~m^{-2}~s^{-1}$), $2.5~Wm^{-2}$ ($7.7~\mu mol~m^{-2}~s^{-1}$), $9.4~Wm^{-2}$ ($60~\mu mol~m^{-2}~s^{-1}$) とし,夜間照射を 14 日間行った。
[y]: 異なるアルファベット間には Tukey の多重比較検定により 5% 水準で有意差がある。

表2 青色光と UV-B, UV-A の夜間併用照射がサニーレタスの成長とアントシアニン含量に及ぼす影響[1]

処理区[z]	全乾物重 (g plant^{-1})	葉乾物重 (g plant^{-1})	葉面積 (cm^2 plant^{-1})	アントシアニン含量 (OD 530 nm gFW^{-1})
無処理	0.77 c[y]	0.70 b	520 b	0.55 c
Blue	1.43 a	1.30 a	688 a	1.67 b
UV-A+Blue	1.48 a	1.35 a	669 a	2.03 b
UV-B+Blue	0.95 b	0.86 b	513 b	3.83 a

[z]: UV-B, UV-A, Blue の照射強度は,それぞれ $1.0~Wm^{-2}$ ($2.6~\mu mol~m^{-2}~s^{-1}$), $2.5~Wm^{-2}$ ($7.7~\mu mol~m^{-2}~s^{-1}$), $9.4~Wm^{-2}$ ($60~\mu mol~m^{-2}~s^{-1}$) とした。
[y]: 異なるアルファベット間には Tukey の多重比較検定により 5% 水準で有意差がある。

第12章 光制御による野菜の高品質化

2.2 青色光と赤色光の割合がサニーレタスのアントシアニン蓄積と生合成遺伝子の発現に及ぼす影響[2]

完全人工光型植物工場におけるサニーレタスの栽培を想定して，LED（発光ダイオード）を用いて青色光と赤色光の割合がアントシアニン蓄積に及ぼす影響を検討した。光源に青色LED（ピーク波長：468 nm）と赤色LED（ピーク波長：658 nm）を備えたLED照射パネル（ISL-305×302型，シーシーエス）を用いた。光処理の間は連続光条件とし，赤色光を$100\mu mol\ m^{-2}\ s^{-1}$で照射したR100区，青色光を$100\mu mol\ m^{-2}\ s^{-1}$で照射したB100区，赤色光と青色光を混合照射したR80B20区（赤色光$80\mu mol\ m^{-2}\ s^{-1}$と青色光$20\mu mol\ m^{-2}\ s^{-1}$），R50B50区（赤色光$50\mu mol\ m^{-2}\ s^{-1}$と青色光$50\mu mol\ m^{-2}\ s^{-1}$）およびR20B80区（赤色光$20\mu mol\ m^{-2}\ s^{-1}$と青色光$80\mu mol\ m^{-2}\ s^{-1}$）の5段階を設定した。光処理から7日後に第3本葉をサンプリングしてアントシアニン含量を測定した。その結果，アントシアニン含量はB100区とR20B80区で最も高く，次にR50B50区，R80B20区の順となり，R100区で最も低かった（図1）。光処理前（Initial, 白色蛍光灯12時間日長）の値と比較すると，R100区が0.4倍と減少したが，R80B20区が1.4倍，R50B50区が1.8倍，R20B80区が2.6倍，B100区が2.7倍と増加した。すなわち，アントシアニン含量は青色光の割合が高いほど大となることが示された。

サニーレタスから単離したchalcone synthase（*CHS*），flavanone 3-hydroxylase（*F3H*），anthocyanindin synthase（*ANS*），UDP glucose-flavonoid 3-o-glucosyl transferase（*UFGT*）の4遺伝子とGenBankに登録されていたレタスのdihydroflavonol 4-reductase遺伝子（*DFR*）を対象にして，B100区，R50B50区，R80B20区およびR100区を設定し，リアルタイムPCR法による発現解析を行った。その結果，R100区では5遺伝子とも発現は認められなかったが，B100区もしくはR50B50区では*CHS*，*F3H*，*DFR*，*ANS*および*UFGT*の発現が24時間までに上昇し，48時間では低下することが確認できた（図2）。一方，赤色光の割合を80％まで高めると*F3H*，*DFR*，*ANS*の発現は24時間までに上昇し，48時間では低下したが，*CHS*と*UFGT*は大きくは上昇していなかった。以上の結果より，サニーレタスの光質に対するアントシアニンの生合成や蓄積に関する制御機構には，赤色光と青色光の割合が密接に関係していることが示唆された。

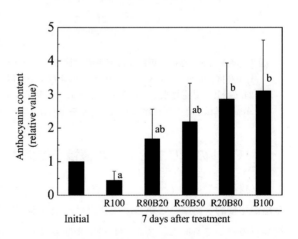

図1 連続光下における青色光と赤色光の比率がアントシアニン含量に及ぼす影響[2]

白色蛍光ランプを光源として12時間日長で18日間育苗した後（Initial），R100，B100，R80B20，R50B50，R20B80の連続光処理を7日間行った。エラーバーは標準偏差を示し，異なるアルファベット間にはTukeyの多重比較検定により5％水準で有意差がある。

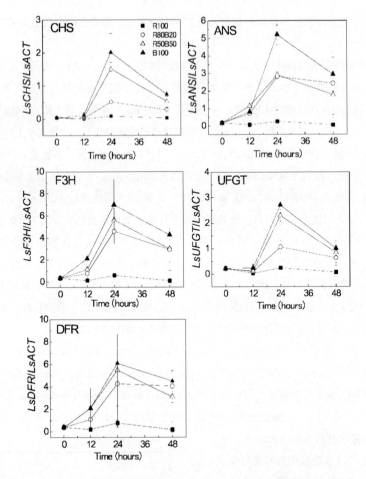

図2 連続光下における青色光と赤色光の比率がアントシアニン生合成遺伝子の発現量に及ぼす影響[2]
R 100 区，R 80 B 20 区，R 50 B 50 区および B 100 区を設定し，光照射を開始してから 0, 12, 24, 48 h に葉を採取して RNA を抽出した。リアルタイム PCR 法で遺伝子発現を定量解析し，Actin 遺伝子との存在比で発現レベルを示した。エラーバーは標準偏差を示す。

3 バジルのポリフェノール蓄積を促進する光制御

シソ科ハーブのスィートバジル（*Ocimum basilicum* L.）は熱帯アジア原産とされているが，栽培が比較的容易なことから，現在では温暖な地域で広く栽培されており，植物工場の主要な栽培品目の一つでもある。スィートバジルは多量の香気成分を含むが，同じシソ科ハーブであるレモンバームやローズマリーと比較して，生活習慣病や老化を防止する抗酸化活性を有するポリフェノールの蓄積は少ないとされてきた。人工光源を備えた植物工場では日長や光質の精密な制御を行えるため，適切な光制御条件を明らかにすれば可食部にポリフェノール類を高蓄積させて高品質化を図ることができる。そこで，光質の異なる条件でスィートバジルを栽培して抗酸化活性とポリフェノール類の蓄積量に及ぼす影響を検討した。

第 12 章　光制御による野菜の高品質化

3.1　連続光処理による抗酸化活性と総ポリフェノール蓄積量の変化[3]

温室で 6 週間生育させたスィートバジルを人工気象室内に移動して，青色光，赤色光および白色光の蛍光ランプを用いて，PPFD 100μmol m^{-2} s^{-1} で連続光を照射した。光照射前（Control）と比較すると 7 日目では，R 100 区，W 100 区，および B 100 区のすべてにおいて抗酸化活性は増加したが，波長による違いは見られなかった（図 3（A））。一方，14 日目では R 100 区と W 100 区では B 100 区よりも抗酸化活性が高く，W 100 区では光照射前に比べて 5.4 倍に増加した。また，総ポリフェノール含有量を調べたところ（図 3（B）），7 日目には波長による影響の差は認められなかったが，14 日目では W 100 区，R 100 区，B 100 区の順に高く，光照射前に比べてそれぞれ 3.8 倍，3.1 倍，2.9 倍に増加した。

以上より，抗酸化活性と総ポリフェノール含有量を高めるには，連続光処理が 7 日間では十分ではなく，14 日以上の光処理が必要であることが示された。また，光質は白色光もしくは赤色光の方が青色光よりも効果が高いこともわかった。

3.2　ポリフェノール類の同定と光質による蓄積量の変化

スィートバジルのメタノール抽出液を UPLC/MS 分析したところ，カフェ酸，チコリ酸，ロズマリン酸の 3 つが主要なポリフェノールであり，ロズマリン酸を最も多く蓄積していることが示された[3]。さらに，ポリフェノール類の蓄積に及ぼす光質の影響を調べたところ，カフェ酸では光質による差がなかったが，チコリ酸は白色光，ロズマリン酸は赤色光と白色光で増加したことから，総合的に白色光が高いポリフェノール増量効果を示すことが明らかになった（図 4）。

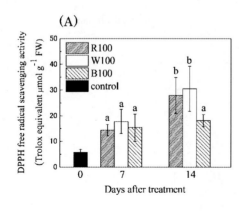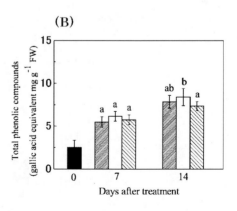

図 3　連続光照射した場合の抗酸化活性と総ポリフェノール含量の変化[3]
播種後 6 週間の植物体に PPFD を 100 μmol m^{-2} s^{-1} に設定した赤色光（R 100），白色光（W 100），青色光（B 100）の蛍光ランプで連続照射した。(A) DPPH フリーラジカル消去活性，(B) 総ポリフェノール含有量。エラーバーは標準偏差を示し，異なるアルファベット間には Tukey の多重比較検定により 5% 水準で有意差がある。

3.3 ロズマリン酸生合成酵素遺伝子の発現

ロズマリン酸(Rosmarinic acid)はシソ科やムラサキ科の植物に多く含まれているポリフェノールの一種であり,強い抗酸化活性を有し,花粉症,アレルギー症状の軽減,および動脈硬化の抑制など様々な薬理作用を示すことが報告されている。ロズマリン酸生合成に関与する酵素群のうち,これまでにスィートバジルから単離できた Phenylalanine ammonia-lyase (*PAL*), Cinnamic acid 4-hydroxylase (*C4H*), 4-Coumaric acid: coenzyme A ligase (*4CL*), Tyrosine aminotransferase (*TAT*), Hydroxyphenyl-pyruvate reductase (*HPPR*), cytochrome P 450 monooxygenase (*CYP 98 A 6*) の6遺伝子について,青色光,赤色光及び白色光の照射による発現量の変化を経時的に調べた。その結果,6遺伝子のうち*4CL*を除く5遺伝子で発現量に変化が認められた。これらは光照射開始後12時間で増加し,24時間で平衡に達していた[4]。

以上の結果から,スィートバジルのロズマリン酸を含むポリフェノール含量を増加させるためには,白色光の連続光照射が良いことが明らかになった。また,この条件ではロズマリン酸生合成系の遺伝子の発現量が高まることが示された。

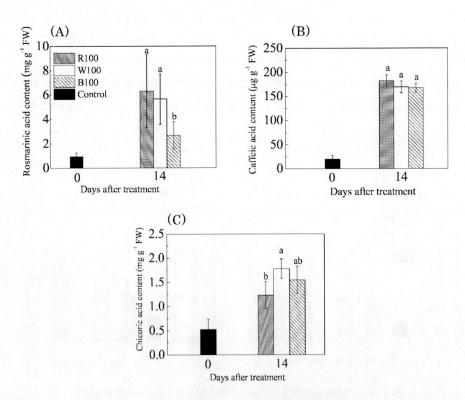

図4 光質によるポリフェノール類の含有量の変化[4]
播種後6週間の植物体に PPF 100 μmol m^{-2} s^{-1} で赤色光 (R 100),白色光 (W 100) および青色光 (B 100) を連続照射した。0と14日目に茎長付近の葉を採取し,ロズマリン酸含有量 (A),およびカフェ酸 (B) チコリ酸 (C) の含有量を測定した。統計方法は図3と同様とした。

4 おわりに

本研究は，植物工場に欠かせない技術のひとつである光制御に着目して，葉菜類の品質向上を実現することを目的として実施したものである。本研究成果は，葉菜類を効率良く生産するためには光環境の最適化が重要であることを示し，特に低光量条件における葉菜類の品質を向上する栽培技術の基礎的知見になると考えられる。しかし，生産対象とする作物，品種，作型ごとに適切な光質，光強度，日長，光照射時間帯などが異なると考えられるため，光環境制御技術を広く普及させるためには，今後さらに知見を蓄積する必要がある。

文　　献

1) 海老澤聖宗ほか，植物環境工学，**20**，158-164（2008）
2) 庄子和博ほか，植物環境工学，**22**，107-113（2010）
3) T. Shiga *et al., Plant Biotechnology*, **26**, 255-259（2009）
4) K. Shoji *et al., Acta Hort.*, **907**, 95-100（2011）

第13章　光を用いた花きの生育制御

久松　完[*]

1　はじめに

　光を用いた花きの生育制御は，人工光源を利用した生育・開花調節を中心に行われている。人工光源は，大きく三つに分類され，燃焼真空光源（白熱電球），放電プラズマ光源（蛍光灯，高輝度放電灯など），固体素子発光光源（Light Emitting Diode（LED）；有機ELなど）の順に開発され，それぞれの人工光源の特徴を考慮して利用されてきた。最近，花き分野では省エネルギーな次世代光源と注目されているLEDの利用に高い関心が寄せられており，今後，様々な場面での実用化が期待されている。省エネルギーによるコスト削減とともに発光スペクトル幅の狭い単色光を発光するLED光源の特徴を活かした利用法の開発に期待が寄せられており，植物の光質応答についての情報集積が求められている。

　光を用いた花きの生育制御を効率的に行うには，植物の光応答メカニズムと人工光源の特性の双方を理解し，その理解に基づいた人工光源の活用が重要である。植物は，光合成反応や種々の光形態形成反応，それぞれの光応答において異なる波長域の光を利用しており，植物と人間の感覚は一致していない。例えば，白熱電球と白熱電球代替品として人の目には同じような色調，明るさに感じられるように開発された電球色電球形蛍光灯，電球色電球形LED照明器具では光源から出力される光の分光特性は全く異なっている（図1）。当然，植物はそれぞれ違う光と認識して反応することに留意が必要である。

　ここでは，花き生産における人工光源活用の現状と明らかになりつつある花き類の光質応答反応について最近の話題を紹介する。

2　光合成促進を目的とした補光

　光合成促進を目的とした補光技術は，冬季の日照時間の短い高緯度地域や寡日照条件となる欧米諸国の高緯度地域で発達してきた。光合成促進を目的とした場合，ランプ当たりの光放射出力の高い高圧ナトリウムランプ使用が多く，二酸化炭素施用と補光の併用が普及している。補光設備をはじめ高度に装置化された欧州の栽培施設は，まさに太陽光利用型植物工場とみなすことができる。わが国でも，冬季に寡日照条件となる地域において，日照不足による生育不良，品質低

---

[*]　Tamotsu Hisamatsu　㈱農業・食品産業技術総合研究機構　花き研究所　花き研究領域主任研究員

第13章　光を用いた花きの生育制御

下や収量低下を改善するため，光合成促進を目的とした補光についてバラ，キク，トルコギキョウ，スイートピーなどを対象に検討が進められているものの，ランプ導入のコストやランニングコストの問題から実際場面での利用は限られている。

光合成のための光エネルギーをすべて人工照明でまかなっている事例として閉鎖型苗生産システムがある。このシステムは完全人工光利用型植物工場とみなすことができる（第16章参照）。また，花き分野では，生育開花調節を目的とした低温処理や苗貯蔵のために冷蔵庫内で一定期間，種苗を維持する場面がある。このような苗冷蔵中に種苗の消耗を防ぐために光補償点を維持するような補光が行われる場合がある。

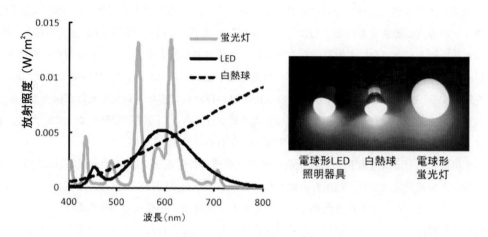

図1　白熱球，電球形蛍光灯（3波長形電球色），電球形LED照明器具（電球色）の分光分布
照度を75 lxにあわせた場合の分光放射照度

3　生育・開花調節を目的とした補光

花き生産では，周年出荷や需要期出荷のために光周性反応を基礎とした電照による開花調節が普及しており，キク，ポインセチア，カランコエ，ソリダゴなどの短日植物では開花抑制，シュッコンカスミソウ，トルコギキョウ，デルフィニウム，カンパニュラ類などの長日植物では開花促進を目的に光が活用されている。ここでは，電照による生育・開花調節が最も普及しているキクと最近注目されているトルコギキョウの事例を示す。

3.1　キクの事例

光周性の発見（1920年）を端緒に日長調節によるキクの開花調節技術が開発され，周年生産が可能となった。1930年代にはアメリカにおいて商業的な生産が始まり，キクが世界三大花きの一つとしての地位を築く大きな要因となった。短日植物であるキクの場合，切り花生産では切り花長を確保するために定植後しばらくの間は長日条件で栄養成長を維持し，その後，短日条件

で花成誘導し，開花させることが基本となる。キクの開花のバリエーションは大きく，日長や温度などの環境要因と遺伝子要因に支配されている。四季の変化の大きい日本では，秋～春季には限界日長の短い秋ギクと称される品種群を用いて日長調節による計画生産が行われているが，高温期には開花遅延が生じる問題がある。そこで，生産施設内が高温となる夏季には高温開花性を有する夏秋ギクと称される品種群が作付けされ，2品種群を用いた日本型周年生産が行われている。キクの花成抑制のための長日処理は，3-4時間の暗期中断を基本に，花成抑制しにくい夏秋系品種では電照時間を5-6時間に延長し対応している。最近，キクの電照では他品目に先行して省電力による生産コストや環境負荷の低減等を目的に白熱電球代替光源の探索が進められ，生産現場では電球形蛍光灯が急速に普及している。また，先駆的な生産現場では赤色LED照明器具などの導入が始まっている。しかし，開花抑制に効率的な波長（630nm前後）の赤色LED照明器具を導入した場合，人の視認性の問題から作業効率が低下するといった問題点が指摘されている。また，これまで電照光源には専ら白熱電球が用いられたため，"白熱電球で照度50lx程度を確保する"を基準として生産現場での技術指導が行われてきた。新たな光源が次々導入検討される現状，光源が変わると"50lx程度の照度を確保する"という基準が適用できないため，新たな光源に対応した光環境の評価方法の策定が急がれる（第10章参照）。

　キク生産における光を利用した特徴的な生育調節技術に再電照（interrupted lighting）がある。輪ギクの電照栽培では，電照打ち切り時の自然日長が自然開花期に比較して短いため，舌状花が少なく，管状花が多くなるため露芯を生じたり，上位葉が小型化し「うらごけ」と称される現象が生じ問題となる。再電照はこれらの防止策として考案された。輪ギクの場合，消灯後，総ほう形成後期～小花形成前期程度まで花芽分化を進めた後，再び短期間の電照を行い生殖成長を一時的に抑制し，舌状花数の増加や上位葉の大型化を図る技術である。現在の主力品種'神馬'系統では，消灯後14日間短日にしてから4日間の再電照が行われている。また，沖縄地域を中心とした冬季のコギク栽培でも切り花のボリューム確保，一茎あたりの花数増大を目的に再電照が利用されている。コギクの電照栽培では，品種によって調整されるが，消灯後4日間短日（成長点膨大期）にした後14～20日間の再電照が行われている。消灯後，の早い段階で再電照を開始し比較的長い期間継続することで頂花序の分化・発達を抑制しつつ側枝の栄養生長を促し，花房のボリューム確保，一茎あたりの花数増大を図っている（図2）。

　近い将来の実用的なFR光源の開発を待つ状況であるが，期待される新しい電照技術に植物の避陰反応を応用したEOD-FR処理による生育・開花調節がある（第10章参照）。キクでは，生殖成長期間（短日期）のEOD-FR処理により開花に影響することなく茎伸長促進効果が得られる[1]。この効果に基づいて，スプレーギク生産に応用する試みが実施され[2]，圃場条件においても短日期のEOD-FR処理により開花に影響を及ぼすことなく効率的な茎伸長促進効果が得られることが示された（図3）。これにより実際栽培において草丈を確保するために設けている一定期間の栄養成長期間（長日期間）を短縮することが可能になる。周年生産されるスプレーギクでは，栽培期間の短縮は施設回転率の向上や冬季における加温コストの低減などにつながることが期待される。

第13章　光を用いた花きの生育制御

図2　キクの花房形状への再電照処理の影響
A：無処理, B：再電照（消灯4日後から12日間の電照）

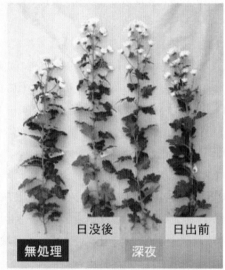

図3　スプレーギクに対するEOD-FR効果
左：日没時に照射する光質の影響,
右：FR照射を行う時間帯の影響
写真提供：和歌山県農林水産総合技術センター・島氏

3.2　トルコギキョウの事例

　トルコギキョウの花芽分化は高温・長日で促進される特性がある。この特性と地域の気候特性を利用した開花調節技術が開発されてきた。8〜10月の夏秋期出荷の作型では，生育期が高温・長日条件となるため，花芽分化が早まり早期開花し短茎となる。そのため，8時間日長を目途に育苗期から定植30日後程度までシェードによる短日処理を行い，花芽分化の抑制による切り花

のボリューム確保が行われる。この処理は短日処理期間中シェード内の気温が高温になるため，寒冷地・高冷地に適した処理方法である。トルコギキョウの花芽分化は長日で促進されるが，長日処理時の光源の光質によって得られる効果が異なる。赤色（R）光に対して遠赤色（FR）光を多く含む（R/FR比の小さい）白熱電球等の光源による長日処理では花芽分化が促進される[3~5]が，R/FR比の大きい光源（赤色蛍光灯，白色蛍光灯等）での長日処理では花芽分化が抑制される。低温・短日期の栽培では，開花促進を目的にFR光を多く含む光源による電照が導入されつつある。一方，シェードによる短日処理の困難な暖地の高温・長日期の栽培において，R光を多く含む光源による電照によって花芽分化を抑制し，夏秋期出荷の切り花のボリューム確保を目指した技術開発が試みられている[6]。

3.3 その他花き類の光質応答に関する事例

数種花き類において，単波長のLED光源や蛍光灯光源を活用し終夜照明時の光質の影響[7~15]について検討され，植物種による開花や伸長における光質応答の違いが示されている。品種によって効果の程度に差はあるものの，波長域毎の開花や伸長反応の違いによって概ね以下のグループに分けられるようである。

【伸長反応】
① FR光を中心にUV-AからFR光の波長域の光照射により促進されるグループ
② FR光とB光の照射により促進されるグループ
③ FR光の照射により促進されるグループ
④ R光を中心に緑色（G）光からR光の波長域の光照射により抑制されるグループ
⑤ 影響なし

【開花反応】
① R光を中心にG光からFR光の波長域の光照射により抑制されるグループ
② FR光を中心にG光からFR光の波長域の光照射により促進されるグループ
③ R光を中心にG光からFR光の波長域の光照射により促進されるグループ
④ 影響なし

また，EOD-FRの効果についても数種花き類において検討され，植物種による開花や伸長における効果の違いが示されている[16]。

花き生産では植物成長調節剤を利用した生育調節が行われている。しかし，品目ごとに農薬登録が必要であり，多数の品目を扱う花き生産では，使用可能な場面が限定される。また，環境意識の高まりを背景に植物成長調節剤の使用が制限される場面もある。そのため，光の利用を含めた環境制御による生育開花調節技術の開発が重要である。今後，集積されつつある光質応答についての情報を活用し，植物種および品種ごとに最適な照射強度，照射時間，処理期間および処理ステージなどを明らかにしていく必要があるだろう。

第13章 光を用いた花きの生育制御

4 花成ならびに花成関連遺伝子発現に及ぼす光質の影響

4.1 キクの花成ならびにFTL3遺伝子発現に及ぼす暗期中断時の光質の影響

花きの分野においても分子生物学的研究が進展しており，最近，キクの花成ホルモン"フロリゲン"をコードする遺伝子が二倍体野生種のキクタニギク（*Chrysanthemum seticuspe* f. *boreale*）を用いて明らかにされた[17]。キクタニギクから3種類の*FLOWERING LOCUS T*（*FT*）様の塩基配列をもつ遺伝子，*CsFTL1*, *CsFTL2*, *CsFTL3*が単離され，このうち，*CsFTL3*のみ，その葉での発現が花成を誘導する日長条件において上昇すること，*CsFTL3*を過剰発現するキク'神馬'形質転換体は花成非誘導条件（16h長日）において開花すること，*CsFTL3*を過剰発現するキク'神馬'形質転換体を台木として野生型穂木を接ぎ木した場合，長日条件において穂木の花芽分化を誘導でき，台木から穂木への花成誘導物質の接ぎ木伝達性が確認できたことから，*CsFTL3*が花成ホルモンをコードしていることが示された。キクは，チャイラヒャンが"フロリゲン説"を提唱する際に実験に用いた植物のひとつであり，*CsFTL3*の同定によって実際にチャイラヒャンが追い求めた情報伝達物質をコードする遺伝子が特定されたことになる。

【事例1】：キクタニギクを供試し，8時間日長（白色蛍光灯）・20℃条件の人工気象器において，花成反応に及ぼす暗期中断時の光質（青色光（B）：ピーク波長450nm；緑色光（G）：ピーク波長530nm；赤色光（R）：ピーク波長660nm；遠赤色光（FR）：ピーク波長740nm）の影響を調査した。なお，暗期中断は暗期の中央に10分とし，光量は各波長ともに20μmol m^{-2} s^{-1}とした。その結果，キクタニギクの花成はR光による暗期中断で最も強く抑制され，次いで，G光で抑制された結果，花芽分化節位の上昇がみられた（図4）。B光およびFR光では抑制が認められなかった。R光による抑制はR光照射後のFR光照射により部分的に解除された。このことから，暗期中断による花成抑制はフィトクロム（Type-II型）の制御を受けていることが示唆された。このときの*CsFTL3*

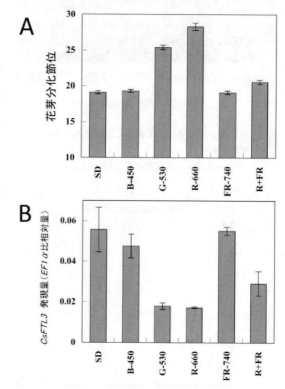

図4 キクタニギクの花成に及ぼす暗期中断時の光質の影響
　A：花芽分化節位に対する影響
　B：フロリゲン遺伝子発現に対する影響

119

の発現をみると花成抑制程度に応じて低くなった（図4）。つまり，暗期中断に有効な波長域の光がフィトクロムを介してフロリゲン遺伝子 *CsFTL3* の発現を抑制し，花成を抑制している。

【事例2】：夏秋ギク'岩の白扇'の事例を示す[18]。試験は，15℃加温のビニルハウス内で自然日長の下において行った。4月7日より595，660，700，730，760nm のピーク波長の LED を用いて，深夜6時間の暗期中断を行い，光量は各波長ともに $0.1\ W\ m^{-2}$（約0.5～$0.6\mu mol\ m^{-2}\ s^{-1}$）とした。その結果，'岩の白扇'の花成は595～660nm をピークとする光による暗期中断で最も強く抑制され，700nm 以上をピークとする FR 光では花成抑制効果がほとんど認められなかった（図5）。ただし，今回の試験条件では，最も強く抑制された処理区でも完全に花成を抑制することはできず，無処理区に比較して発らいまでの日数で2週間程度の遅延であった。

以上のように，キク花成における暗期中断の分光感度は R 光吸収型フィトクロム（Pr 型）の吸収スペクトルとほぼ一致する（図6）。また，R/FR の可逆性が認められることから，暗期中断による花成抑制には R 光を吸収して活性化された FR 光吸収型フィトクロム（Pfr 型）を介したフロリゲン遺伝子 *FTL3* の発現抑制が関与していることが示された。キクの暗期中断に最も効果的な光は600-700nm 付近の R 光であるが，この領域に異なるピーク波長をもつ LED を用いてさらに詳細な分光感度を調査した結果，Pr 型の吸収極大 660nm よりも短波長側にピーク波長をもつ LED（597-640nm）で花成抑制効果が高いことが示されている。花成抑制効果の高い波長域が短波長側にシフトする原因として以下の二つの要因が想定される。ひとつはク

図5 夏秋ギク'岩の白扇'の開花に及ぼす暗期中断時の光質の影響

写真提供：農研機構花き研・住友氏

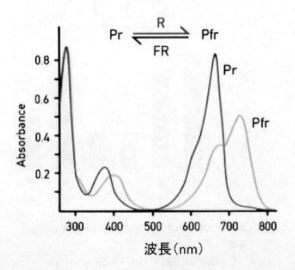

図6 フィトクロムの光吸収スペクトル

第13章　光を用いた花きの生育制御

ロロフィルの影響である。緑色植物の場合，葉には大量のクロロフィルが存在する。このクロロフィルの光吸収極大が450nm付近と660nm付近にあることから，葉中のクロロフィルによる遮蔽効果によって660nm付近の効果が低下すると推察される。もうひとつは，フィトクロム光平衡状態（Pfr/P：総フィトクロム量に対するPfr型の量）が花成抑制効果に影響することが推察される。Pr型とPfr型のフィトクロムは光吸収スペクトルに重なりをもち，その波長域ではPr型とPfr型の双方が光吸収可能である。例えば，600-700nm付近のR光を受けたPr型はPfr型へと変換するが，同時にPfr型からPr型へも変換し平衡状態となる。各波長の光照射時の平衡状態で情報伝達の強さが変化し，Pfr型に偏るほど活性が強くなると考えられる。なお，飽和赤色光照射後の光平衡状態でのPfr型含量は87%という知見がある。このようにキク花成における暗期中断反応の主役はフィトクロムであるといえるが，RからFR領域の光の作用は単純ではなく，FR光はR光の花成抑制効果を阻害する一方，照射方法や品種によっては，R光にFR光を混合することで花成抑制効果が高くなる場合もある。また，暗期中断時の花成抑制効果に主明期の光質が影響する場合がある。上述の光条件において主明期白色光では，B光ならびにFR光による暗期中断効果はほとんど認められなかったが，我々は，主明期をB光のみで栽培した場合にB光ならびにFR光による暗期中断効果を見いだしている。そして，この主明期B光下でのB光ならびにFR光による暗期中断効果は，主明期へのR光混合により抑制されることを観察している。この現象の機構は未解明であるが複雑なキク花成における光の作用機構の解明に向けた貴重な情報を提供していると想定し，機構解明を目指している。

4.2　トルコギキョウの生育ならびに花成関連遺伝子発現に及ぼす光質の影響

トルコギキョウ'セレモニーホワイト（中生）'を供試し，8時間日長（白色蛍光灯：200 μmol m^{-2} s^{-1}）・25/20℃（8h/16h）条件の人工気象器において，茎伸長ならびに花成反応に及ぼす8時間の日長延長時の光質の影響（事例1）およびEOD-FR処理の影響（事例2）について調査した。

【事例1】：日長延長（8時間）時に青色光（B：ピーク波長450nm），赤色光（R：ピーク波長660nm）および遠赤色光（FR：ピーク波長740nm）のLEDを用いて光質の影響を調査した。なお，日長延長時，光量は各波長ともに20μmol m^{-2} s^{-1}とした。その結果，トルコギキョウの茎伸長は，FR光による日長延長で著しく促進され，次いで，B光，R光の順に促進がみられた（図7A）。花成については，FR光による日長延長で最も促進され，次いで，B光で促進がみられた（図7A）。R光では花成促進が認められなかった。シロイヌナズナをはじめ数種植物の研究から光周性の分子機構のうち GIGANTEA（GI）→CONSTANS（CO）→FT というシグナル伝達が植物の中で広く保存されていることが示されつつある（第10章参照）。そこで，トルコギキョウ（Eustoma grandiflorum）からEgGI遺伝子，EgCO-like遺伝子，EgFT遺伝子を単離して上記条件におけるそれぞれの葉での発現を調査した。GI遺伝子は体内時計の中枢因子のひとつであり，明暗周期のもとでは日周変動を示し，夕方に発現のピークを迎えるとされている。

トルコギキョウの場合も主明期の消灯時に*EgGI*遺伝子の発現のピークがみられた。また，主明期の光強度と比較して1/10の光量でのB光，R光あるいはFR光を用いた8時間の日長延長は，*EgGI*遺伝子の発現に影響を与えなかった。このことは，本試験の光条件においてトルコギキョウは，主明期の消灯時を日没と認識していることを示唆した。*EgCO-like*遺伝子の発現も日周変動を示したが，*EgGI*遺伝子の発現とは異なり，主明期の点灯時に*EgCO-like*遺伝子の発現のピークがみられた。また，FR光照射時には発現ピークが増大する傾向がみられた。*EgFT*遺伝子の発現については，8時間短日条件では非常に低い発現であった。波長によらず8時間の日長延長により発現が促進された。その促進程度は，FR光，次いで，B光，R光の順に大きい傾向がみられ（図8A），*EgFT*遺伝子の発現と花成の促進程度には相関がみられた。

【事例2】：EOD-FR処理の影響については，消灯時からの短時間（15分）遠赤色光（FR：ピーク波長740nm）照射の影響を調査した。なお，FR光照射時の光量は20μmol m^{-2} s^{-1}とした。その結果，トルコギキョウの茎伸長は，EOD-FR処理により著しく促進された（図7B）。花成についても，EOD-FR処理により促進された（図7B）。葉での*EgGI*遺伝子，*EgCO-like*遺伝子および*EgFT*遺伝子の発現に及ぼすEOD-FR処理の影響を調査した（図8B）。*EgGI*遺伝子の発現は，EOD-FR処理により無処理に比較してやや高い傾向を示したものの，日長延長の場合と同様，発現パターンに影響を与えなかった。*EgCO-like*遺伝子の発現は，EOD-FR処理により発現ピークが増大する傾向がみられた。*EgFT*遺伝子の発現についても，EOD-FR処理により発現が高くなり，花成の促進と相関がみられた。

いずれの事例においても，対照区（8時間日長区）の茎伸長は自然光下での生育に比較して著

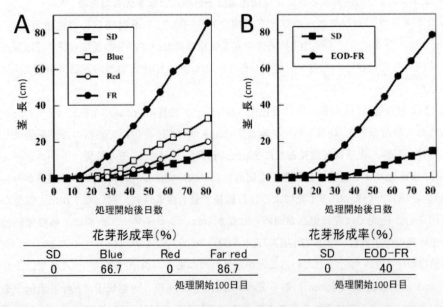

図7　トルコギキョウの茎伸長と花芽形成に及ぼす光質の影響
A：日長延長（8時間）時の光質の影響，B：EOD-FR処理の影響

第13章 光を用いた花きの生育制御

しく抑制されていた。これは，本試験で用いた白色蛍光灯がR/FR比の大きい光源であったためと考えられる。さらに，照射時間にかかわらず日没後のFR光照射による著しい茎伸長促進という顕著な避陰反応が確認されたことから，トルコギキョウの茎伸長は，高R/FR光条件において強く抑制され，FR光照射により活性型フィトクロム（Pfr型）がPr型に変換することで伸長抑制が解除されることが推察された。高R/FR光条件という特殊な光環境下での結果ではあるが，花芽形成についても遺伝子発現解析からフィトクロムを介したCO-FT経路の活性化が関与することが示唆された。本試験の結果は，自然光条件で確認されているR/FR比の小さい光源による長日処理での花成促進を裏付ける機構の一部と考えている。ただし，本試験では，ここに示した9週目の解析と同様に処理開始11日目でもFR光照射区において*EgFT*遺伝子の発現誘導が確認されている。しかし，発蕾確認まで90日程度かかっており，*EgFT*遺伝子の発現誘導と花成の関係については生育温度との関係を含めてさらなる検討が必要である。

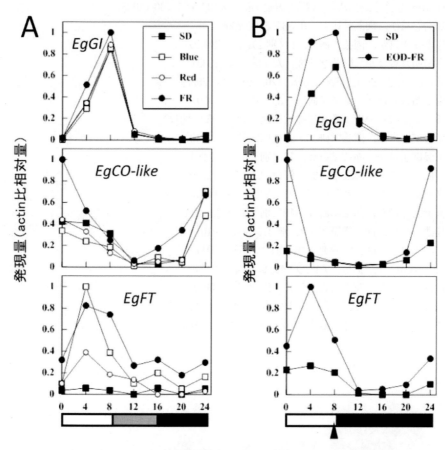

図8 トルコギキョウの花成関連遺伝子発現の日周リズムに及ぼす光質の影響
A：日長延長（8時間）時の光質の影響，B：EOD-FR処理の影響

5 おわりに

　花き生産において人工光源を活用した生育制御技術以外にも，これまでに，R/FR 光領域の光選択透過資材を用いた生育制御技術開発など，様々な取り組みが行われてきた。期待される効果が得られても現場技術として普及させるためには，資材のコスト，耐久性など様々な問題を克服する必要があるため，現場に普及していない事例もある。今後，植物の光応答の理解がさらに深化するとともに，新たな光源や光選択透過資材の開発がさらに進み，生産者の収益向上に繋がる光を活用した技術が開発され実用化されることを期待したい。

文　　献

1) Hisamatsu. T, *et al., J. Hort. Sci. Biotech*, **83**, 695-700 (2008)
2) 島浩二ほか，園芸学研究，**8**, 335-340 (2009)
3) 岸本真幸ほか，園芸学研究，**8** (別 2), 337 (2009)
4) 山田明日香ほか，園芸学研究，**7**, 405-410 (2008)
5) Yamada. A, *et al., Sci. Hort.*, **120**, 101-106 (2009)
6) 山田明日香ほか，園芸学研究，**8**, 309-314 (2009)
7) 新井聡，大石一史，愛知農総試研報，**43**, 41-53 (2011)
8) 工藤則子ほか，園芸学研究，**9** (別 2), 277 (2010)
9) 工藤則子ほか，園芸学研究，**10** (別 2), 255 (2011)
10) 川西孝秀ほか，園芸学研究，**9** (別 2), 539 (2010)
11) 宮前治加ほか，園芸学研究，**9** (別 2), 564 (2010)
12) 宮前治加ほか，園芸学研究，**10** (別 2), 552 (2011)
13) 島浩二ほか，園芸学研究，**9** (別 2), 563 (2010)
14) 島浩二ほか，園芸学研究，**10** (別 2), 553 (2011)
15) Sumitomo. K, *et al., JARQ.*, **46**, 95-103 (2012)
16) 住友克彦ほか，花き研究所報告，**9**, 1-11 (2009)
17) Oda. A, *et al., J. Exp. Bot.*, **63**, 1461-1477 (2012)
18) 住友克彦ほか，園芸学研究，**10** (別 2), 251 (2011)

第14章　LEDを用いた野菜の病害抵抗性向上

伊藤真一[*1]　吉村和正[*2]　荊木康臣[*3]

1　はじめに

野菜に限らず作物栽培における病害対策は以下の3点に要約される。
① 病害の原因となる病原体の数を減らす。
② 病原体の標的となる野菜の病害抵抗性を高くする。
③ 病害の発生を助長する環境要因（温度，湿度，光，土壌環境など）を改善する。

①では，主に化学合成殺菌剤（化学農薬）が使用される。化学農薬は，安定した品質，使用方法が簡単，効果が鮮明などの長所があり，野菜栽培に欠かせない。しかし一方で，化学農薬には，環境（生態）への負荷，安全性，薬剤耐性菌の出現など，心配される点もある。とくに最近は，消費者の「食の安全・安心」への関心が高くなっており，化学農薬の使用量をできる限り抑えた野菜栽培（減農薬野菜栽培）が求められている。

②については，病害抵抗性品種の使用があげられる。病害抵抗性品種は，最も経済的な病害対策法であるが，効果の安定した抵抗性品種を作出するまでに長い時間がかかるという欠点をもつ。一部の野菜（ナス科，ウリ科）では，土壌病害抵抗性の台木を用いた接木苗が普及している。このほか，プロペナゾールなど，病原体には直接作用せず，防御応答機能の活性化によって植物に病害抵抗性を誘導する農薬（抵抗性誘導剤）が市販されているが，野菜での農薬登録は行われていない（2012年1月15日時点）。

③は，野菜が栽培されている場所の環境を整えることによって病害の発生を抑えるもので，土壌排水環境整備による土壌病害の抑制や，雨よけ栽培による茎葉部病害の抑制など，様々な技法が知られている。しかしながら，露地での野菜栽培は気象条件に大きく影響を受けるため，人工的な環境制御による病害抑制には限界がある。

施設栽培は，病原体の侵入をある程度抑制できること，栽培空間が限られていること，光や温度などの環境要因を人工的に制御できることなどの理由から，露地栽培に比べて病害の発生を制御しやすい。その半面，施設栽培特有の病害があり，いったんそれらの病害が発生すると，急速に蔓延して致命的な被害をもたらす場合がある。また，施設栽培は，施設のタイプ，栽培環境，

[*1] Shin-ichi Ito　山口大学　農学部　教授
[*2] Kazumasa Yoshimura　（地独）山口県産業技術センター　企業支援部　光・ナノ粒子
　　　　　　　　応用チーム　専門研究員
[*3] Yasuomi Ibaraki　山口大学　農学部　教授

栽培される野菜種や品種などが多様なため，発生する病害の種類や推移パターンが施設によって大きく異なるという特徴がある。このようなことから，施設栽培では露地栽培とは異なる独自の病害対策が必要となる。

施設栽培における病害対策のひとつに，特定波長光による病害抵抗性誘導の利用がある。以前から，特定波長の光が植物に病害抵抗性を誘導するということが知られていたが[1]，照射条件などの再現が難しく，追試験や再現性の確認実験を行うことが困難であった。最近様々な波長のLEDが入手できるようになり，特定波長光に対する植物の応答について詳細な解析が可能になった結果，光による病害抵抗性誘導があらためて確認された[2,3]。

特定波長光による病害抵抗性誘導のメカニズムについてはよくわかっていないが，この現象を応用すれば，病害に弱い野菜品種に抵抗性を付与できるだけでなく，病害抵抗性品種の抵抗性をさらに強化できる可能性がある。このことは，化学農薬の使用量低減につながるものであり，減農薬野菜を実現するうえで有力な技術として注目される。また，薬用植物栽培や植物工場における無農薬野菜栽培のような，農薬の使用が制限される場面においても，その有用性が期待される。

本章では，植物の病害抵抗性について概説し，LEDによる植物の病害抵抗性誘導について，著者らのデータを含めて紹介する。

2 植物の病害抵抗性

2.1 静的抵抗性と動的抵抗性

静的抵抗性は，植物が本来備えている抵抗性のことで，その要因は物理的障壁（クチクラや細胞壁の厚さ・硬さ・疎水性や気孔の構造など）と化学的障壁（フェノール類，サポニン，有機硫黄化合物など，病原体の攻撃を受ける前から存在する低分子抗菌性物質でファイトアンティシピンと総称される）に分けられる。

動的抵抗性は，病原体の攻撃によって新たに誘導される抵抗性のことで，パピラ（侵入した病原菌の貫入菌糸先端にカロース，無機成分，フェノール類などが蓄積した構造物），ファイトアレキシン（微生物の攻撃によって植物中で新たに生合成される低分子抗菌性物質。構造的には，フラボノイド系，アセチレン系，テルペン系など），オキシダティブバーストとよばれる急激な活性酸素の生成が起こる過敏感応答（細胞の急激な形態学的・生化学的変化）とそれに続く過敏感細胞死（動物細胞で示されたアポトーシスに似たプログラム細胞死），PRタンパク質（過敏感反応に伴って病斑部およびその周辺部，あるいは全身的に新たに誘導される一群のタンパク質）などがその要因として知られている。

病害抵抗性が十分発揮されている植物では，病原体の侵入および増殖をいち早く認知し，過敏感反応を起こし，感染細胞の自殺を誘発する。その結果，黒褐色の小さい病斑（HR病斑）ができる。この応答は病原体の封じ込めに有効であるだけでなく，これによってHR病斑周辺の隣接健全組織に局部的抵抗性が誘導される。さらに，HRが起こったことは，全身に向けて伝えら

第14章 LEDを用いた野菜の病害抵抗性向上

れ，感染組織から遠く離れた未感染組織にも病原体の感染に対する抵抗性が誘導される。このような抵抗性を，全身獲得抵抗性とよんでいる。全身獲得抵抗性が誘導されるためには，感染組織においてサリチル酸の生合成が必要である。

　全身的な抵抗性は，根圏微生物と根との相互作用によっても誘導される。この抵抗性は誘導全身抵抗性とよばれ，サリチル酸は介在せず，ジャスモン酸やエチレンが介在する。サリチル酸が介在する全身獲得抵抗性では酸性PRタンパク質が誘導されるのに対し，ジャスモン酸やエチレンが介在する誘導全身抵抗性では塩基性PRタンパク質が誘導される。

2.2 病害抵抗性の誘導

　動的抵抗性は，植物が外来の病原体のグルカン，多糖類，キチン，キトサン，タンパク質，糖タンパク質，脂質，ペプチドなど，酵素菌体成分や代謝産物を感知することによって開始される。動的抵抗性を誘導する物質を総称してエリシターとよんでいる。動的抵抗性は，重金属，紫外線，あるいは特定波長の可視光など非生物によっても誘導され，これらの誘導因子は非生物エリシターとよばれる。エリシターは，その特異性によって，特定の病原体と植物種（品種）の組み合わせ時にのみ動的抵抗性を誘導する特異的エリシターと，特異性の低い非特異的エリシターに分類される。紫外線や特定波長可視光は非特異的エリシターとして植物に作用し，病害抵抗性を誘導する。

3 LEDによる植物の病害抵抗性誘導

3.1 赤色光

　ソラマメに赤色蛍光灯を照射すると，灰色かび病菌[4]や斑点病菌[5]に対する動的抵抗性が誘導される。最近，Wangら[2]は，異なるピーク波長をもつLED（396.6 nm，452.5 nm，522.5 nm，594.5 nm，628.6 nm）をキュウリに照射し，動的抵抗性誘導能を波長間で比較した。その結果，赤色光LED（628.6 nm）を照射した際に最も強い動的抵抗性が誘導され，実際にキュウリうどんこ病の発生が有意に抑制された。この動的抵抗性誘導にはサリチル酸が介在することが示唆された。また，Suthaparanら[6]は，赤色光LED（ピーク波長675 nm）がバラうどんこ病菌の胞子形成を抑制することを見出し，明期18時間／暗期6時間の生育条件下のバラに，暗期中に1時間赤色光LED（ピーク波長675 nm）を照射するだけでバラうどんこ病菌の胞子形成が抑制されたと報告している。ただし，この胞子形成抑制が，赤色光によってバラに誘導された動的抵抗性によるものか，赤色光がうどんこ病菌に直接作用した結果なのかは明らかでない。

3.2 緑色光

　緑色光LED（波長ピーク520 nm，PPFD 80μmol m^{-2} s^{-1}）を夜間2時間，3日に1回の割合で照射すると，イチゴ炭そ病やピーマン灰色かび病の発病が抑制される[3]。緑色光LEDを照射

した植物（トマト）において，アレンオキシド合成酵素（ジャスモン酸生合成経路の鍵酵素）が特異的に発現誘導されることから[3]，緑色光 LED 照射による病害抵抗性誘導にはジャスモン酸が介在することが推定される。緑色光 LED の病害抑制作用は，イチゴ栽培用照射システムに応用され，すでに商品化（四国総合研究所，みどりきくぞう）されている。

3.3 紫外線

紫外線は，波長領域によって UV-A（400〜315 nm），UV-B（315〜280 nm），UV-C（280 nm 未満）に分けられる。このうち，UV-A については，370 nm 付近にピークをもつ LED が市販されているが，これを用いて病害抵抗性誘導を調べた報告は見当たらない。UV-A の紫外線ランプを用いた実験によれば，本波長域はアントシアニン合成を促進するが[7]，動的抵抗性のマーカーである PR タンパク質（PR-1）を誘導しない[8]。UV-C については，以下に述べる UV-B と同様，植物に病害抵抗性を誘導することが知られている[9]。しかしながら，作業者への危険性や植物に対する毒性を考えると，UV-C を実際の病害防除に応用することは現実的でない。

UV-B を照射した植物に病害抵抗性が誘導されることはよく知られている[10]。市販の UV-B 照射装置（パナソニック，タフナレイ）を用いた実験でも，イチゴうどんこ病[11,12]やナスすすかび病[13]に対して防除効果が認められた。UV-B の病害抵抗性には，PR タンパク質の誘導（イチゴ葉），フェニルプロパノイド生合成の鍵酵素（フェニルアラニンアンモニアリアーゼ）やフラボノイド化合物生産に関わる酵素（カルコン合成酵素およびカルコンイソメラーゼ）遺伝子の転写促進，あるいは抗菌物質の生産誘導などが関与している[12]。植物には UV-B 受容体が存在することから[14]，これを起点として病害抵抗性遺伝子の発現に至るシグナル伝達経路の存在が示唆されるが，詳細についてはほとんど解明されていない。UV-B 照射に対する植物の応答が，品種や照射葉の齢（生理状態）によって異なること[15]も本誘導機構の解明を困難にしている。また，ホウレンソウでは UV-B によって萎ちょう病の発病が誘発されたという報告もあり[16]，UV-B に対する植物の応答は予想以上に複雑なのかもしれない。

3.4 紫色光

最近，著者らは，紫色 LED（ピーク波長 405 nm）を照射したトマトにおいて，病害抵抗性誘導を示唆する結果を得た[17]。

ガラス温室内で生育させたトマト（品種：桃太郎，本葉 3 葉期）を LED 光源ユニット導入人工気象器に移し，気温 25℃，湿度 50%，PPFD 100μmol m^{-2} s^{-1}，明期／暗期（12 h/12 h）条件下で数日間生育した。その後，第 1 葉第 2 複葉と第 2 葉第 2 複葉に 405 nm 紫色光ユニット（それぞれ 45 W m^{-2}）を明期（12 h）開始に合わせて照射／非照射（15 min/45 min）のサイクルで 3 日間（計 12 サイクル/日）照射した。これにうどんこ病菌胞子を接種し，さらに 10 日間生育した。

実験の結果，405 nm 紫色光の照射を行ったトマトでは，405 nm 紫色光を照射した葉において

第14章　LEDを用いた野菜の病害抵抗性向上

病斑数の顕著な減少が見られた（図1，照射-接種の第1葉と第2葉）。また，接種していないトマトへの二次感染（自然感染）をみると，405 nm 紫色光を照射したトマト（図1，照射-無接種）では，非照射トマト（図1，非照射-無接種）に比べて，感染が抑制された。この結果から，405 nm 紫色光を照射したトマトでは全身性のうどんこ病抵抗性が誘導されていることが示唆された。また，マイクロアレイ解析の結果，405 nm 紫色光を照射したトマトでは，WRKYやMYB 12 などのストレス応答性転写因子や，抗菌性二次代謝産物の生合成に関与するポリフェノールオキシダーゼやモノテルペン合成酵素などの遺伝子発現が増大することが明らかになった。

4　紫色LED補光によるトマトの病害抑制

ここでは，実際に405 nm 紫色光を植物体に照射することで，植物の病害を抑制することができる可能性を示すデータの一例として，筆者らが行ったハウス栽培トマトへの紫色LED補光試験の結果[18, 19]を紹介する。

4.1　材料および方法

供試植物にはトマト（*Solanum lycopersicum* L., 品種：桃太郎および麗夏）を使用し，栽培は，山口大学農学部附属農場内のビニールハウスで，夏秋（2010年7月21日〜11月18日）と冬春（2010年11月19日〜2011年5月18日）の2回，行った。栽培にはロックウールを使用し，冬春栽培では，ハウス内気温が10℃以下において温風暖房機で加温した。

補光には，筆者ら[20]が開発したLED補光装置をベースに，ハウス内トマト群落への長期間の補光に対応できるように，防水性の向上や取り付け方法の簡便化などの改良を加えた，紫色

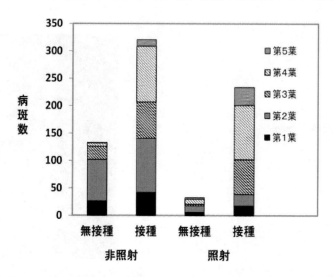

図1　第1葉および第2葉に紫色（405 nm）LED（45 W m^{-2}）を照射したトマトにおけるうどんこ病菌の病斑数

LED補光装置を使用した。このLED補光装置（図2）は，ピーク波長が405 nmのLEDランプ（サンオプト，SL 405 AAUEもしくはSL 405 ADUE）を12個設置した円錐形のユニット（以下LEDユニット）複数個（LEDユニット個数可変）からなるもので，水平および垂直のポールもしくは植物体の茎に直接取り付けることができる。また，LEDユニット間の距離も数十cmまで可変である。

　紫色LEDによる補光試験は，夏秋栽培中に2回（実験1，2），冬春栽培中に1回（実験3）行った。補光装置は，LEDユニットから最も近い葉で放射照度が30 W m^{-2}程度になるように設置した。LEDユニットは，1個体あたり8～16個使用し，日の出前後と日の入り前後それぞれ4時間ずつ計8時間の照射を行った。また対照区として補光を行わない区を設定した。補光実験中は，病害防除のための薬剤は使用しなかった。

　病害の確認は，数日間隔で目視により行った。夏秋栽培，冬春栽培のどちらにおいても自然発生した病気は，目視および分生子の顕微鏡観察から判断して，そのほとんどがすすかび病（*Pseudocercospora fuligena*）であった。その発病の程度は，複葉内の総小葉数に対する罹病小葉数比から罹病葉指数（0%の時：0，0～50%の時：1，50%より大きい時：2）を定義し，すべての複葉に対し，目視で判定した。そして各複葉の罹病葉指数から，各個体の発病指数（DI）を次式で算出した。

$$DI = (2 \times n_2 + 1 \times n_1)/(2 \times n)$$

　ただし，n_1：罹病葉指数1の数，n_2：罹病葉指数2の数，n：総複葉数を示す。

　また，紫色LED補光によるトマトの生育への影響を調べるため，草丈，複葉数，葉緑素量（SPAD値），また実験3に関しては果実収量を測定した。

図2　LED補光装置
左：LEDユニット，右：LEDユニットを複数配置したLED補光装置

第14章　LEDを用いた野菜の病害抵抗性向上

4.2　結果

3回の補光実験中のトマトの複葉数，草丈，SPAD値については，紫色LED補光区と対照区で，有意な差は認められなかった。さらに，実験3における果実収量においても有意差は認められなかった。すすかび病の発生に関しては，紫色LED補光区において病害の拡大が抑えられていた。一例として，実験1における発病指数の経時変化を図3に示す。照射開始7日後からLED補光区の発病指数が有意に低くなった。表1に，各実験の全補光期間における，対照区に対するLED補光区の発病指数の低下率の平均値を示す。すべての補光期間において，LED補光により，発病指数が低下し，低下率は平均で13%程度であった。また，重度の罹病葉（罹病葉指数2）数でみた場合，実験3では，補光最終日に1/3程度まで抑制されていた。

また，ハウス内の栽培環境と紫色LED補光の効果との関係性を解析したところ，夏秋栽培においては，気温が高いほど紫色LED補光の効果は高くなる傾向が認められるなど，環境条件が紫色LED補光の病害防除効果に影響を与える可能性を示唆するデータが得られた。

以上の結果より，ハウス内で栽培されているトマトへの紫色LED補光は，トマトの生育に影響を与えず，すすかび病に対する病害抑制効果を示す可能性が示唆された。

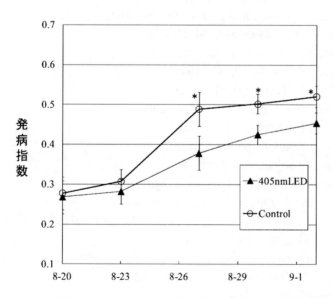

図3　ハウス栽培トマトに対して紫色LEDによる補光を行った際のすすかび病発病指数の経時変化
　　実験1の結果を示す。8月20日に補光開始，9月2日に補光終了。*：t検定で5%有意。

表1　ハウス栽培トマトにおける紫色LED補光によるすすかび病防除効果

	実験1	実験2	実験3	全期間
対照区の発病指数に対する平均低下率（%）	12	12	14	13

5 おわりに

　光照射による植物の病害抵抗性誘導は，化学農薬の使用量の低減に向け，有望な技術であると考えられる。しかしながら，そのメカニズムや照射条件の影響に関する知見の蓄積はまだ十分ではなく，今後の研究が期待される。

　なお，今回紹介した紫色（405 nm）LED照射による植物病害防除に関する研究は，文部科学省地域イノベーションクラスタープログラム（グローバル型）の支援を受け，実施されたものである。

文　　献

1) 荒瀬榮ほか, 植物防疫, **64**, 511 (2010)
2) H. Wang *et al., Eur. J. Plant Pathol.*, **127**, 125 (2010)
3) 工藤りか, 農業, **1534**, 37 (2010)
4) S. Z. Islam *et al., J. Phytopathol.*, **146**, 479 (1998)
5) M. Z. Rahman *et al., J. Phytopathol.*, **151**, 86 (2003)
6) A. Suthaparan *et al., Plant Dis.*, **94**, 1105 (2010)
7) J. Guo *et al., Plant Growth Rerul.*, **62**, 1 (2010)
8) R. Green *et al., Plant Cell*, **7**, 203 (1995)
9) N. Yalpani *et al. Planta*, **193**, 372 (1994)
10) J. Stratmann, *Trends Plant Sci.*, **8**, 526 (2003)
11) 山田真ほか, 松下電工技報, **56**, 26 (2008)
12) 神頭武嗣ほか, 植物防疫, **65**, 28 (2011)
13) 岡久美子ほか, 日植病報, **77**, 23 (2011)
14) M. A. Gonzaléz Besterio *et al., Plant J.*, **68**, 727 (2011)
15) K. Reifenrath *et al., Phytochemstry*, **68**, 875 (2007)
16) Y. Naito *et al., Ann. Phytopathol. Soc. Jpn.*, **63**, 78 (1997)
17) 伊藤真一ほか, 特願 2011-166103 (2011)
18) A. Tokuno *et al., Environ. Control Biol.*, **50**, *in press* (2012)
19) 荊木康臣ほか, 中国四国の農業気象, **24**, 28 (2011)
20) 荊木康臣, 中国四国の農業気象, **20**, 120 (2007)

第15章　光環境制御と薬用植物の生育

後藤英司[*]

1　はじめに

　薬用植物は露地で自然を生かして栽培するのが一般的である。しかし今後，薬用植物の栽培化が進むと，温室（プラスチックハウスとガラス室）およびその発展形の太陽光利用型植物工場，また人工光型植物工場が利用されるであろう。その際，施設栽培化で増収と周年生産を実現した園芸作物の栽培技術を参考にすることは有用である。また，資源投入量と農薬の使用量を最小限に抑えて効率的に植物を安定生産する植物工場は，医薬品原材料を作る薬用植物の生産への展開が期待されている。ここでは，薬用植物の栽培化の取り組みの参考になる栽培技術を紹介する。

2　薬用植物と環境ストレス

　漢方薬草，西洋薬草などの薬用植物は薬用成分を葉，花器，根などの器官に蓄積する。薬用成分の多くは二次代謝産物である。植物が二次代謝経路で生合成する成分を人間が利用するという意味では，薬用植物の薬用成分と農作物の機能性成分は同じである。しかし薬用植物たとえば漢方薬草の場合は，該当部位が日本薬局方で生薬として規定されて医薬品として用いられる。また，医薬品以外にも，甘味料の原料や化粧品の原料，ビタミンドリンクの原料などにも使われている。

　主要な薬用成分の生合成経路は明らかであるものの，環境要因と合成・蓄積の関係はあまり調べられていない。そこで現在，世界中で，様々な薬用植物について，栽培化の技術開発や，気温，光，培養液などの環境条件と生育の関係を調べる研究が行われている。二次代謝産物の一部は光強度の高低や光質変化などの適度な環境ストレスを与えると，薬用成分の生合成が促進し，高含有量化することが報告されている。特に光の受光部位である葉に薬用成分を蓄積する植物は，光環境の影響を受けやすい。ここでは2種類の薬用植物について，光環境が生育および薬用成分に及ぼす影響を調べた研究例を紹介する。

3　ハッカ

3.1　特徴

　ニホンハッカ（*Mentha arvensis* L. var. *piperascevs*）はシソ科ハッカ属の植物であり，薬用

---

[*]　Eiji Goto　千葉大学　大学院園芸学研究科　環境調節工学研究室　教授

効果のある精油を生産する。この精油は，植物体の地上部表面に存在する二種類の腺鱗で合成され，蓄積される。精油の原料としてハッカ属ではニホンハッカ，ペパーミントおよびスペアミントなどがインド，中国およびアメリカなどで栽培されている。そのなかでも，ニホンハッカの精油はl-メントールを最も多く含んでいる。近年，天然のl-メントールは需要が拡大しており，漢方を含む医薬品，菓子類，化粧品およびタバコに用いられている。

生薬や天然のl-メントールの原料とするために，一定品質のニホンハッカを安定的に供給する必要がある。しかし，ハッカ属の植物の成長，精油の成分およびその組成は，栽培地の気候や季節，および栽培地の地下部環境などに影響されることが報告されている。

3.2 紫外線と薬用成分濃度

前述のように，薬用成分を増加するために環境ストレス処理の考え方を適用できるか調べてみた。図1はニホンハッカに紫外線処理をしたときの薬用成分の変化である。ニホンハッカの葉には，l-メントールを主成分とする複数の有効成分が蓄積する。紫外線を付加することでl-メントール濃度が高まった。リモネンという薬用成分も同様に増加した。図1の葉の濃度は右図に示す葉位（L, M, H）別に分析している。この結果から，光照射の影響を受けにくい下位（L）および中位（M）の成熟葉では効果が少ないことがわかる。実用化にあたっては効率的な照射法を開発することが必要になる。

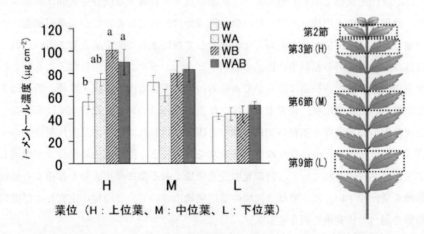

図1
左：異なる紫外線（UV-A, UV-B）の組み合わせで育てたニホンハッカの葉のl-メントール濃度。
Wは白色光（3波長形白色蛍光ランプ，光合成有効光量子束PPFで250μmol m^{-2} s^{-1}）のみの照射，
WAは白色光にUV-A（ピーク波長360nm）を付加，
WBは白色光にUV-B（ピーク波長306nm）を付加，
WABは白色光にUV-AとUV-Bを同時付加した。照射処理は7日間。
右：測定対象の葉位
　　　　　　異なる文字間に5%水準で有意差あり（他の結果図も同様）

第15章 光環境制御と薬用植物の生育

生育を阻害しない程度の適度な紫外線照射は野菜の抗酸化成分の合成を誘導するという報告例が多い。ニホンハッカの場合も薬用成分濃度が増加するだけでなく，葉の抗酸化能が高まることが示された（図2）。以上のことから，適度な紫外線照射は紫外線ストレスとして葉の抗酸化能を高め，薬用成分の合成に影響を及ぼすと考えられる。

表1 明期と光強度の組み合わせ

処理区名	光合成有効光量子束 ($\mu mol\ m^{-2}\ s^{-1}$)	明期 (h)	日積算光量子量 ($mol\ m^{-2}\ d^{-1}$)
8-L	100	8	2.88
8-H	200	8	5.76
16-L	100	16	5.76
16-H	200	16	11.52
24-L	100	24	8.64
24-H	200	24	17.28

3.3 明期・光強度と成長および薬用成分濃度

明期と光強度を変化させると1日の積算光量が変化する。表1のように6条件を設けて，ニホンハッカの成長と精油成分を調査した。図3は光処理と分枝数の関係，図4は光処理と主茎重量の関係である。全体的な傾向として，日積算光量子量が多くなると，分枝数と乾物重は増加した。すなわち日積算光量子量と光合成に基づく成長は関係がある。日積算光量子量が増えると主茎重量の増加に加えて，側枝重量が大きく増加した。しかし特徴的な点として，24h明期で光強度が低い24-L区は，日積算光量子量が16-H区よりも少ないものの成長はより促進されることがわかる。これは明期と光強度それぞれに好適な値が存在するため，その組み合わ

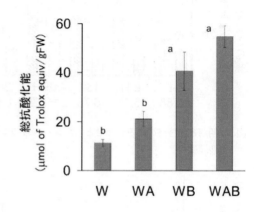

図2 異なる紫外線（UV-A，UV-B）の組み合わせで育てたニホンハッカの葉の抗酸化能

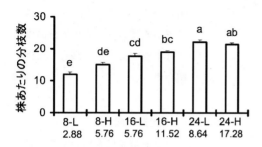

図3 明期と光強度の組み合わせとニホンハッカの分枝数の関係
播種後28日目から4週間処理した株の測定値。処理区名は表1を参照。

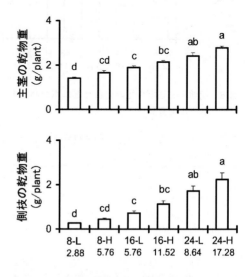

図4 明期と光強度の組み合わせとニホンハッカの主茎および側枝乾物重の関係

135

せが成長に影響を及ぼすためである。

l-メントール濃度は,日積算光量との相関はなく,16h明期で大となる傾向があった(図5)。この濃度値と葉の総重量を乗じて求めた株あたりのl-メントール含有量は,日積算光量が多いほど大となった(図6)。このように,対象とする薬用成分の濃度が高いことは好ましいが,その効率的生産を求める場合は,対象部位の成長を大とする条件と合わせて検討することが望ましい。

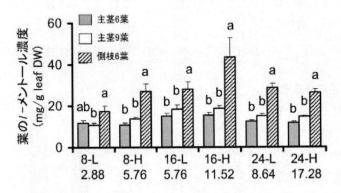

図5　明期と光強度の組み合わせとニホンハッカの葉のl-メントール濃度

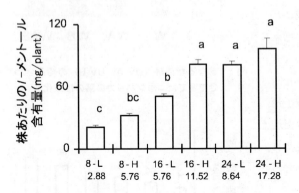

図6　明期と光強度の組み合わせとニホンハッカのl-メントール含有量

表2　シャープカットフィルタを組み合わせた光質処理(青色光,赤色光)

	B区	R区
光量子束 ($\mu mol\ m^{-2}\ s^{-1}$)		
300–400nm (UV)	0.8	0.2
400–500nm (B)	209.6	1.0
500–600nm (G)	34.4	42.8
600–700nm (R)	6.0	206.2
700–800nm (FR)	6.4	27.3
PPF	250.0	250.0

4　セントジョーンズワート

4.1　特徴

セントジョーンズワート (*Hypericum perforatum* L.) は薬用植物の一つで,欧米を中心に主に抗鬱薬として利用されている。主な薬用成分は葉に蓄積するヒペリシンである。人工光を用いる制御環境下でのセントジョーンズワートの栽培は,温室を用いた栽培に比べて,薬用成分濃度を高め,成長を促す(Zobayed and Saxena, 2004)ことが報告されている。また既往の研究から,人工光を用いる制御環境下では気温,CO_2濃度や光強度などの環境要因がセントジョーンズワートの成長および薬用成分濃度に影響を及ぼすことが明らかになっている。ここでは,光質が成長および薬用成分濃度に及ぼす影響について調査した例を紹介する。

4.2　光質と成長

カラー蛍光灯を用いて表2に示す光質条件を設けた。B区の光源は青色蛍光ランプ,R区には赤色蛍光ランプを用い,ランプ直下

第15章 光環境制御と薬用植物の生育

5cmの位置にB区は400nm以下の波長域をカットするフィルタ（L-39, ㈱ケンコー）を, R区は500nm以下の波長域をカットするフィルタ（L-52, ㈱ケンコー）を取り付けた。

R区の葉および茎の乾物重は, B区に比べてそれぞれ有意に大となった（図7）。R区の葉面積は試験開始後7日目以降, B区に比べて有意に大となった。展開葉数や分枝数もR区で有意に大となった（図8）。赤色光は分枝および葉の増加・展開を促進し, 葉面積を大にする効果があると考えられる。

以上のことから, 赤色光下で成長が大となったのは, 赤色光下で個葉の光合成能力が高いためではなく, 光形態形成の違いにより株あたりの受光量が増加したためであると考えられた。

4.3 光質と薬用成分

カラー蛍光灯を用いて表3に示す光質条件を設けた。ここでは白色蛍光ランプの処理（W区）を追加した。葉の乾物重は, どの光質でも250μmol m^{-2} s^{-1}に比べて500μmol m^{-2} s^{-1}で増加した（図9）。光質間では, 250μmol m^{-2} s^{-1}ではR区で大, 500μmol m^{-2} s^{-1}ではR区とW区で大となった。500μmol m^{-2} s^{-1}の高光強度では, 赤色光の成長促進効果はやや飽和して白色光の効果と同程度になったと考えられる。

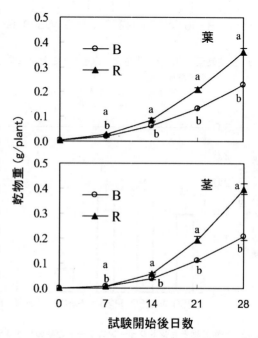

図7 光質処理（青色光, 赤色光）とセントジョーンズワートの乾物重
処理区名は表2を参照。

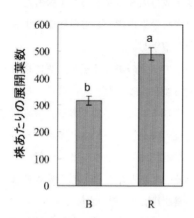

図8 光質処理とセントジョーンズワートの展開葉数

表3 シャープカットフィルタを組み合わせた光質処理（白色光, 青色光, 赤色光）

	B区	W区	R区
光量子束（μmol m^{-2} s^{-1}）			
300–400nm（UV）	0.3	0.3	0.1
400–500nm（B）	83.8	12.9	0.4
500–600nm（G）	13.7	40.5	17.1
600–700nm（R）	2.4	46.6	82.5
700–800nm（FR）	2.5	8.2	10.9

＊光合成有効光量子束を100 μmol m^{-2} s^{-1}とする場合の波長域別光量子束

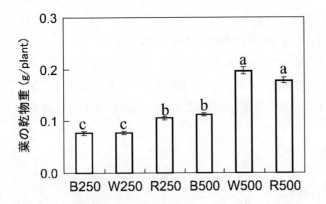

図9 光質処理（白色光，青色光，赤色光）とセントジョーンズワートの葉乾物重
処理区名は表3を参照。

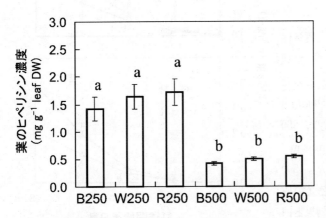

図10 光質処理とセントジョーンズワートの葉のヒペリシン濃度

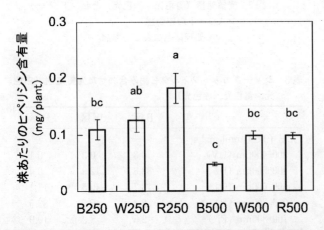

図11 光質処理とセントジョーンズワートのヒペリシン含有量

葉のヒペリシン濃度は，250μmol $m^{-2} s^{-1}$ で高くなった（図10）。これは予想外な結果であった。この原因として，1）強光下では何らかの理由でヒペリシン合成を抑制する作用が働いた，2）ヒペリシンを蓄積する必要性が低くなった，などが考えられる。この濃度値と葉の総重量を乗じて求めた株あたりのヒペリシン含有量，は250μmol $m^{-2} s^{-1}$ で成長が大で濃度も高いR区で最大となった（図11）。

5 おわりに

今回紹介した薬用植物は葉に有用成分を蓄積するタイプである。このタイプの場合，光合成を促進する光条件と薬用成分の合成を促進する光条件が一致しないことが多い。そのため，効率的な生産方法を確立するためには，成長だけや濃度だけに有効な条件の探索を行うのではなく，薬用成分の収量すなわち1株あたりの含有量を指標として条件探索するのが望ましい。

漢方薬草の場合は根を生薬に利用する場合が多いため，根菜類の栽培法を知ることも必要である。根菜類は施設園芸においても，露地と同じく培地に土壌を使うことが一般的である。しかし，植物工場で導入される養液栽培は，根の成長をコントロールするためにも有効であり，培養液環境の制御により，薬用成分を蓄積

第15章 光環境制御と薬用植物の生育

する根を短期間で生産できる可能性がある。この場合は，まず，成長を促進する地上部の光環境と温湿度環境を見出して，その上で薬用成分の収量（濃度×根量）を増加させる条件を見出すことが必要になる。

文　献

1) Hassani, M. S., Hikosaka, S., Goto, E. Effects of light period and light intensity on essential oil composition of Japanese mint grown in a closed production system. *Environ. Control in Biol.,* **48** (3): 141-149. (2010).
2) Hikosaka, S., Ito, K., Goto, E. Effects of Ultraviolet Light on Growth, Essential Oil Concentration, and Total Antioxidant Capacity of Japanese Mint. *Environ. Control in Biol.,* **48** (4) : 185-190. (2010).
3) 西村徹郎，S. M. A. Zobayed，古在豊樹，後藤英司．青色および赤色蛍光ランプの光質がセントジョーンズワート（*Hypericum perforatum* L.）の生長に及ぼす影響．植物環境工学, **18** (3) : 225-229. (2006).
4) Nishimura, T., Zobayed, S. M.A., Kozai, T., Goto, E. Medicinally important secondary metabolites and growth of *Hypericum perforatum* L. plants as affected by light quality and intensity. *Environ. Control in Biol.,* **45** (2) : 113-120. (2007) .

【生産システム 編】

第16章 閉鎖型苗生産システムの特徴と利用

土屋 和*

1 はじめに

閉鎖型苗生産システムは千葉大学の古在豊樹教授（前・千葉大学長）らの研究グループが基盤技術の開発と実用化のための研究を行い，太洋興業が民生機器としての開発を行って「苗テラス」の商品名で2003年に販売を開始し，現在はMKVドリームにおいて販売を継続している。本章では苗テラスおよび苗テラスによる果菜接ぎ木苗を中心とした苗生産体系を紹介する。

2 閉鎖型苗生産システムの特徴

2.1 装置の構成と特徴

苗テラスは人工光利用型の苗生産装置であり，断熱性の高いプレハブ庫（図1）の内部に4～5段の多段式育苗棚（図2）を複数台並べ，育苗棚の各段にセルトレイを置き，面積利用効率を高めている。標準型苗テラスでは約5坪の庫内に育苗棚6台を設置し，育苗用のセルトレイを96～120枚収納する。庫内の空調，灌水，二酸化炭素供給等の作業はすべて自動化し，一般のハ

図1 苗テラスの外観

図2 多段式育苗棚

* Kazuo Tsuchiya　MKVドリーム㈱　開発センター

第16章　閉鎖型苗生産システムの特徴と利用

ウス育苗で必要な環境管理や農薬散布も排除し，作業範囲も狭いため，少人数による省力大量育苗が可能である。

育苗棚各段にはHF蛍光灯6本1組を光源とする照明装置（図3），およびセルトレイへの底面灌水を行う灌水装置（図4）を備える。蛍光灯は市販の一般的なものであるが，野菜や花苗の育成のために必要かつ十分な光の成分とエネルギーを有し，セルトレイ面の光強度は300μmol m^{-2} sec^{-1} 程度である。

空調装置には省エネ化が進んでいる家庭用エアコンを用い，除熱と送風を兼ねたファンを各段に備える。主な育苗コストの電気料金はセルトレイ1枚あたり1週間160円程度となる。灌水に用いる培養液は循環再利用され，減少時には原水と液肥を自動混合し補給する（図5）。室内の液化炭酸ガスは生ガスを用い1000 ppm程度に制御するが，密閉性の高い庫内では利用効率が極めて高い。系外に排出される物質が一般のハウス育苗に比べほとんど無く，また農薬散布も不要で，環境負荷の少ない育苗システムである。

2.2　育苗の特徴

苗テラスでは人為的に制御された人工環境下での育苗によって，季節や天候の影響を受けることなく，常時一定の期間で一定の品質の育苗ができる。特に，低温期には一般のハウス育苗に比べ短期間での育苗が可能である（表1）。これらは苗の生育に必要な光エネルギー，炭酸ガス，水分，肥料分を常に十分にむら無く与え，作物ごとに最適な明暗期時間や明暗期温度等を安定的に調節することで実現されている。環境調節はマニュアル化でき，ベテランでなくとも管理は容易である。また育苗期間は温室やハウスでの育苗に比べ，最大半分程度に短縮可能である。

苗テラスで育苗される苗の品質は高く，セルトレイでの育苗密度を温室やハウスでの育苗に比べ最大で2倍程度にできる。これは育苗に十分な光強度が確保されていること，育苗棚背面のファンから発生する0.5 m sec^{-1} 程度の気流により高密度育苗時の群落内湿度を低下させ徒長を防止

　　図3　育苗棚上面の照明装置

　　図4　育苗棚下面の灌水装置

することによる。この気流は二酸化炭素の吸収を促進する効果も期待できる。図6に育苗棚周辺の気流の様子を示す。また前述の人工環境下での環境調節により光合成が促進され，胚軸が太く，葉色が濃く，葉が肉厚でがっちりした苗質である（図7）。

苗テラスでは温室やハウスでの育苗で不可欠な外気との換気作業が不要であり，閉鎖空間内への病害虫侵入を容易に防止でき，農薬散布をせずに無病虫害苗を生産可能である。以上の特徴をまとめると表2のようになる。

表1 トマト接ぎ木苗生産所用日数

	時期	播種から接ぎ木までの日数	養生日数
慣行※	7月	20〜26	3
	8〜9月	17〜26	3
	10〜2月	23〜31	3
	3〜4月	21〜30	3
	5月	20〜29	3
苗テラス	周年	12〜14	3

※JA全農幼苗接ぎ木苗生産システムマニュアルによる（板木，一部改）

図5 液肥供給装置

図6 育苗棚周辺の気流の様子

図7 苗テラスで育成したトマト苗（播種後23日目）

第 16 章　閉鎖型苗生産システムの特徴と利用

表 2　ハウス育苗と苗テラス育苗の比較

	ハウス育苗	苗テラス
苗質	軟弱徒長がある	常にがっしり
回転率	低温期は低い	年間を通じ高い
計画生産	天候次第	年間を通じ安定
作業範囲	広い	狭い
育苗管理	熟練技術が必要	マニュアル化容易
農薬使用	最小限必要	不要
病害リスク	常にある	非常に低い
環境負荷	二酸化炭素排出，排水等	非常に低い

3　閉鎖型苗生産システムの利用場面

　苗テラスの利用分野と用途はおおよそ表3のようであり，利用が進んでいるのは育苗業における接ぎ木苗を中心とした果菜苗の大量生産，および葉菜やトマト低段密植栽培等の多回転養液栽培における自家用苗の大量生産の2つである。いずれも技術の体系化がはかられている。

　特に近年では周年計画生産を前提とした太陽光利用型植物工場（図8，9）において苗テラスが自家育苗装置（図10）として多く利用されている。これは育苗の計画性と安定性を高め，良質の無病苗を供給することで，本圃栽培での計画性，栽培期間の短縮，収量や品質の向上，減農薬化などが期待できるためである。

4　おわりに

以上のように人工光利用による閉鎖型苗生産システムは，従来のハウス育苗に無い多くの特徴を持ち，苗生産や養液栽培，太陽光利用型植物工場などの場面での利用が進んでいる。これは苗そのものの付加価値が高く，またそれを利用することで養液栽培の生産性を向上することが可能なためである。

表 3　苗テラスの利用分野と用途

	葉菜苗	果菜自根苗	果菜接ぎ木苗	花き苗	その他
自家育苗用	◎ （養液栽培）	◎ （養液栽培）	△	△	−
苗生産販売用	△	○	◎ （トマト中心）	△	−
研究用	△	△	△	△	△

◎　利用例大変多い　　○　利用例多い　　△　利用例あり

種子繁殖作物のほとんどは苗テラスでの育苗が可能であり，また加湿機能のある器具（図11）を追加することで栄養繁殖作物の発根や増殖も可能で，対象作物の拡大も期待される。今後はこうした品目の拡大とともに，太陽光利用型植物工場のような高度な生産体系に組み込み，より高い品質の苗を低コストで供給することで植物生産の基盤を担うことが期待される。

図8　千葉大学植物工場拠点の太陽光利用型植物工場

図9　苗テラスで育成したトマト苗を定植した1段密植栽培システム（トマトリーナ）

図10　千葉大学植物工場拠点の共同育苗施設（苗テラス）

図11　育苗棚に組み込んだ加湿機能付きのカバー

文献

古在豊樹，板木利隆，岡部勝美，大山克己『最新の苗生産実用技術　閉鎖型苗生産システムの実用化が始まった』(2005)

第17章　医療用原材料生産のための密閉型植物工場

田林紀子*

1　開発の背景

　私たちは，遺伝子組換え植物を利用した高付加価値物質を生産する植物工場システムを構築するための研究開発を行っている。植物の遺伝子組換え技術を利用した有用物質生産技術の開発は，他の生物生産系と比較して低コスト，拡大生産性，保存安定性，安全性（動物由来病原体の混入の回避）等の利点が提唱されており，欧米を中心に，様々な植物を用いたサイトカイン・ワクチン・治療用抗体等の高付加価値物質を生産する研究開発が進められている。すでに試薬として市販されているものもある。このような植物由来の医薬品は，PMPs（plant made pharmaceuticals）と呼ばれ，近年，Pharma-Planta[1]といった一大プロジェクト（欧州12か国と南アフリカの組織・機関を代表する約40の研究グループにて構成されたコンソーシアム）も行われ，世界のPMPs開発を加速させてきた。国内では，2006〜2010年度に経済産業省プロジェクト"植物機能を活用した高度モノ作り基盤技術開発／植物利用高付加価値物質製造基盤技術開発"[2]において，大学，企業，国研等で様々な植物・物質を対象とした開発が実施されてきた。

　遺伝子組換え植物の第二種産業使用（環境への拡散を防止しつつ行う）に関しては，「遺伝子組換え生物等の第二種使用等のうち産業上の使用等に当たって執るべき拡散防止措置等を定める省令（平成16年財務省・厚生労働省・農林水産省・経済産業省・環境省令第1号）」（最終改正；平成18年6月6日）により取扱が規制されている。遺伝子組換え植物を，特定網室や植物工場のような遺伝子拡散を回避できる閉鎖環境において栽培・収穫し，産業利用するためには，上記省令に従って，事業開始前に第二種使用等拡散防止措置確認申請書を作成し，主務大臣へ提出・認可を受ける必要がある。

　なお，遺伝子組換え作物の食品・飼料・医薬品としての安全性審査は，上記規制とは異なる規制により所轄官庁により行われる。特に，遺伝子組換え植物由来の原料を元にした医薬品については，認可された例はまだない。しかしながら，医薬品そのものには，薬事法に基づいた省令等による規制（所轄官庁として厚生労働省あるいは農林水産省）がすでに存在するため，これらの規制に準じた生産系を構築することが産業化を目指す第一歩となると考えられる。

---

*　Noriko Tabayashi　ホクサン㈱　農業科学研究所　副主任研究員

2 密閉型遺伝子組換え植物工場システム

医薬品原材料の生産には，安定した生産量・品質管理・清浄度・再現性など厳しい工程管理が要求される。日々の天候変化，病害虫発生等によって環境条件が一定ではない圃場において，遺伝子組換え植物を栽培・収穫し，上記の医薬品生産の諸条件を満たしながら，原材料として安定供給することは非常に困難である。そこで，上記要求項目に対応可能な一つの手法として，栽培から製剤化までのすべての工程を人工環境下においてコントロールする植物工場システムが想定される。これは，食用としての作物や花卉類などを栽培・生産する植物工場とは，大きく異なる設備・仕様が要求される。特に遺伝子組換え植物を用いた医薬品原材料生産の場合には，上述の法規制に則った設備性能も要求される。そこで，我々は遺伝子組換え植物による医薬品原材料の生産も可能な「密閉型遺伝子組換え植物工場」の開発を行ってきた。

この開発の重要な点として，①遺伝子組換え体の封じ込め対策，②多種多様な作物種の栽培環境を人工的に構築可能な設備性能，③医薬品原材料生産のための設備と運用，と大きく分けて3つの点があげられる。以下にその詳細を記載する。

2.1 遺伝子組換え体の封じ込め対策

第一種等使用（環境中への拡散を防止せずに栽培等を行う）が認可されていない遺伝子組換え植物の栽培は，上述の法律の規制下で行われる必要がある。具体的には，稔性のある花粉および繁殖能力のある植物体の一部（主に栄養体繁殖の場合）の漏出防止に努めなければならない。そのため，花粉を捕捉できる仕様のフィルター等の設備を装備した上で，空調運転を行う必要がある。また，栽培に使用した養液は，そこに含まれる可能性のある花粉や植物体等を"不活化"して排出する措置，もしくは，漏出しないようにトラップする措置が必要となる。不活化には，一般的にはオートクレーブによる高圧・高温滅菌が使われるが，その他に確実に不活化できる手法があれば，その手法を用いることも可能である。また，栽培に用いた機器類・資材・作業服等を設備外に搬出する際にも，それらへの繁殖能力のある植物組織・花粉等の付着によって外部への漏出がないよう配慮した搬出作業の手順を定め，これを行う必要がある。

2.2 多種多様な作物種の栽培環境を人工的に構築可能な設備性能

現在まで，植物工場においての栽培技術開発が行われてきた作物種は，葉菜類が主であり，根菜類，穀類，豆類，果菜類の実施例は稀である。一方，物質生産を目的とした場合，用いる作物種は，生産物質の特性，用途に応じて選択幅を広げておく必要がある。実際に，これまでのPMPsの研究開発に用いられてきた植物種は，トウモロコシやイネなどの穀類，ダイズ等の豆類，ジャガイモなどの根菜類，タバコ等多様である。これらの作物種を人工環境下で栽培するためには，それぞれの作物の光合成に必要な光量を充分に確保する必要がある。例えばイネやトウモロコシ等穀類の光要求量は，一般に700〜1000μmol m^{-2} s^{-1}以上のPPF（光合成有効光量子束

第 17 章　医療用原材料生産のための密閉型植物工場

密度）とされている。このような光要求量の高い作物種の栽培には，HID ランプを多数用いることが必要となり，照明器具からの発熱は膨大なものになる。その結果，これらの照明器具からの発熱を速やかに取り去る能力を有した空調設備の設置も必要である。その一方で，栽培室内の風速も植物の過剰なストレスを与えない範囲で温度制御可能であることが求められる。

これに加えて，明期における植物体からの蒸散量も湿度制御に与える影響が大きいため，栽培する植物群落の最大蒸散量を考慮した空調機の設置が望ましい。上述のように，高照度環境における温湿度制御は従来の植物工場と比較しても，その設備性能の要求は非常に高いものとなる。

加えて，医薬品原材料を生産する遺伝子組換え植物を栽培する場合においては，遺伝子の拡散防止と同時に栽培室内の清浄度を保つために，可能な限り栽培室内の空気と外気との交換は最小限に抑える必要がある。その分，栽培室内を循環させる空気で温湿度制御を行わなければならず，加温，冷却を湿度制御と並行して行わなければならないため，特殊な高性能の空調システムが必要となる。

2.3　医薬品原材料生産のための設備と運用

医薬品原材料を生産する遺伝子組換え植物を栽培し，原材料として利用・販売された例は，世界的にもまだない。したがって，現時点ではその生産（栽培）方法，管理・施設基準となるものはないが，少なくとも，すでに上市されている他の生物生産系等において要求されている事項を，可能な限り当てはめた仕様を整備することが望ましいと考える。

2.3.1　計画生産性・収穫物の品質の均一性等

均一の品質（目的タンパク質の量および質）を得るためには，栽培環境の高度な再現性は最も重要な項目となる。すなわち，同じ作物の栽培を繰り返しても成長や収量にバラツキがなく，ほぼ同じ期間に可能な限り同程度の収量が得られることに加え，栽培エリア内の異なる栽培場所での室内環境（光強度，温湿度，気流速度等）が，栽培期間を通し，任意の設定条件においてほぼむらのない環境構築を行えるシステムが必要となる。

2.3.2　清浄度管理

野菜（食用）の植物工場にも要求されることであるが，原材料の安全性（カビ毒の混入の回避等）と清浄度を保つために，植物病原体や昆虫等の侵入防止対策を施すことは最低限必要である。なお，密閉型施設に病害虫が侵入した場合，他の競合昆虫等は施設内には存在しないため，圃場栽培場面以上の急激な被害拡大が想定される。この点は充分注意する必要がある。加えて，空気中の浮遊微粒子・構造物への付着菌がより少ない環境を構築するために，栽培エリアへの入室前に更衣室を設置し，手洗い，専用作業着への更衣，エアシャワーの設置など，清浄空間を保つための施設設計も重要であるが，むしろ，最も重要なのは，搬入資材等は滅菌（オートクレーブ処理，エタノール噴霧等），UV 照射処理を経由する，毒性やアレルゲン性があることが確認されている化学物質・農薬等を生産工程において使用しない等々から，脱・更衣の仕方，手順に至るまで，全ての作業工程，清掃工程の多岐にわたる項目においてマニュアル化することにより，運

用管理を徹底的に図ることが重要である。

3 密閉型遺伝子組換え植物工場施設の開発事例

㈱産業技術総合研究所では，上述条件を満たした遺伝子組換え植物による医薬品生産システムとして，パイロットプラントとなる「密閉型遺伝子組換え植物工場」施設を開発し，その実証試験を進めてきた。本施設では，植物を栽培・収穫・保存・加工（不活化）するための栽培エリアと，収穫した植物体から目的成分を抽出・精製・製剤化するための製剤化エリアを併設。二つのエリア間にはパスボックスのみが設けられ，原材料等の移動が行われる。作業者が二つのエリア間を移動するためには，それぞれのエリアに設置された更衣・脱衣室を経由した出入りを行う必要がある。また，栽培エリアとして，数種類の組換え植物の栽培試験が実施できるように，4つの独立した栽培室を設置した（図1）。ここでは主に，栽培室に関する遺伝子組換え体の封じ込め仕様と照明・空調仕様について記載する。

3.1 遺伝子組換え体の封じ込めのための仕様

規制上，P1Pレベルの遺伝子組換え体を扱う際には陰圧制御は必要ないが，本工場では栽培エリアを陰圧制御し，工場からの排気はHEPAフィルターを経由して排出することにより，花粉等の飛散を抑制している。また，栽培エリアで使用した水（養液を含む）は，繁殖能力のある組織あるいは花粉等を含有する可能性があるため，排水専用のオートクレーブを設置し，高温・高圧処理を行い排出している。加えて，オートクレーブの故障の際のバックアップ対応として，2台のオートクレーブを設置すると同時に，常時トラブルに対応可能とするために監視・警報システムが導入されている。但し，オートクレーブの継続使用はランニングコストの上昇が懸念さ

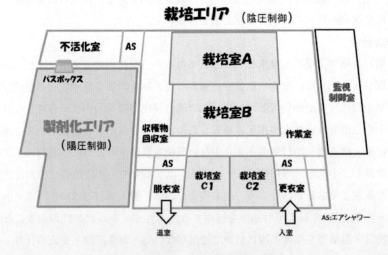

図1　密閉型遺伝子組換え植物工場

第17章　医療用原材料生産のための密閉型植物工場

れるため，同工場内にて，新規の低コスト排水処理システムの開発も鹿島建設㈱と㈱産業技術総合研究所とで行われている。一方，栽培に用いた資材等も工場外に搬出する際には，組換え体が付着している可能性があるため，オートクレーブあるいは薬剤等により処理を行う。作業者は退出時に脱衣室前のエアシャワーにて，着衣に付着した花粉や植物残滓を除去し，脱衣室に移動，そこで脱衣する。使用済みの作業着は高温・高圧処理後に工場外へ持ち出す。工場管理関係者は，以上のような作業工程に関する細かな作業手順書を作成し，作業者はこれに従っている。

3.2　照明・空調仕様

栽培する作物については特定の作物に確定せず，ほとんどの作物種に対応可能な設備構築を行った。本工場においては，高圧ナトリウムランプ，メタルハライドランプを設置し，これらの発熱負荷による室内の温度上昇を軽減するため，一般的に行われているようにランプ下にガラス板を設置し室内空間と隔離した。この設計により栽培空間へのランプ発熱の直接の影響を比較的抑えることは可能となったが，メタルハライドランプを用いた栽培室の床面で約 $1400\,\mu\mathrm{mol\,m^{-2}\,s^{-1}}$ 以上の光量を確保可能な照明器具を備えた結果，従来にない高い空調機能力は要求された。一方，葉菜類のような一般的に高いPPFを要求しない作物は，蛍光灯，LEDなどの照明器具を用いることが可能であるため，照明器具を作物の近距離に設置できる。したがって，空間を有効に活用できる多段式栽培方法が適用できる。この場合の発熱量は，照明器具ひとつあたりをHIDランプと比較すると低いが，多段の栽培棚の導入により，発熱源となる人工照明装置を多数栽培室内に設置することとなるため，やはりこれらの熱量を調整するための空調機能力とそれ以上に栽培室内の気流のコントロールが要求される。空調に関しては，壁面吹き出し・吹き込みの横層流式と天井吹き出し・吹き込みの2方式を採用し，室内の温湿度分布等の均一化試験も行っている。さらに，気流の障害物としての植物体そのものの日々の成長による大きさの変化や，明暗期設定による照明器具からの発熱の有無，光合成による蒸散（明期のみ）による湿度変化の制御等を考慮して，変動幅を可能な限り少なく制御できる総合的な空調システムの開発が要求された。

上記の様々なシステム制御のための機器類の発停，監視，栽培環境等を記録するためのモニタリングシステムを監視制御室に設置した。現在，それらの情報をフィードバックして各作物に最適な環境調整を行い，より再現性の高い環境条件の構築検討を行っている。ケーススタディとして，イヌ・インターフェロン発現組換えイチゴ，医療用タンパク質を発現する組換えジャガイモなどを用い，それぞれに最適な栽培方法の検討や収穫物を原材料とする製剤化工程の構築，実証試験などを行っている。

4　イヌ歯周病薬原材料生産

現在，国内の成犬の約8割が歯周病に罹患していると言われている。そこで，イヌの歯周病治癒効果をもつ医薬品開発を目的として，ホクサン㈱，北里第一三共ワクチン㈱（旧：北里研究所・

生物製剤研究所），㈱産業技術総合研究所の3社の共同研究体制で組換えイチゴを用いたイヌの歯周病薬開発をNEDO補助事業（2004〜2006年度）にて行った。本研究プロジェクトにおいて，イヌインターフェロンα遺伝子を導入した組換えイチゴの作出，解析を行い，イチゴ発現インターフェロンαの生物活性確認およびイチゴ果実の凍結乾燥粉末のイヌへの経口投与による歯周病治癒効果を確認するまでの十分な成果が得られた[3]。そこで，プロジェクト期間終了後には，事業化を目指して，開発した組換え系統の選抜・大量増殖を行い，植物工場において栽培方法の効率化検討・加工工程の手順化等を行ってきている。

イチゴの光要求量は約200〜300μmol m^{-2} s^{-1}であり，草丈も低いので多段式の栽培システムが採用できた。蛍光灯を7本並列に設置した幅40 cm，長さ6 m，可動式2段のNFT方式の栽培棚を設計し，これを約30 m^{2}の栽培室Aに4棚設置した。遺伝子組換えに用いたイチゴ品種の草型より株間を考慮し，栽培可能株数は約550株／室とし，栽培条件（温・湿度，光量，養液，栽培期間等）の検討を行った。上述のモニタリングシステムにより，温度・湿度・養液温度・養液pH・CO_2濃度・風速の1分おきの多点観測値が保存され，その膨大なデータをもとに栽培環境・栽培工程の改善を積み重ね，遺伝子組換えイチゴの栽培工程を構築した[4]。

一方，栽培とは別に，栽培用苗の安定供給体制も構築する必要があったため，イチゴの栄養繁殖性を利用したシードロットシステムの構築も行った。現在，培養株の順化から果実採取，原材料生産までの栽培・製造工程（図2）をほぼ確定し，栽培室での栽培を年2作行うことにより，実生産規模にあたる平均250 kg／年の果実生産が可能となった。実証検討として，ランニングコストの検討も行っており，充分，事業化可能な範囲であると推察している。従って，同様の生産系を用いた場合，当然，実証は必要だが，今までコスト的に開発不可能であった物質生産系に応用できる可能性が高い。また，安定生産性の問題から産業化が困難であった種々の開発済みの遺伝子組換え植物の実用化へのブレークスルーのための一助となることも考えられる。今後，動物用・ヒト用ワクチンや医薬品などの高付加価値物質の低コスト生産手法としての技術拡大が期待される。

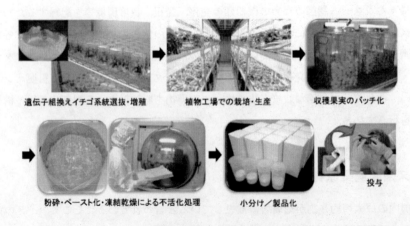

図2　栽培・製造工程

第 17 章　医療用原材料生産のための密閉型植物工場

文　　献

1) http://www.pharma-planta.org/
2) 後藤英司，松村健，月刊 BIO INDUSTRY , 2009 年.1 月号, pp.7–12 (2009)
3) 田林紀子ほか，日本生物工学会 2006 年度大会　シンポジウム「組換えイチゴによる有用タンパク質生産」
4) 田林紀子，高砂裕之，権藤尚，日本農芸化学会 2009 大会シンポジウム／バイオ組合共催特別シンポジウム「遺伝子組換え技術を駆使した植物による有用物質生産の体系化」,「機能性イチゴの開発」

第18章　人工光型イチゴ植物工場

彦坂晶子[*]

1　はじめに

これまで商業生産用のイチゴ植物工場は実現していないが，見通しがないわけではない。本章では，イチゴ植物工場に対するニーズ，植物工場でのイチゴの優位性，経済産業省のプロジェクトで得られた四季成り性イチゴに関する研究成果のうち，光環境に関するものを中心に紹介し，光環境の制御によるイチゴの高効率生産の可能性について述べる。

2　果菜類の周年生産とイチゴの需要

現在，主要な果菜類の多くは簡易なパイプハウスや温室などの一般的な園芸施設で生産されている。これら果菜類の中で，トマトでは高度な環境制御装置を導入した大規模温室，いわゆる太陽光利用型の植物工場での周年生産が行われているが，他の果菜類では大規模な周年生産技術は確立されていない。また，トマトでも収量低下を招く夏季の高温対策などは十分とはいえず，従って，ほとんどの果菜類では夏季に生産効率や品質が低下し，周年需要を賄えないのが現状である。

中でもイチゴは周年を通じて高い需要があるものの，夏季から秋季（6月〜11月）には国内での生産量が需要に追いつかず，生食用イチゴだけでも約3000tを海外からの輸入に頼っているのが現状である（平成21年度農畜産業振興機構「ベジ探」（原資料：財務省「貿易統計」））。そのため，東京都中央卸売市場におけるイチゴの価格は，収穫ピーク時でキログラムあたり674円に対し，夏季では1,877円（年平均単価1,281円）に跳ね上がる（資料：平成21年東京都「東京都中央卸売市場統計」）。このような現状に対し，人工光型植物工場でイチゴを高効率・低コストで周年生産したいというニーズが生じるのは必然といえる。

3　人工光型植物工場での果菜類生産のデメリットとイチゴ生産の優位性

現在，商業生産が行われている人工光型植物工場では，苗や葉菜類の生産がほとんどであり，果菜類の生産は行われていない。果菜類が生産されない理由として，苗や葉菜類に比べ1作の栽培日数が長いことや1株あたりが占める栽培面積（占有面積）が広いこと，収穫までに栄養成長相と生殖成長相を経なければならないため，植物種によっては複数の環境条件を設定・制御する

---

[*]　Shoko Hikosaka　千葉大学　大学院園芸学研究科　環境調節工学研究室　准教授

第18章　人工光型イチゴ植物工場

必要があり，照明や空調コストがかかり，経済的に見合わないことなどが挙げられる。

しかし，これらのデメリットのいくつかはイチゴには当てはまらず，占有面積や照明コストについては，イチゴならではの利点がある。イチゴは草丈が低く，穀類や豆類と比べて低い光強度で栽培できることから，葉菜類のように蛍光灯やLEDなどを光源とした人工光型植物工場での多段式栽培が可能であり，単位面積あたりの生産性が高い。また，イチゴの食味は幅広い年齢層に受け入れられており，果実内にビタミンやポリフェノールが豊富で，生食用だけでなく多様な食品に添加・加工されていることから，周年的に安定した需要がある。これらの利点から，果菜類の中でもイチゴは人工光型植物工場で栽培するのに適した作物と考えられる。特に，花芽分化に一定の低温遭遇が必要な一季成り性イチゴに比べ，四季成り性イチゴは恒温条件で栽培できることから，栽培環境の制御が容易だと考えられる。

4　人工光型植物工場でのイチゴ生産に関する研究開発

4.1　これまでの研究開発

人工光や空調設備を配した植物工場は建設コストが高いことから，限られた面積を葉菜類に比べて長期間占有する果菜類生産を商業的に成立させるためには，従来よりも付加価値の高い作物である必要がある。その点で，安定的に周年需要が見込まれるイチゴを人工環境下で栽培するための技術開発に対する期待は大きい。

我が国では生食用イチゴとして一季成り性イチゴが栽培され，その90%以上は施設栽培されており，これまで多くの栽培試験や研究成果の蓄積がある。しかし，これまで人工光型植物工場でイチゴを果実収穫まで栽培する技術や環境制御に関する研究は，大学や研究機関でも事例が少なく，特に，一季成り性イチゴに比べて栽培面積や生産量が圧倒的に少ない四季成り性イチゴの栽培環境に着目した試験研究はほとんどなかった。

4.2　遺伝子組換えイチゴによる医療用原材料生産プロジェクト

経済産業省は2006年度に「植物機能を活用した高度モノ作り基盤技術開発／植物利用高付加価値物質製造基盤技術開発」というプロジェクトを立ち上げ，2010年度までの5年間実施した。このプロジェクトは，従来，クリーンルーム内で動物や微生物を利用して生産されていた医療用原材料，ワクチン，試薬，酵素等といった高付加価値の有用物質を遺伝子組換え植物で生産する技術開発を行うもので，植物の増殖，栽培から原材料としての加工まで，すべて人工光型（密閉型）植物工場内で行うことが前提となる（後藤，2008；松村，2006）。

本研究グループでは，鹿島建設㈱，ホクサン㈱，産総研と共同で2006年から医療用原材料を生産するための遺伝子組換えイチゴを高効率生産するための研究開発を行ってきた。ここで研究対象とした四季成り性イチゴ（*Fragaria*×*ananassa* Duch. 品種名 HS 138）には，生活習慣病に対する予防効果が期待されるインターフェロンやアディポネクチンなどの高機能性物質が導入

153

図1　千葉大学大学院園芸学研究科にある閉鎖型植物生産施設での栽培試験状況（左）と医療用原材料となるイチゴの凍結乾燥粉末（右）

されており，これらを高度な環境制御が可能な閉鎖型植物生産施設で安定・高効率生産することに取り組んだ（図1）。具体的には，果実内の目的タンパク質濃度や含有量を高めるための環境制御技術を開発してきたが，結果的にこれらの技術の多くが，一般的な（非組換え体）イチゴの人工環境下での高効率生産として適用可能なものであった。

また，鹿島建設㈱は，プロジェクト以前に産総研北海道センター内に完全密閉型（閉鎖型）植物工場を建設した実績があり，プロジェクトで得られた組換えイチゴの栽培技術に関する知見を従来の照明技術や空調システムへ組み入れ，実用生産規模で再現するためのシミュレーションの構築や高効率栽培システムの改良・提案などを行った（加藤ら，2010；高砂ら，2010）。このように，現実的で効率的な植物工場の建設や環境制御技術の開発には，栽培技術，いわゆるソフトウェアの技術開発と，栽培装置いわゆるハードウェアの技術開発の両軸が不可欠といえる。

5　四季成り性イチゴの生育ステージと研究開発要素

どのような作物を対象とした植物工場でも同様であるが，効率的な植物工場を実現するためには，以下の研究開発が必要である。

① 対象とする作物が最も速く成長する環境条件を探索する。
② 植物工場内の栽培環境をできるだけ均一化する。
③ 敷地面積あたりの栽植密度を最適化する（多段式，密植栽培など）。
④ エネルギーコストが最小となるような栽培サイクル，環境制御装置の運転方法を探索する。

イチゴの生育ステージは，図2のように形態的，生理的に明確に異なる栄養成長期と生殖成長期とに分けられる。植物工場での単位面積あたり，単位期間あたりのイチゴの果実収量を最大にするためには，各生育ステージでの日数を短縮する必要がある。つまり，生育速度を最大とする栽培環境や，ある程度成長した苗をできるだけ早く開花させる栽培環境，さらに単位期間あたりの果実生産効率を最大とする収穫日数などを明らかにする必要がある。

第18章　人工光型イチゴ植物工場

6　研究成果

6.1　基本となる栽培環境条件

　人工環境下におけるイチゴの生育適温や培養液管理に関する知見は，これまでの施設園芸で得られたものとほぼ一致する。具体的に本研究グループで得られた光環境以外の成果については，学会誌や記事などの資料を参照していただくこととし，本節では光に関する成果を紹介する。

　本研究グループでは，まず，組織培養で増殖した非組換え体を用い，白色蛍光灯を光源として光強度と明期の好適な範囲について両生育ステージでの栽培試験を実施した。その結果，白色蛍光灯で光強度を $225\mu mol\ m^{-2}\ s^{-1}$，明期 16 h（W16）を栽培の基本栽培環境条件として研究を開始した。

6.2　栄養成長期の開花促進

　環境制御によって開花を促進し，育苗日数を短縮することができれば，1作あたりの栽培日数が短縮でき，年間の作付け回数を増やせる。また，1作あたりの照明や空調などのランニングコストを削減することで生産効率を高められる。そこで，苗の生育および生殖成長への移行（花芽分化や開花）を促進する光環境条件を探索した。

　四季成り性イチゴは長日植物であることから，光質および明期を組み合わせた栽培試験を行った。これらの実験では，すべて水耕栽培へ順化後21日目から処理を開始した（図3）。光源には

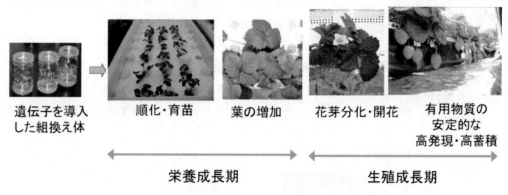

図2　四季成り性イチゴの生育ステージ

図3　組織培養イチゴ（左）と水耕栽培に順化した苗（右）

蛍光灯，HEFL，LEDを用いた。その結果，蛍光灯やHEFL，LEDなどの光源によらず，明期16hでは白色光（W）より青色光（B）で有意に開花までの日数が短くなった（図4）。また，光質，光強度および日積算PPFによらず，明期24hで有意に（約2週間から3週間）開花が促進された（図4）。これらの結果から，基本となる栽培環境条件である白色蛍光灯で明期16h（W16）に比べて育苗期間が短縮され，1作の栽培期間（150日）を約10〜17%短縮することができた（彦坂ら，2010）。

ところで，一般的な植物と同様に，四季成り性イチゴも同じ光強度であれば，青色よりも赤色光を多く含む光質の方が光合成効率が高く，成長が速い。よって，開花促進に青色光を用いる場合は，花芽が形成（分化）した後に光質を赤色光に変更することが望ましい。しかし，育苗期間中に光質を青色光から赤色光へ変更することで，形成（分化）した花芽が発達せずに開花が遅れる，あるいは白色光と同程度になる可能性がある。そこで，LEDを用いて，育苗期間中に光質を変える栽培試験を行った（図5左）。

その結果，光質処理を開始後21日目（検鏡による花芽分化確認後）に苗を青色LED下（B区）から赤色LED下（R区）へ移した場合（B→R区）でも，開花までの日数は，B区と同じであった（図5右）。このことから，花芽分化した後の花芽の発達には光質の影響はないことが明らかとなり，むしろ光合成効率の高い白色光や赤色光下で栽培する方が，その後の生育や果実生産に有効であることが示唆された（吉田ら，2011）。

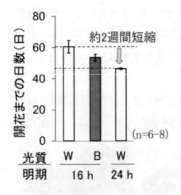

図4　育苗時の光質による開花の促進
バーは標準誤差を示す。
W:白色蛍光灯，B:青色LED

6.3　生殖成長期の果実生産効率

四季成り性イチゴの育苗期（栄養成長期）は，一般的な葉菜類の植物工場と同様に成長速度を高めれば生産効率が

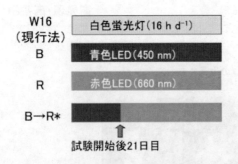
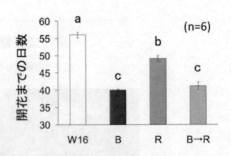

図5　育苗時の光環境が開花までの日数に及ぼす影響（試験区（左）と結果（右））
B→R区は試験開始後21日目に花芽分化を検鏡で確認し，その後，赤色LED下で育苗した。
右図中のバーは標準誤差を，異なる英小文字はTukey-Kramer法において試験区間で5%レベルで有意差があることを示す。

第18章 人工光型イチゴ植物工場

高まる。しかし，収穫期（生殖成長期）では，葉と果実との分配割合が日々変化することや，それに伴い収穫期間中の果実の生産効率が変動することに留意して栽培環境条件や1作の収穫日数を決める必要がある。

まず，白色蛍光灯を光源とし，光強度と明期を組み合わせて1日に与える光量（日積算光量）を変え，果実収量を調査した。その結果，光強度と明期によらず，日積算光量が多いほど果実収量が増加した（図6）。ただし，明期24hで225μmol·m⁻²·sよりさらに光強度を高めると，葉にチップバーンが生じたり，萎凋症状がみられた。よって，四季成り性イチゴは暗期が不要の作物と考えられるが，明期が長い場合の好適な光強度はPPF 150から最大でも300μmol m⁻² s⁻¹であると思われた。

次に，図5で述べた育苗期の光質制御によって開花を促進した株の果実収量を調査した。これは，開花促進した株の成長（株あたりの葉面積や乾物重）が不十分であると，その後の果実収量が低下する可能性があるためである。LED下で行った栽培試験の結果，対照としたW16区よりも開花が約2週間早かったB区およびB→R区では，収穫開始も約10〜20日早くなった（図7）。また，これらの区ではいずれも収穫開始からの日数が約40日で収量が600gを越え，これ以降，果実の生産速度は低下した（図7）。これに対しW16区では，果実収量は栽培試験終了時まで連続的に増加し，果実の生産速度はほぼ一定であった。ただし，収穫開始から600gに達するまでの日数は約67日であり，B区，R区およびB→R区に比べて約1ヶ月遅れた。

これらの結果から，B区およびB→R区は，他の区に比べて収穫開始時の葉面積や乾物重は対照区より小であったものの，収穫開始が早く，果実の生産速度も速いことから，この光環境条件で育苗することで単位期間あたりの果実の生産効率を高められることが示された（吉田ら，2012）。

本節で紹介した四季成り性イチゴでは，医療用原材料の生産を目的としていたことから，果実重量や目的タンパク質濃度の均一性が求められ

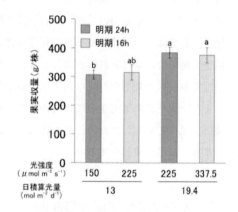

図6 光強度と明期が果実収量に及ぼす影響（白色蛍光灯）
Bは青色LED。図中のバーは標準誤差を，異なる英小文字はTukey-Kramer法において試験区間で5%レベルで有意差があることを示す。

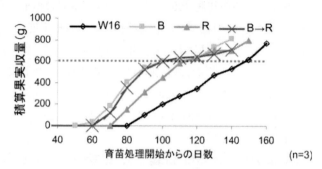

図7 育苗時の光質および明期が四季成り性イチゴの果実収量に及ぼす影響（n=3）

た。よって，従来の施設栽培イチゴで行われるような数ヶ月に及ぶ収穫期間は想定せず，果実重量がある程度均一な収穫開始後約35〜45日で果実収穫を終えることを想定して栽培を行った。実際には，生産効率の一時的な低下はあるものの，より長期間収穫を続けることは可能である。

従って，生食用イチゴの商業生産を目的とした場合には，収穫したい果実の品質（重量，色，奇形の有無，ビタミン類）や種苗にかかるコスト，照明・空調コストなどによって，育苗と収穫期間を合わせた1作の栽培期間を決定する必要がある。

7　四季成り性イチゴと一季成り性イチゴの相違点

四季成り性イチゴは長日植物であるのに対し，一般的に生食されている一季成り性品種は短日植物である。よって，植物工場で一季成り性品種を栽培する場合，花芽分化に低温や短日条件が必要となり，育苗期用のスペースと収穫期用のスペースとの分離が必要となる。ただし，従来の施設園芸では，一季成り性品種の花芽分化技術や栽培技術はすでに確立されており，人工光型の植物工場での栽培はそれほど難しくないと思われる。むしろ，栽培環境の制御が容易であり，高密度で多段式の栽培が可能な人工光型の植物工場の方が，成長や花芽分化の斉一性を高めやすい。

また，開花後の果実生産には受粉作業が必要であるが，これは四季成り性品種，一季成り性品種とも同様である。ただし，品種によっては振動や風で容易に受粉するものがあるので，省力化のためには品種検討をする必要がある。

8　イチゴ植物工場の可能性

人工光型植物工場でのイチゴ栽培では，光環境に限らず，気温，湿度，二酸化炭素濃度をイチゴの成長に合わせて制御できるため，施設栽培イチゴに比べて成長速度が速く，それに伴い果実収穫までの期間が短く，短期間に高い果実収量が得られる。本研究グループが携わったプロジェクトの初期（2006〜7年）の果実収量の結果では，収穫開始から35日間で380g/株が得られ，栽植密度5株/m^2で年3作として試算すると，年間果実収量は5.7kg/m^2であった。これは従来の施設栽培における同品種の年間果実収量の4kg/m^2に対して42%多い。現在は，育苗期からの環境制御により，収穫開始から35〜45日間で約570g/株が得られている（図8）。

このように人工光型植物工場では，光環境をはじめとする栽培環境条件をさらに改善していく余地があり，今後も人工光型植物工場でのイチゴの生産効率は施設栽培に比べて高く

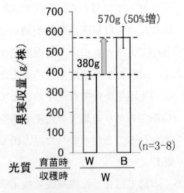

図8　育苗時の光質による果実収量の増加
バーは標準誤差を示す。
W:白色蛍光灯，B:青色LED。

第18章 人工光型イチゴ植物工場

なると考えられる。

9 おわりに

5年以上にわたる環境制御技術の研究開発により,四季成り性イチゴを人工環境下で高効率生産でき,安定生産に必要な基盤を築くことができた。これまでに,人工環境下でイチゴを周年生産したいという企業や個人の方が数多く千葉大学の栽培試験を視察に来られ,一部の企業ではすでに商業生産を目指した試験栽培を開始しているようである。本研究グループが蓄積した人工環境下でのイチゴ栽培技術が,今後も様々な形で人工光型植物工場でのイチゴの周年生産や他の果菜類の商業生産へ発展することに寄与できれば幸甚である。

図9 多段式の栽培棚で光質を変えてイチゴを栽培している様子(千葉大学)

謝辞

本章で紹介した研究開発の成果には,ホクサン㈱,鹿島建設㈱,産総研の方々,千葉大学の教員および学生が携わってきた。5年間という限られた時間に多くの成果を出すことができたのは,これら多くの方々の不断の努力と協調のおかげであり,ここに深く感謝の意を表する。

文　　献

1) 後藤英司,遺伝子組換え植物工場を用いた高付加価値物質の生産,SHITA REPORT,**25**,1-10(2008)
2) 彦坂晶子,吉田英生,吉野千里,後藤英司,高砂裕之,工藤善,青色光および明期が四季成り性イチゴの開花に及ぼす影響,日本生物環境工学会2010年京都大会講演要旨,pp.8-9(2010)
3) 加藤正宏,武政祐一,権藤尚,高砂裕之,工藤善,田林紀子,松村健,後藤英司,閉鎖型遺伝子組換え植物工場栽培室の環境構築に関する研究,その6 植物蒸散モデルの違いが室内環境予測に与える影響,日本生物環境工学会2010年京都大会講演要旨,pp.96-97(2010)
4) 松村健,閉鎖型システムを用いた遺伝子組換え植物による有用物質生産,SHITA REPORT,**23**,59-65(2006)
5) 高砂裕之,権藤尚,工藤善,加藤正宏,武政祐一,澤田裕樹,佐藤進,後藤英司,彦坂晶子,田林紀子,青木隆,松村健,安野理恵,植物工場を用いた遺伝子組換えイチゴによる高付加価値物質生産,国際シンポジウム「遺伝子組換え植物を用いた高付加価値物質生産」(主催,経済産業省)発表要旨,pp.29-32(2010)

6) 吉田英生,彦坂晶子,後藤英司,高砂裕之,工藤善,育苗期の光質が四季成り性イチゴの花成および果実収量に及ぼす影響,日本農業気象学会2012年全国大会(大阪大会)講演要旨集,pp.65 (2012)
7) 吉田英生,彦坂晶子,後藤英司,田林紀子,松村健,高砂裕之,工藤善,連続明期における青色光および赤色光が四季成り性イチゴ苗の花成および生育に及ぼす影響,日本生物環境工学会2011年北海道大会講演要旨,pp.134-135 (2011)

第19章　人工光型イネ植物工場

中島啓之[*]

1　はじめに

イネを健全に育てるためには，十分な光強度がありかつ適温であることが必要[1]とされている。図1にイネ葉における光強度と光合成速度の関係[2]を，表1に各種植物の光補償点と光飽和点[3]を示す。イネの光合成速度は光強度の増加に伴い上昇し，光飽和点は40,000〜50,000 lx である。一般的なファイトトロンの照度は20,000 lx 程度であるが，光が不十分であると徒長して弱いイネになりやすい[1]。また，表2にイネの生育各期における適温[4]を示すが，概ね20〜30℃の範囲で昼夜の気温差があることが望ましい[1]とされている。

本章では，人工環境下でイネ栽培を実施している設備の事例と人工光型イネ植物工場の試験設備の概要を解説する。

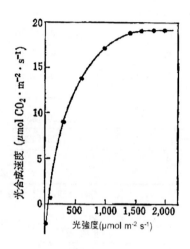

図1　イネ葉における光強度と光合成速度の関係

2　人工環境下でのイネ栽培設備事例

2.1　植物育成チャンバ

植物育成チャンバを利用した人工光源下でのイネ栽培は多数報告されている。例えば，幼苗期の低温障害や出穂後の高温不稔などの課題を解決するため特定の生育段階における環境ストレスを評価したり，蒸散速度や光合成速度の測定のような短期間の環境応答を解析したりする試験などが行われており，全生育期間を通じてイネを栽培した結果ではない。光源は，小型チャンバでは白色系蛍光ランプ，大型チャンバではメタルハライドランプが用いられるのが通例であり[5]，照度としては 30,000 lx 前後が多い。植物育成チャンバで苗から栽培して収穫まで実施した報告はあまりみられない。

表3に，植物育成チャンバと後述するイネの育成に特化した人工光型植物工場との比較を示す。多くの植物育成チャンバでは，栽培可能面積は数 m² 以下と小型なので同時に栽培できるのは数株程度となる。空調方式としては，冷風を下部から吹き出して上部などから吸込む混合方式が主

---

[*]　Hiroyuki Nakajima　㈱朝日工業社　営業本部　リノベーション推進部

表1 各種植物の光補償点と光飽和点

作 物 名	光飽和点（klx） （　）内は光量子束密度	光補償点（klx） （　）内は光量子束密度	備　　考
イ　　ネ	40～50（672～840）	0.5～1.0（8～17）	Murata, 1961
オ オ ム ギ	50（840）	———	Takeda, 1978
ダ イ ズ	20～25（336～420）	1.0～1.5（17～25）	Böhning & Burnsaide, 1956
トウモロコシ	80～100（1344～1680）	1.8（30）	Hesketh & Moss, Hesketh, 1963
バ レ イ シ ョ	30（504）	———	Chapman & Loomis, 1953
ト マ ト	70（1176）		
ナ　　ス	40（672）	2.0（34）	
メ ロ ン	55（924）	0.4（7）	Tatsumi & Hori, 1969
エ ン ド ウ	40（672）	2.0（34）	
ミ ツ バ	20（336）	1.0（17）	
レ タ ス	25（420）	1.5～2.0（25～34）	

表2 イネ生育各期における適温

	分げつ期	茎葉の伸長	幼穂の分化形成	開花	もみの登熟
昼間	26～36℃ （平均30℃）	31～32℃	32℃	30℃	26℃
夜間	16℃	22℃	22℃	18℃	16℃

表3 植物育成チャンバと人工光型イネ植物工場との比較

		植物育成チャンバ	人工光型イネ植物工場
	目的	水田栽培における課題の解決など	有用物質生産など
	栽培面積	～1坪（3.3 m²）程度	数 m²（研究用）～100 m² 以上
	栽培株数	1～数株程度	群落栽培
	栽培期間	特定の生育期間	播種から収穫までのすべての生育期間
環境条件	空間分布	不均一（温度，気流）	気流を含めて最適化
	気流	例えば，床下吹出・上部吸込	例えば，水平壁吹出・壁吸込
	培地	ポット（手潅水）	養液栽培（自動管理）

流であるため，温度や気流状態は空間分布が生じやすい。一方，植物工場では群落での栽培となるが，一方向流方式を採用するなど気流を含めた最適化が実施しやすく，比較的高い環境の均一性を確保することが可能となる。例えば，光合成を評価する場合，チャンバでは個々の株での光合成特性となるが，群落では個々の特性に加えて群落の発達程度で大きく変化する空間における葉の配置や葉面指数なども影響因子となり，実規模施設での栽培を検討する上では重要なものと考えられる。

第19章　人工光型イネ植物工場

2.2　PASONA O2（2009年閉館）およびアーバンファーム〔㈱パソナグループ〕

就農支援施設の目的で都心ビルの地下2階に開設されたPASONA O2（パソナオーツー）には，人工水田（約40 m²，写真1）が設けられた。光源には，太陽光に近い色のメタルハライドランプ（400 W×21灯）と寿命が長く効率の良い高圧ナトリウムランプ（360 W×11灯）が利用[6]された。平均光強度は，光合成有効光量子束密度（以下，PPFD）で239～298 μmol m⁻²s⁻¹，照度で22,700～27,000 lxであった[7]。空調は，地域冷暖房熱源によるファンコイル方式を採用[7]し，必要に応じて小型の循環扇で気流を補っていた。

写真1　PASONA O2（パソナオーツー）の人工水田

アーバンファーム[8]の人工水田（約90 m²，写真2[9]）においても，光源はメタルハライドランプと高圧ナトリウムランプが併用され，最大照度は50,000 lxとしている。照明器具は昇降装置により高さが変更でき，生育状態に合わせて光量が調整できる。1作当たりの収穫量としては，約560 g/m²（予定）[8]としている。

写真2　アーバンファームの人工水田

2.3　閉鎖型生態系実験施設〔㈶環境科学技術研究所〕

全生育期間を通じて人工環境下でイネを栽培している事例[10]はあまり多くないが，収穫を目的にして実用規模で栽培している事例としては，㈶環境科学技術研究所にある閉鎖型生態系実験施設[11]がある。人工光型栽培室（60 m²）の光源は高圧ナトリウムランプで，光強度は25%ステップで可変できる。全灯（108灯）点灯時の照度は155,000 lx，PPFDは1,940 μmol m⁻²s⁻¹である。ここでは，明／暗期14／10時間，温湿度27℃，65%RH／20℃，85%RHの条件[12]下で，順次栽培と収穫を行うシークエンス栽培[13]を行っている。栽培面積当たりの玄米収量としては，約10～13 g/m²/day[12,13]が得られている。

3　人工光型イネ植物工場

近年，植物の遺伝子組換え技術を応用して，植物本来の含有成分でない医療用原材料などの高付加価値の有用物質を植物個体内で生産する技術開発が実施されている。これら植物を気象条件

に左右されずに目的物質を安定で効率よく計画生産するためには，栽培条件を適切に制御できる人工光型植物工場が必要となる。本節では，ワクチン成分を含有するイネを対象として開発した人工光型イネ植物工場の試験設備（写真3）[14]について説明する。

3.1 光環境制御

イネの光要求量は他の植物に比べ高いため，人工光源としては蛍光灯やLEDでは不十分で，前述の設備事例と同様に高圧ナトリウムランプやメタルハライドランプなどの高輝度放電ランプを使用する必要がある。照明や空調のエネルギーコストを考慮すると，人工光型植物工場で夏季の昼間の強い日射（2,000μmol m^{-2}s^{-1}）を作るのはあまり現実的ではなく，明期に一定の光強度（700～1,000μmol m^{-2}s^{-1}）を照射している。図2に，屋外と植物工場での光強度の経時変化[15]を示す。この場合，植物工場における1日当たりの積算光量子数は，屋外平均と同程度となることがわかる。

本施設では，一般のメタルハライドランプ（汎用品）と比較して，照明電力当たりの光合成速度を高めた高効率型のセラミックハライドランプ（開発品）[16]を採用している。一般照明用光源の光質は人の視感度に合わせているため，光合成にあまり寄与しない緑色光の比率が高い。開発品は，発光管内のハロゲン化金属の組成と量を調整し，汎用品に比べて緑色光の比率を低くし，光合成に有効な赤色光の比率を高くしている。図3に，開発品ランプの光量子束分布を示す。

また，一般照明用の反射笠は高圧放電灯400Wクラスで灯高5m前後を基準に設計されているが，本施設では光源から栽培面までは約1.5mで低位置近接照射である。光源の放射束を定められた被照面に効率良く投入するためには，反射笠の配光制御が重要となる。群落で栽培しているイネへ高効率で照射し，栽培面の光強度を均一にする

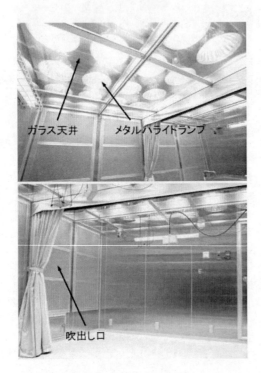

写真3 千葉大学園芸学部に設置した人工光型イネ植物工場の試験設備
上：室内天井面，下：室内

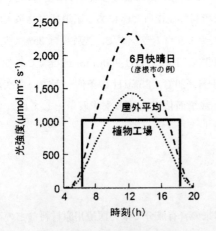

図2 光強度の経時変化の比較

第19章　人工光型イネ植物工場

ために，低位置高効率型の反射笠と点灯・調光制御システムなどの照明機器を新たに開発し，開発品ランプと組み合わせて総合的な効率化を図っている[17]。写真4に，開発品と汎用品，それぞれでの栽培の様子を示す。

3.2　空気環境制御

イネ植物工場では，必要な光強度を得るためには，天井面にメタルハライドランプなどの高輝度放電ランプを多数設置する必要があるが，排熱量と熱放射量が非常に大きい。本施設では，栽培室内の温熱環境へ与える影響を軽減させ，高効率で空調処理するために，ランプの下に強化ガラス天井を設けて照明室を構築している。栽培室の空調の気流方式は，栽培エリアの温熱環境と気流速度分布の均一性を高めるために水平一方向流方式とした。照明室の空調は外気冷房方式を採用し，栽培室と分離空調としている。これにより，イネの群落栽培が可能な強光

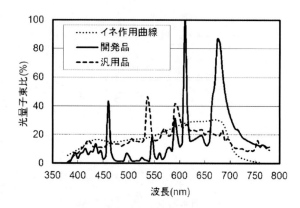

図3　開発品ランプの光量子束分布

写真4　それぞれのランプでの比較試験栽培の様子

で均一な光環境を確保しながら，栽培エリアの空気環境を最適に制御することができる。図4に，空調フローの一例を示す。

3.3　栽培結果

開発した人工光型イネ植物工場の試験設備にて，様々な栽培環境条件下でイネの栽培試験を行い[18~22]，与える光強度において光合成速度・蒸散速度を高める気温と相対湿度の組み合わせや，群落の受光効率を高くして穂数を増やせる株密度，培養液の肥料濃度制御など，設備仕様と栽培管理手法を合わせた総合的な環境制御の最適化を実施した。図5に，栽培試験結果の一例を示す。投入光エネルギー当たりの玄米収量（＝光利用効率）は水田栽培よりも34～58％も向上し[15]，玄米収量は同一品種の水田栽培の平均値（536 g/m^2）と比較して1.5倍以上増加した。人工光型イネ植物工場では，年3作が可能であるため，水田栽培（1作）に比べて約5倍の年生産量が得られる。また，有用物質生産においても，照明使用電力量当たりの目的物質の生産効率は約2倍[23]を実現している。

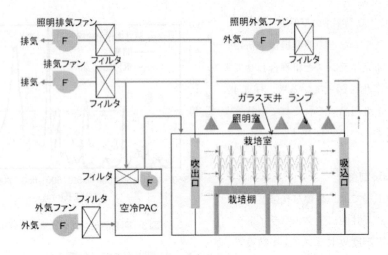

図4　空調フローの一例

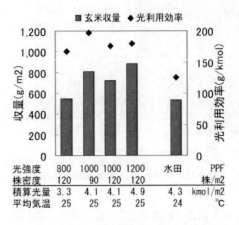

図5　人工光型イネ植物工場における玄米収量

写真5　LEDを用いたイネの研究栽培の様子

4　LED型イネ植物工場への期待

近年，LEDは急速に進歩し高出力化が進んでいる。PPFD 1,000μmol m^{-2}s^{-1}以上の出力を実現するパネル型LEDユニットが市販され始め，LEDによるイネ栽培が実現可能となった。写真5に，LEDによるイネの研究栽培の様子を示す。現段階では，小型の植物育成チャンバでの試験栽培のみと思われるが，将来的には大規模な植物工場へ展開していくものと予想される。LEDは他の光源と比較して近接照射することができるため，高輝度放電ランプでは困難であった多段イネ栽培など，新たなイネ工場への展開が期待される。また，LEDは単波長の光の組み合わせが可能である。LEDでの実施例ではないが，青色光で短日処理をすると速い生長速度を維持しながら花成を促進させる可能性があること[18]や，赤色半導体レーザに青色光を添加すると高圧ナト

第 19 章　人工光型イネ植物工場

リウムランプで栽培したイネと比べて重量割合が大きい籾が得られる[24]などの報告がされている。今後は LED を利用したイネの試験栽培が活発に行われ，従来とは異なる生育特性や栽培技術が明らかになっていくものと考えられる。イネの生育段階に合わせた LED による波長制御や調光，パルス照射などが最適化され，これまでの農業経験を大幅に上回る高生産が実現されることを期待したい。

文　　献

1) 岩渕ほか編，モデル植物ラボマニュアル　分子遺伝学・分子生物学的実験法，pp.20-27, シュプリンガー・フェアラーク東京（2000）
2) 宮地編，光合成，p.145, 朝倉書店（1992）
3) 田澤，地下空間植物工場と人工光源，建設の施工企画，**734**, pp.68-71（2011）
4) 高辻編，植物生産システム実用辞典，pp.792-797, フジ・テクノシステム（1989）
5) 後藤，時代を先取りする先端技術　LED の農林水産分野への応用，p.46, 農業電化協会（2006）
6) パソナ，PASONA O 2 パンフレット（2005）
7) 田澤，パソナ社植物育成施設における照明設備，農業電化，**59**（10），pp.16-22（2006）
8) 板見，自然と共生するオフィス―パソナグループ本部アーバンファームについて―，*O plus E*, **374**, pp.46-49（2010）
9) ㈱パソナ農援隊ホームページ，http://www.pasona-nouentai.co.jp/about/1f.html
10) 小野田ほか，養液栽培水稲の生育と収量に及ぼす補光ランプの影響，生物環境調節，**26**（3），pp.151-157（1998）
11) 大坪，宇宙における長期滞在を目的とした植物生産システム，*SHITA REPORT*, **15**, pp.62-74（1999）
12) 新井ほか，閉鎖型生態系実験施設における物質循環システムを用いた植物栽培，第 53 回宇宙科学技術連合講演会講演集，pp.1607-1612（2009）
13) 小松原ほか，閉鎖居住実験における居住者への食料供給，第 53 回宇宙科学技術連合講演会講演集，pp.1607-1612（2009）
14) 中島ほか，閉鎖型イネ栽培システムの構築及び性能評価，空気調和・衛生工学会大会学術講演論文集，pp.1849-1852（2007）
15) 中島ほか，イネ種子での医療用蛋白質の生産技術開発（その 1）組換えイネによる有用物質生産のための閉鎖型栽培システムの構築の研究開発，第 26 回バイオテクノロジーシンポジウム予稿集，pp.73-74（2008）
16) 岡安ほか，植物育成用人工光源の開発―遺伝子組換えイネ栽培用―，日本生物環境工学会 2010 年京都大会講演要旨集，pp.10-11（2010）
17) 中島，遺伝子組換えイネによる有用物質生産のための閉鎖型栽培システムの構築，国際シンポジウム　遺伝子組換え植物を用いた高付加価値物質生産発表要旨，pp.21-24（2011）

18) 山田ほか，人工環境下における明期がイネの栄養成長および幼穂分化に及ぼす影響，日本生物環境工学会 2007 年創立記念大会講演要旨集，pp.158-159（2007）
19) 丸山ほか，人工環境下の培養液濃度および明期がイネの出穂後の生育に及ぼす影響，日本生物環境工学会 2007 年創立記念大会講演要旨集，pp.160-161（2007）
20) 松浦ほか，光環境が生殖成長期のイネの生育に及ぼす影響，日本農業気象学会全国大会講演要旨，p.34（2008）
21) 山田ほか，青色光を用いる短日処理がイネの花成に及ぼす影響，日本生物環境工学会 2008 年松山大会講演要旨集，pp.24-25（2008）
22) 田中ほか，閉鎖型植物生産システムで栽培したイネの種子タンパク質の解析，日本生物環境工学会 2008 年松山大会講演要旨集，pp.46-47（2008）
23) 松本ほか，光質および出穂後の光強度が CTB 遺伝子導入イネの生育および CTB 収量に及ぼす影響，日本生物環境工学会 2011 年大会講演要旨集，pp.176-177（2011）
24) 土屋ほか，レーザー光利用植物工場，日本原子力研究所 JAERI-Conf，2001-0111，pp.38-41（2001）

第20章　薬用植物生産のための植物工場

澤田裕樹*

1　はじめに

　植物工場は，年間を通じて安定的かつ安全に野菜などを生産できる特性を有することから，次世代型の農業として関心が高まっている。一方で，植物工場は太陽光利用型植物工場（人工光併用型も含む）と人工光型植物工場に大別されるが，いずれも従来型の農業に比べて初期建設コストならびに運営にかかる光熱費等のランニングコストが高額となること，また，特に人工光型植物工場においては，商業的に栽培できる品目がレタス等の葉菜類に限定されていることが，植物工場の普及を妨げる要因となっている。植物工場における採算性の向上と今後の市場拡大を目指すためには，これらのコストの低減とともに，より収益性の高い高付加価値作物生産の市場を開拓することが望まれる。

　こうした背景から，漢方薬原料などに使用される薬用植物が植物工場における高付加価値作物の候補として注目されている。植物工場における薬用植物生産の実現により，生産履歴が明確で品質が均一な原料の安定的確保が可能になるとともに，輸入への依存度の高い薬用植物の自給率の向上が期待できる。

　本章では，我が国における薬用植物を取り巻く状況，薬用植物を植物工場で生産する意義，薬用植物の植物工場生産に向けた鹿島建設の取り組み，今後の展開に向けた課題について述べる。

2　国内の薬用植物を取り巻く状況

　薬用植物とは，様々な薬効を有する植物類の総称である。その用途は，医薬品原料としてだけではなく，食品，化粧品分野など多岐にわたっている。特に薬用植物も含めた漢方薬原料は生薬と称される。

　漢方製剤の市場規模は，2009年度で1400億円弱であり，医薬品市場全体の中で2％程度と大きくない[1]。しかし，2000年代以降の大学における漢方医学教育の導入等を背景に，漢方治療に対する認識は高まっており，漢方製剤の市場規模は増加傾向にある。さらに，日本における高齢化の進行及び薬事法の改正による販売チャンネルの多様化を背景に，今後更に市場は拡大することが予想される[2]。また，日本の健康食品の市場規模は2兆円に達するといわれており[2]，これらの医薬以外の分野における薬用植物の需要も拡大している。

＊　Hiroki Sawada　鹿島建設㈱　エンジニアリング本部　次長

こうした状況の中で，日本国内で使用されている薬用植物は，その多くを海外からの輸入に依存しているのが現状である。日本漢方生薬製剤協会の 2008 年度調査によれば，日本の医薬品の原料として使用された生薬の重量自給率は 12％程度と低い水準である。また，輸入全体に占める中国からの輸入量の割合は 83％と圧倒的に多く，特定の生産国に輸入を依存する構図となっている[3]。こうした状況の中で，生産国における採取・輸出制限及び人件費の高騰を背景に，輸入価格は上昇の傾向にある[2]。

他方，2015 年に改訂される WHO の ICD 11 に漢方を含む東アジア伝統医学の疾病分類が追加される見込みであり，世界的に漢方治療に関する認識が高まることが予想される。このため，将来的には生薬の価格の高騰のみならず，原料資源のひっ迫が生じる可能性もある。

これらの状況を受け，有識者による「漢方・鍼灸を活用した日本型医療創生のための調査研究（平成 21 年度厚生労働科学研究費補助金による厚生労働科学特別研究事業）」[4]において，安心・安全な生薬を安定的に確保するために今後国内生産を積極的に進めていく必要があることが提言されている。またその中で，安定生産のための手段として植物工場技術の活用についても言及されている。

3 薬用植物を植物工場で生産する意義

植物工場において薬用植物を生産する意義として，以下の効果が期待される。
① 天候や気象災害等に影響されない計画的な安定生産が可能となる。
② 年間を通じた最適な栽培環境条件の確保による生育期間短縮が可能となる。
③ 密植栽培や多段栽培等の導入により，単位面積当たりの生産量の向上が可能となる。
④ 薬用植物は乾燥地や寒冷地等の特殊な栽培環境に自生するものも多く，日本国内での露地栽培適地の確保が困難な場合がある。植物工場においては環境制御によって好適な環境を創出することにより，国内での栽培が可能となる。
⑤ 閉鎖性の高い施設内での栽培により，病害虫リスクを低減できる。また，残留農薬，重金属汚染等の危険を最小化できる。
⑥ 環境制御下での養液栽培等により，従来の野生品に比べて安定した品質の確保及び収穫物の大量生産が可能となる。
⑦ 種苗供給から加工までの一貫生産により，由来及び栽培履歴の明確な原料の供給が可能となる。
⑧ 特定環境条件の付与による有効成分等の積極的な制御が行いやすい。
⑨ 労働環境が快適であり，軽作業が主体となるため，労働力を確保しやすい。
⑩ 栽培技術のマニュアル化により，栽培事業への参入が容易になる。

第 20 章　薬用植物生産のための植物工場

4　鹿島建設の薬用植物工場生産に関する取り組み

　2008 年より，㈶医薬基盤研究所薬用植物資源研究センター，千葉大学，及び鹿島建設の 3 者は，甘草等の薬用植物の植物工場生産に関する共同研究を進めている。2011 年には第 9 回産官学連携功労者表彰（内閣府）において，「薬用植物（甘草）の人工水耕栽培システムの開発」に関する取り組みが厚生労働大臣賞を受賞するなど，社会的な注目も高まっている。ここではその取り組みについて紹介する。

4.1　甘草とは

　甘草とは，中国，ロシア，スペイン，イランなどに自生するマメ科の多年草である[5]。このうち，ウラルカンゾウ（*Glycyrrhiza uralensis*）は，グリチルリチンを主な有効成分として主根及びストロンに蓄積する薬用植物である。生薬として抗炎症作用をはじめとする多様な薬効を有し，国内の一般漢方製剤の 7 割以上に配合される最も重要な品目の一つである。また，生薬として以外にも，食品添加物，甘味料，化粧品原料等の多様な用途に利用されている。その国内需要は生薬の中で最大であるが，現在は生薬としての原料も含めたほぼ全量（2008 年約 1700 t）を輸入に依存している[6]。中国をはじめとする生産国においては，これまで野生株の採取による原料調達が行われてきたが，資源・環境保護の観点から採取・輸出規制が強化されている。これを受けて，国際的な取引価格は上昇の傾向にあり，将来の安定的な調達が懸念されている。

4.2　甘草の植物工場生産に関する取り組み
4.2.1　優良種苗系統の確保と増殖方法の開発

　甘草はこれまで栽培作物としての育種がほとんどなされていないため，その生育及びグリチルリチン等の含有成分は個々の植物体の遺伝的特性に依存し，大きくばらつくことが問題である。一方で，甘草を生薬として使用する場合，原料乾燥物に対するグリチルリチン含有率が 2.5% 以上であることが日本薬局方[7]で規定されている。したがって，生薬としての原料の商業的な栽培を行うためには，優良な特性を有する種苗の大量確保が不可欠である。

　このため，㈶医薬基盤研究所薬用植物資源研究センターは，同センターが保有しているウラルカンゾウ株の中から，短期間の栽培でグリチルリチン含有率が 3% に達する優良系統を選抜した。また特に甘草では，種子由来の植物体はその特性にばらつきが大きくなるため，選抜した種苗のクローン苗を短期間に大量に増殖する手法を開発した。筆者らの研究チームでは，この選抜系統を利用して研究開発に取り組んでいる。

4.2.2　水耕栽培技術の開発

　一般的に水耕栽培には，①土耕栽培と比較して生育速度を高めることが可能，②生育ステージに応じた養分組成及び生育環境の調節が容易，③連作障害の回避，④培土を必要としないため植物工場内での運用管理が容易等の利点がある。しかし，甘草や根菜類のように肥大した根部を収

アグリフォトニクスⅡ

写真1　水耕栽培での細根発生の例（ウラルカンゾウ）

写真2　栽培試験装置の外観

写真3　開発手法で300日間水耕栽培を行ったウラルカンゾウ株

穫対象とする作物では，水耕栽培を行うと細根が大量に発生して主根が成長しないことが問題視されている（写真1）。ウラルカンゾウのこのような細根は，グリチルリチン含有率が低く，また形状としても不適当であるため，生薬として利用できない。

そこで鹿島建設では，環境を制御して植物に適切なストレスを与えることにより，細根の発生を抑制しつつ主根の肥大を促進する水耕栽培手法を開発した。栽培試験装置の外観を写真2に，本手法により300日間栽培したウラルカンゾウ株を写真3に示す。

本手法では，1年程度の栽培でグリチルリチン含有率が2.5%を超えることが可能であることを確認済みであるが，更に安定的な品質を確保できる条件について検討を進めている。

4.2.3　環境ストレスの付与によるグリチルリチン含有率制御技術の開発

植物工場では，一般的に露地栽培と比較して植物を取り巻く栽培環境の人為的な制御が容易である。この特性を利用して，特定の環境ストレスを付与することによる有用物質の高含有量化に関する研究開発が，様々な植物を対象に進められている[8]。薬用植物においても光処理による薬用成分含有量の増加の事例が報告されている[8]。

筆者らの研究チームにおいても，千葉大学が主体となって各種環境ストレス付与がウラルカンゾウのグリチルリチン等の含有率に及ぼす影響について検討を行っている。この取り組みの中で，紫外線の適切な照射がグリチルリチン含有率の向上に有効であることを確認している（図1）。

第 20 章　薬用植物生産のための植物工場

4.2.4　光環境について

　好適な生育環境の推定及び栽培施設仕様の検討を目的として，鹿島技術研究所にてウラルカンゾウの光合成特性の評価を進めている。このうち，ウラルカンゾウ株の光−光合成特性を図2に示す。

　植物工場は前述の通り，太陽光利用型植物工場と完全人工光型植物工場に大別されるが，ウラルカンゾウは光合成の光飽和点が約 600μmol m^{-2}s^{-1} と高く，商業生産を前提とした場合に，人工光源のみで好適な生育に必要な光強度を確保することはランニングコストの観点から困難であると判断される。このため，甘草の栽培施設としては太陽光利用型植物工場が適している。ただし，人工光の補光による日長制御及び光合成の促進は栽培期間の短縮に有効であるという試験結果が得られている。

　一方で，種苗生産を行う施設としては，均一環境の確保と生産性の観点から，人工光型植物工場が適している。このため，栽培施設としては太陽光利用型植物工場と人工光型植物工場を併設したハイブリッド型植物工場が望ましい（図3）。

5　今後の展開に向けた課題

5.1　従来品との同等性の評価

　植物工場で栽培された薬用植物を生薬として利用する場合，日本薬局方に定められた個々

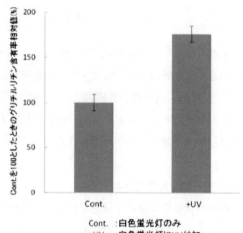

図1　UV 付加がウラルカンゾウ根部のグリチルリチン含量に及ぼす影響
データ提供：千葉大学

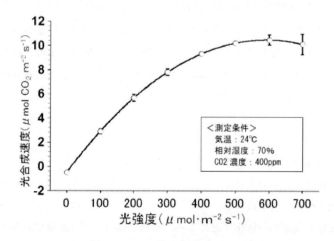

図2　ウラルカンゾウ㈱の光−光合成曲線

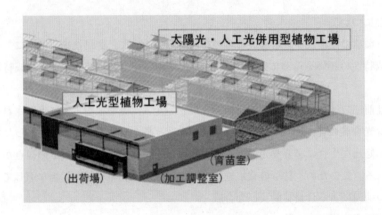

図3　ハイブリッド型植物工場イメージ

の基準を満たすことが条件となるが，さらに市場への流通に際しては，野生品の使用が前提となっている従来品と同等の有効性・安全性を確保し，関連業界に対して提示していくことが必要となる[4]。ただし，同等性の評価方法については現時点で確立されておらず，産官学が連携した取り組みが必要である。なお，食品，化粧品原料として使用する場合は，日本薬局方は適用されないため，別途の評価基準が適用される。

5.2　多品種少量生産への対応

将来の安定的な確保が危惧されている薬用植物の中には植物工場での生産が可能な作物も少なくないと考えられる。このため，薬用植物は植物工場の新規市場としての可能性を有している。しかし，日本漢方生薬製剤協会の2008年度調査によれば，生薬原料として使用実績のあった薬用植物249品目の全体使用量は約2万トン/年であり，野菜等の市場規模と比較して非常に小さい。また，249品目のうち，使用数量が1000 t/年を超えるのは甘草，シャクヤク，ケイヒの3品目のみであり，上位52品目で全体使用量の9割を占めている[3]。

このため，それぞれの品目の市場規模を考慮すると，甘草等の特定の薬用植物を除いた単体作物での植物工場ビジネスは困難であると考えられ，多品種少量生産が求められる可能性が高い。これに対応するためには，各品目に対応した栽培技術の確立と，似通った栽培特性をもつ作物で共用可能な汎用性の高い栽培施設・設備の開発が必要である。

5.3　生産コストの削減

薬用植物の取引価格は上昇の傾向にあるが，一方で漢方製剤等の3/4を占める医療用漢方製剤の価格は薬価で規制されているため，生産コストをこれに見合う条件に抑える必要がある。このため，薬用植物の植物工場生産においては，イニシャル・ランニングコストの抑制，生産性の向上，栽培施設と加工施設の一体化などにより，植物工場の最大の課題である生産コストの削減を強力に進める必要がある。また，安定供給，安全性，均一性，加工の容易さ等の特性を従来品

第 20 章　薬用植物生産のための植物工場

にはない付加価値として市場に提示していくことも重要である。

5.4　市場の特殊性

薬用植物の市場は，流通及び需要者が極めて限定されていることが特徴である。植物工場ビジネスとしてとらえた場合には，生産物の販売先及び販売方法の確保，需要者と連携したビジネスモデルの構築が必要となる。

6　おわりに

植物工場市場の拡大のためには新たな高付加価値作物領域の開拓は必須であり，国内での安定的な生産手段の確保が急務である薬用植物は有望な市場であると考えられる。また，国際的にも薬用植物の需要が高まる中で，植物工場による安定生産技術は，国内のみならず，世界に向けて展開可能な技術になりうると考えられる。前述したように現時点では多くの課題が残されているが，産官学の連携の下で，それぞれの領域にメリットのある開発が進められることが望まれる。

なお，本章の執筆及び研究開発にあたっては，共同研究者である㈶医薬基盤研究所薬用植物資源研究センターならびに千葉大学大学院園芸学研究科環境調節工学研究室の皆様のご指導，ご支援をいただきました。ここに厚くお礼申し上げます。

文　献

1) 日本漢方生薬製剤協会総務委員会編，漢方製剤等の生産動態（平成 21 年度「薬事工業生産動態統計年報」から），日本漢方生薬製剤協会（2011）
2) 森田哲明（NRI），漢方薬産業の動向と原料である薬用植物の需給動向，S&T セミナー（2011）
3) 日本漢方生薬製剤協会生薬委員会，原料生薬使用量等調査報告書—平成 20 年度の使用量—，日本漢方生薬製剤協会（2011）
4) 漢方・鍼灸を活用した日本型医療創生のための調査研究【第 3 回会合】「生薬資源の現状と課題（安定的確保と地域振興に向けて）」概要，漢方・鍼灸を活用した日本型医療創生のための調査研究ホームページ
5) 伊藤美千穂ほか，生薬単，エヌティーエス，pp.136-137（2007）
6) 財務省貿易統計データホームページ
7) 第十六改正日本薬局方，pp.1474-1475（2011）
8) 後藤英司，植物工場における薬用植物の栽培と生育制御，薬用植物フォーラム 2010 講演要旨集，pp.17-25（2010）

【応用展開 編】

第21章　6波長帯光混合照射LED光源システム

富士原和宏[*1], 谷野　章[*2]

1　はじめに

　一般的な植物栽培実験施設であれば，気温，相対湿度，ガス濃度，放射照度（irradiance）あるいは光量子束密度（photon flux density）などの制御は，それらの空間分布を問題としない限り比較的容易に行うことができる。他方，高度な環境調節機能を備えた植物栽培実験施設であっても，分光放射照度（spectral irradiance, SI）あるいは分光光量子束密度（spectral photon flux density, SPFD）の制御を高い自由度で行うことができるものはない。これは，SIあるいはSPFDを制御でき，かつある程度以上の被照射面積を保証するような光源システム自体がなかったからである。

　そこで筆者らは，植物の成長あるいは形態に重要な影響を及ぼす波長帯をいくつか絞り込み，それらの波長帯の光を放射可能な数種類のLEDを多数装備することで，セルトレイ1枚を十分にカバーできる程度の被照射面積を確保し，一般的な農学・生物学研究者が容易に操作できる多波長帯光混合照射LED光源システムの開発に着手した。その第1号機として，5種類のピーク波長（405，460，630，660，および735 nm）LEDを装備し，被照射面の平均の光合成有効光量子束密度（photosynthetic photon flux density, PPFD）として450μmol m^{-2} s^{-1}以上を達成する5波長帯光混合照射LED光源システムを開発[1]した。このPPFD値は，完全人工光型植物工場で商業的に栽培されている葉菜類が要求するレベルのおよそ2倍である。また，上記5種類のピーク波長LEDの出力は，各ピーク波長LEDへ電力供給する直流電源装置のボリュームで調節できるものとした。この第1号機は，当初の目的を達成するものであったが，放熱系が受動的放熱系であり，また実験用装置の全体的構造が十分に洗練されたものではなかった。さらには，近年植物応答の重要性[2]が広く認識され始めている緑色光を放射するLEDを装備していなかった。そこでこれらの点を改良した第2号機として，LEDの種類を6種類に増やし，上記問題点を解決した6波長帯光混合照射LED光源システムを開発[3]した。ここでは，この光源システムについて紹介する。

---

　*1　Kazuhiro Fujiwara　東京大学　大学院農学生命科学研究科　教授
　*2　Akira Yano　島根大学　生物資源科学部　准教授

第 21 章　6 波長帯光混合照射 LED 光源システム

2　6 波長帯光混合照射 LED 光源システムのハードウェア構成

6 波長帯光混合照射 LED 光源システム（以後，単に光源システム）のハードウェアは，7 台の光源ユニット，1 台の光源ユニット支持台，6 台のデジタルタイマー，および 7 台の直流電源装置から成る（図 1，図 2）。7 台の光源ユニットは，光源ユニット支持台に設置される。光源ユニットは，LED アレイ，アルミニウム製ヒートシンク，2 台の冷却ファン，および電流微調整用抵抗回路（2.1.4 で詳述）から成る。

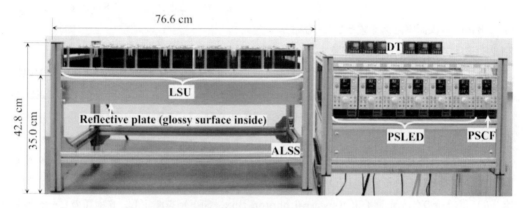

図 1　6 波長帯光混合照射 LED 光源システム
LSU: 光源ユニット，ALSS: 光源ユニット支持台，DT: デジタルタイマー，
PSLED: LED 用直流電源装置，PSCF: 冷却ファン用直流電源装置。

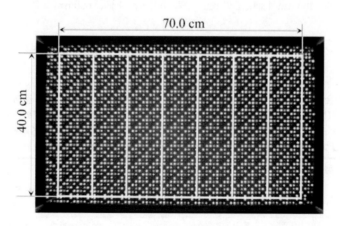

図 2　光源ユニット 7 台すべての LED アレイのすべての LED を点灯した様子
白線で囲まれた長方形が 1 枚の LED アレイを示し，最外周の白線の外側に見える光は，光源ユニット支持台に設置されているアルミニウム反射板に映った LED 光である。

2.1 光源ユニット
2.1.1 LED

植物の光応答に関する研究に必要と思われる波長帯を絞り込み，結果としてピーク波長405（紫色），465（青色），530（緑色），595（黄橙色），660（赤色），および735（遠赤色）nm の LED を選定した。ピーク波長405 nm の LED の代わりに，よりピーク波長の短い紫外域にピーク波長を持つ LED を採用する選択肢もあったが，紫外域にピーク波長を持つ LED は現時点では相当に高価であることや，他の LED とのピーク波長間隔を65～75 nm でおよそ均等にすることも重要視して，最終的にピーク波長405 nm の LED を採用することにした。LED はすべて 3.5 mm×2.8 mm の表面実装タイプとした（表1）。

2.1.2 LED アレイおよび LED 配置

LED アレイ（10.0 cm×40.0 cm）は，アルミニウムコアのガラスエポキシ製プリント配線板上に，計400個の LED が設置されている（図2）。LED アレイは，6種類のピーク波長 LED 25（=5×5）個から成る基本モジュール（5.0 cm×5.0 cm）（図3）を幅方向に2枚，長さ方向に8枚並べた配置とした。

基本モジュール上への6種類のピーク波長 LED の設置個数比は，まず6種類のピーク波長 LED についてそれぞれ積分球（FOIS-1, オーシャンオプティクス）により表1に記載した順電流（I_F）供給時の分光光量子束（spectral photon flux, SPF）を測定し，6種類のピーク波長 LED を25個設置したときに各ピーク波長 LED からの照射光の光量子束（SPF の波長積分値）がおよそ等しくなるように決定した。その結果，基本モジュールでの各ピーク波長 LED の設置数は，405 nm 4個，465 nm 4個，530 nm 5個，595 nm 4個，660 nm 3個，735 nm 5個となった（表1）。

次に，LED アレイの LED パッケージ表面から 10.0 cm の距離の被照射面における SPFD が

表1 6波長帯光混合照射 LED 光源システムに採用した LED のピーク波長（λ_p），型番，1基本モジュール中の LED 数（N/25），1 LED アレイ中の LED 数（N/400），1 LED アレイでの直列接続 LED 数（SCN），1 LED アレイでの並列接続数（PL），1 LED アレイの順電流に対応する順電圧（V_F），および1または7 LED アレイの駆動順電流（I_F）（括弧内の値は1 LED あたりの値）

λ_p [nm]	型番	N/25	N/400	SCN	PL	V_F 1アレイ [V]	I_F 1アレイ [mA]	I_F 7アレイ [A]
405	XGC-110*	4	64	16	4	53.6 (3.35)	80 (20)	0.56
465	SL 3528 TV 06 S-B 2**	4	64	16	4	48.8 (3.05)	80 (20)	0.56
530	SL 3528 TV 0 D-GG**	5	80	10	8	62.2 (3.11)	160 (20)	1.12
595	SL 3528 TH 00 T-RRR**	4	64	8	8	51.1 (2.13)	240 (30)	1.68
660	SL 3528 TV 04 S-R 3**	3	48	24	2	53.0 (2.21)	40 (20)	0.28
735	SL 3528 TH 001-IR**	5	80	10	8	50.4 (1.68)	280 (35)	1.96

*三菱化学㈱製，**昭和電工㈱製

第 21 章　6 波長帯光混合照射 LED 光源システム

できるだけ均一になるよう，基本モジュールにおける各ピーク波長 LED の最適配置を決定した。この決定には通常の計算方法では膨大な時間を要する。そこで計算時間を短縮する目的で，動的計画法（dynamic programming）[4] に基づいた計算方法を実行するコンピュータプログラムを開発[1,5]した。この計算方法では，測定した各ピーク波長 LED からの照射光の SPF と仕様書記載の配光曲線から，LED パッケージ表面からの距離 10.0 cm の被照射面と，5 個×5 個に 25 個配置された各 LED の光軸との交点における各

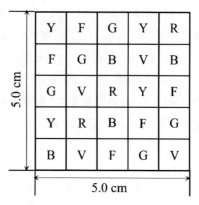

図 3　6 種類のピーク波長 LED 25（＝5×5）個から成る基本モジュール上での LED 配置
　1 枚の LED アレイでは，基本モジュールを幅方向に 2 枚，長さ方向に 8 枚並べた配置になっている。

ピーク波長における SPFD を算出し，25 個の交点における SPFD 平均値と各交点における SPFD の差の二乗和に基づいて最適配置を決定している[1,5]。このとき，基本モジュールは平面上に隣接して無限に設置されていると仮定している。

2.1.3　アルミニウム製ヒートシンクおよび冷却ファン

各 LED アレイの背面に，1 台のアルミニウム製ヒートシンク（10.0 cm×40.0 cm）を設置した。ヒートシンクは高さ 1.5 cm の放熱フィンを 17 枚有している。ヒートシンクからの放熱を促進するための直流冷却ファン（8.0 cmφ）2 台をヒートシンク上方に設置した。冷却ファンへの電力供給は直流電源装置（PAS 80-4.5，菊水電子工業㈱）で行っている。

2.1.4　電流微調整用抵抗回路

一定の駆動電流に対する LED からの出力（放射束あるいは光量子束）や配光特性は，同一の型番で製造ロットも同一であれば個体間で大きく異なる可能性は一般には小さい。他方，製造ロットが異なれば型番が同一であっても，研究用光源に採用する LED としては容認できないほどに，それらが異なる場合がある。そこで，そのような理由などにより，各ピーク波長 LED からの照射光の被照射面における SPFD に，位置による不規則な偏りが認められる場合に，LED アレイごとであれば，該当するピーク波長 LED の出力を微調整することで対応できるような機能を用意した。具体的には，7 枚の LED アレイに設置されている各ピーク波長 LED の駆動電流をそれぞれ独立して微調整するための可変抵抗回路，すなわち電流微調整用抵抗回路をすべての LED アレイに対して 1 セットずつ製作し，それぞれ光源ユニットに組み込んでいる。

2.2　光源ユニット支持台

光源ユニットを固定し一定の高さに支持するための構造体として，アルミニウム鋼材製の光源ユニット支持台（46.6 cm×76.6 cm×42.8 cm）を用意した（図 1）。光源ユニット支持台には，7

枚並んだLEDアレイの側方を取り囲むように幅10.0 cmの反射板4枚を取り付けた。この反射板は，7枚並んだLEDアレイの周縁部に位置するLEDからの照射光が，高い位置で光源ユニット支持台の側方外部に達するのを防ぎ，できるだけ光源ユニット支持台の4本の支持脚に囲まれた被照射面（40.0 cm×70.0 cm）に到達するようにと設置したものである。

LEDアレイから支持台の脚の底面までの距離は34.5 cmである。植被面が24.5 cmであるとき，LEDアレイから植被面までの距離は10.0 cmとなる。

2.3　デジタルタイマー

6種類のピーク波長LEDに電力供給する6台の直流電源装置（PAS 80-4.5，菊水電子工業㈱）をそれぞれ独立してon-off制御できるよう，6台のデジタルタイマー（H5CX-A-N，オムロン㈱）を用意した。これにより，6種類のピーク波長LEDの照射時間帯を様々に組み合わせた実験を行うことができる。

2.4　LEDの直・並列接続および直流電源装置

LEDアレイに設置されたLEDは，ピーク波長ごとにそれぞれ異なる直列数と並列数の組合せで接続されている。例えば，405 nmがピーク波長のLED 64個（1枚のLEDアレイにつき）は，16個直列が4並列で接続されている（表1）。さらに，同種類のピーク波長LEDは，それぞれLEDアレイの枚数分，すなわち7並列接続され，1種類のピーク波長LEDには1台の直流電源装置（前出）から電力供給される。すなわち，LED点灯用の直流電源装置は，ピーク波長LEDの種類と同じ数である6台用意されている。被照射面におけるPFD，PPFDおよびSPFDの設定は，それぞれの直流電源装置から各ピーク波長LEDへの供給電流を調節することにより行う。

3　運転試験

3.1　分光光量子束密度（SPFD）

表1に記載の順電流（I_F）供給時における波長範囲350～800 nmのSPFDを，スペクトロラジオメータ（MS-720，英弘精機㈱）で測定した。このとき，LEDアレイから17.5 cmの被照射面（40.0 cm×70.0 cm）に5.0 cm間隔の格子を設定し，その最外周のものを除いた格子点（91＝7×13）上のSPFDを測定した。17.5 cmとは，供試スペクトロラジオメータのセンサー部からLED発光面までの距離に相当する。上記の被照射面上の91の格子点間におけるSPFDの大きさの違いは，許容範囲内に収まっており，また各格子点におけるSPFD曲線の形状にも特異なものは認められなかった（図4）。

各ピーク波長LEDからの照射光の被照射面上での分布を直感的に理解できるように，上記格子点における各ピーク波長LEDのピーク波長（波長幅：1 nm）におけるSPFDを，3次元グラフ化した（図5）。すべてのピーク波長について，被照射面上のSPFDに認識できるような不規

第 21 章　6 波長帯光混合照射 LED 光源システム

則な分布はなかった。この結果は，電流微調整用抵抗回路により，不規則な分布を最小限に抑えるようすでに調整を完了していたことによる部分も大きい。

3.2　平均光量子束密度（PFD）および平均光合成有効光量子束密度（PPFD）

表 1 に記載の順電流供給時の上記格子点における平均の PFD および PPFD は，それぞれ 520

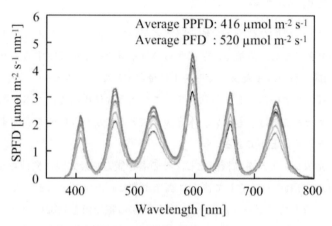

図 4　LED アレイから 17.5 cm の被照射面（40 cm×70 cm）に 5 cm 間隔の格子を設定し，その最外周のものを除いた格子点（91＝7×13）上の分光光量子束密度（SPFD）

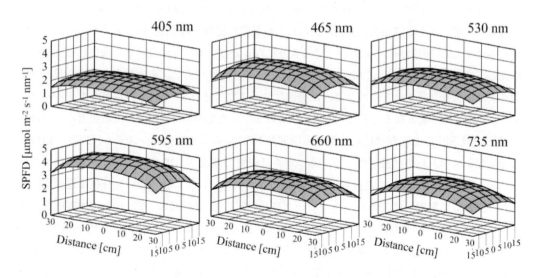

図 5　LED アレイから 17.5 cm の被照射面（40 cm×70 cm）に 5 cm 間隔の格子を設定し，その最外周のものを除いた格子点（91＝7×13）上の各ピーク波長 LED からの照射光のピーク波長（405，465，530，595，660，または 735 nm）における分光光量子束密度（SPFD）
'Distance' は，被照射面の中心からの距離 [cm] である。

および416μmol m^{-2} s^{-1}であった。これらの値は，完全人工光型植物工場で商業的に栽培されている葉菜類が要求するレベルを大きく越えている。このことから，そのような品目の葉菜類が要求するPPFDレベルを維持しながら，各ピーク波長LEDからの出力を比較的大きな自由度で設定した試験を行うことが可能であるといえる。

4 次世代の光源システム

　本光源システムは，一般的な農学・生物学研究者が容易に操作できるようにすることを目標として開発したものであるため，直流電源装置からの供給電流を手動設定することで各ピーク波長LEDからの出力調節を行い，またタイマーを手動設定することで各ピーク波長LEDの照射時間帯の制御を行う仕様としている。しかしながら，このような使用法では，本光源システムの潜在能力を十分に発揮させることはできない。本光源システムに新たな機能を追加することで，より高度な活用を可能とすることができる。

　そこで現在，本光源システムを高機能化し，その潜在能力を最大限に発揮させるべく，6種類のピーク波長LEDをそれぞれ独立して高度に調光するためのシステムとして，ノートパソコンからI/Oデバイスを介して各ピーク波長LEDに供給する電流値を制御可能で，利用者が直感的に操作方法を推測でき，かつ比較的簡単な操作で意図する制御が可能となるようなグラフィカルユーザインターフェースに配慮した調光制御システムを開発中である[6]。この調光システムを本光源システムに組み込むことにより，7枚のLEDモジュール1枚ごとに6種類のピーク波長LEDからの出力を調整し，結果的に各ピーク波長LEDを自由に組み合わせて調光可能となる。

　他方，上記のような調光機能を組み込んだ6波長帯光混合照射LED光源システムにより，かなり多様な光応答研究を行うことができるようになるとはいえ，太陽光の下で進化してきた植物の光応答を調べ尽くすことはできない。植物の光応答を調べ尽くし，その能力・機能を我々の要望を満たすよう発揮させるためには，地表面における太陽光のSIそのものを模擬できる光源システムの開発が必要となる。そこで筆者らはこれまで，光生物学研究用として被照射面におけるSIあるいはSPFDを制御可能な分光分布制御型LED擬似太陽光光源システム（以後，擬似太陽光光源システム）の開発を行い，いくつかの試作機[7～9]を発表してきた。この擬似太陽光光源システムは，380-940 nmの波長範囲内であれば地表面における太陽光の分光分布に近似した光を基準光として照射可能であり，かつピーク波長の異なる32種類のLEDへの印加電圧を調節することにより，上記の波長範囲内の任意の波長範囲の分光分布を高い自由度で制御可能である。このため，地表面における太陽光のSIの時間変化の再現などに留まらず，自然界には存在しないSIや，SIが時間変化するような光環境をも作出できる。現在の試作機では，得られる放射照度は地表面における太陽光と同レベルを達成している。ただし，その光照射口の直径は3.0 cm（面積：約7 cm^2）と小さいため，現在，直径9.0 cmのシャーレ全体を照射できる程度の大口径化を目指している。

第21章　6波長帯光混合照射LED光源システム

追 記

　6波長帯光混合照射LED光源システムの開発の主要部分は，農林水産省委託プロジェクト研究「生物の光応答メカニズムの解明と省エネルギー，コスト削減利用技術の開発」の中課題の一つである「多波長制御型照明装置の開発」として実施された。また，本光源システムと同等の光源システムが，現在，㈱シバサキ（埼玉県秩父市）より販売されている。

文　　献

1) Fujiwara, K. *et al., J. Light & Visual Environ,* **35** (2), 117-122 (2011)
2) Folta, K. M. and Maruhnich, S. A., *J. Exp. Bot.,* **58** (12), 3099-3111 (2007)
3) Fujiwara, K. and Yano, A., *Acta Hort. in press* (2012)
4) Bellman, R. and Dreyfus, S. E., Applied dynamic programming, Princeton Univ. Press (1962)
5) 永島健介，富士原和宏，日本生物環境工学会2010年大会講演要旨, pp.264-265 (2010)
6) 谷野章ほか，日本生物環境工学会2011年大会講演要旨, pp.64-65 (2011)
7) Fujiwara, K. and Sawada, T., *J. Light & Visual Environ,* **30** (3), 170-176 (2006)
8) Fujiwara, K. *et al., Acta Hort,* **755**, 373-380 (2007)
9) Fujiwara, K. and Yano, A., *Bioelectromagnetics,* **32** (3), 243-252 (2011)

第 22 章　植物栽培用 LED 照明の研究事例と現状

宮坂裕司[*1]，秋間和広[*2]

1　はじめに

　異常気象による農作物の価格高騰，食糧自給率の低下，輸入作物の残留農薬問題，東日本大震災に起因する放射性物質による汚染問題など，食を取り巻くこれら不安要素の解決策の一つとして，植物工場が注目されている。

　完全閉鎖型植物工場は外界と遮断された閉鎖空間において，植物の生育に影響を及ぼす光環境・水環境・空気環境を最適化することで，安全・安心な作物を高い生産性で，周年栽培できるシステムである。既存の農業形態では太陽光を利用するが，完全閉鎖型植物工場では人工光を利用する点が大きく異なり，そのため照明に対する期待は大きい。

　シーシーエス㈱(以下，当社)は工業分野(画像処理用途)で培った LED 照明技術を発展させて，植物栽培用 LED 照明の研究・開発を 10 年以上前から行ってきた。生産用である植物栽培用 LED 照明の前段階として，植物研究用 LED 照明を開発・販売している。

　本章では，植物研究用 LED 照明の使用事例と植物栽培用 LED 照明の現状に関して紹介する。

2　植物研究用 LED 照明

2.1　植物研究用 LED 照明の特徴

　LED は他の光源と比較して，単波長の光を照射可能なこと，半導体材料を変えることで可視光だけでなく，近紫外光から近赤外光まで様々な波長の光を照射可能であることなど様々な特徴が挙げられる。また，複色搭載照明においても各波長の調光や植物の生育に有効なパルス発光などの点灯制御が容易に行えることから，光に対する生物の反応を研究する光源として使用されるようになってきた。

　当社では写真 1 に示すような光環境に関する研究を支援するために LED の特性を最大限活用した LED 照明を 7 年前から販売しており，基礎研究から応用分野まで幅広く利用されてきた。

---

　*1　Yuji Miyasaka　シーシーエス㈱　新規事業部門　施設園芸グループ　施設園芸セクション
　*2　Kazuhiro Akima　シーシーエス㈱　技術・研究開発部門　光技術研究所　光技術研究セクション　主席技師

第 22 章　植物栽培用 LED 照明の研究事例と現状

写真 1　植物研究用 LED 照明
左：ISL-305 X 302　右：ISL-150 X 150

2.2　波長特性に関する報告例

　LED の単波長特性を利用して，各種波長の単色光の光強度を変えて照射した際の影響をみる実験として，平井らは青，青緑，緑，赤色の 4 種類の LED を用いて，ナス，リーフレタス，ヒマワリの節間伸長に及ぼす影響について実験を行っている[1]。一般的に節間伸長を抑制すると言われている青色光によって[2,3]，ナスおよびヒマワリの場合は逆に節間伸長が促進され，単色光照射の影響は種によって異なることを明らかにしている。庄子らは可視光領域にピーク波長を持つ 10 種の LED を用いて，サニーレタスの生長と含有成分の変化に関して実験を行っている[4]。光合成活性の高い赤色光だけでなく，青緑色光でも光合成光量子束密度（PPFD）を 300μmol・$m^{-2} \cdot s^{-1}$ に設定すれば，蛍光灯と同等以上の生育が可能であること，また抗酸化物質である総ポリフェノール量は青色光照射で高い蓄積量を示し，光強度を高めるほど蓄積量が増すことを明らかにしている。

　栽培対象とする作物が単色光にどのような反応を示すか，最適な栽培照明を設計する上で重要な要素となる。このような研究は，単波長照射が可能な LED 照明ならではの成果といえる。

2.3　波長比率検討実験

　LED 照明の特徴として複色搭載照明においても，各波長の光強度が自在に調整可能であることが挙げられる。この特徴は単色光の影響に加えて，異なる波長の組み合わせやそれらの比率の影響を確認する際に有効である。

　松本らは赤色 LED と青色 LED の比率を変えて，レタスの生育と野菜中の硝酸イオン濃度の影響をみており，乾物率の高い赤／青比 1，5，10 の光照射条件において野菜中の硝酸イオン濃度が低くなることを明らかにしている[5]。庄子らは赤色 LED と青色 LED の比率がレッドリーフレタスのアントシアニン蓄積に及ぼす影響に関して実験を行っており，青色光の割合が高いほど，アントシアニン含量が蓄積していることを明らかにしている[6]。このように波長の比率を調整することで，単色光だけでは明らかにできなかった新たな知見へと繋がっている。

　波長比率は植物体内の含有成分だけではなく，生育に関しても大きく関与している。光合成関

連色素であるクロロフィルや形態形成などに影響を与える光受容体は主に赤色光と青色光に吸収ピークを持つことが知られており，古くから研究されてきた[7,8]。そしてこの2色の光の最適比率を知ることは植物栽培用LED照明を設計する上で重要な要素の一つとなる。

図1は全体のPPFDを統一し，赤色光と青色光のPPFD比率を変えてリーフレタスを栽培した結果である。青色光割合が高くなることで生体重，茎長，最大葉長ともに減少していく傾向が見られた。リーフレタスを栽培する場合，生体重を増加させるためには，青色光割合を10％程度までに留めることが必要であることが明らかとなった。

3　植物栽培用LED照明とHf蛍光灯の比較

3.1　LED照明への期待

以前から植物栽培用照明としてLED照明は期待され続けているが，未だ閉鎖型植物工場における主流の照明は蛍光灯であり，LED照明の普及には至っていない。LED照明には長寿命，低消費電力，発熱量の低減などの多くのメリットがある一方で，トータルコストメリットにおいては，蛍光灯を上回ることができていないことが起因していると考えられる。

しかし，これまで使用されてきた3元系赤色LED（AlGaS）のおよそ3倍発光効率の高い4元系赤色LED（AlInGaP）が上市されたことをはじめ，LEDの研究開発が進み，数年前よりもはるかに発光効率の高いLEDが安価に入手できるようになった。これに伴って，機能面だけでなく，価格面においてもLED照明導入のメリットが大きくなり，植物工場においてもLED照

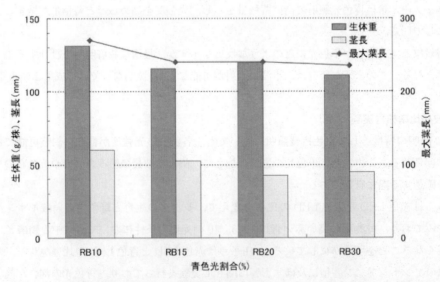

図1　栽培時における赤青混合LED照射時の青色光割合がリーフレタス"グリーンウェーブ"の生長に及ぼす影響
　　　RB 10：赤90％／青10％，RB 15：赤85％／青15％
　　　RB 20：赤80％／青20％，RB 30：赤70％／青30％

第22章 植物栽培用 LED 照明の研究事例と現状

明を栽培用照明として採用することを検討する気運が出てきている。

表1 植物栽培用光源として見た場合の Hf 蛍光灯と LED 照明の比較

	PPFD ($\mu mol \cdot m^{-2} \cdot s^{-1}$)	PPFD/W
Hf 蛍光灯	232	1.72
赤＋青 LED	241	2.51
対 Hf 蛍光灯比	104%	146%

3.2 照明効率

当社において赤色 LED と青色 LED を植物栽培に適した比率で搭載した最新の植物栽培用 LED 照明（以下，LED 赤＋青）を試験用に用意し，Hf 蛍光灯との比較を行った。Hf 蛍光灯と LED 赤＋青の PPFD の実測値とその値を消費電力で除したデータを示す。使用した LED 赤＋青は32形 Hf 蛍光灯の代替を想定したライン型の照明であり，Hf 蛍光灯は植物工場などにおいても利用されている32形の高出力タイプを用いた。実際の植物工場において，Hf 蛍光灯と LED 赤＋青を同じ本数，同じ間隔で設置した際の定植面での平均値の比較を行った（表1）。

PPFD は LED 赤＋青の方が，Hf 蛍光灯よりも若干高く，植物栽培用照明として十分な光出力を有していることが明らかとなった。この光出力を得るための消費電力でそれぞれの PPFD 実測値を除し，植物栽培用照明としての効率を比較したところ，LED 赤＋青は Hf 蛍光灯よりもおよそ1.5倍効率の高い植物栽培用照明であることが明らかとなった。

3.3 光強度分布

植物栽培用照明では，生育ムラが生じないために光強度分布の均一性も重要な要素の一つである。従来の LED 照明では，LED が指向性の強い光源であることから，照明直下の光強度が高く，周囲が低くなる傾向が多く見られた。しかし最新の植物栽培用 LED 照明である LED 赤＋青では，図2に示すように Hf 蛍光灯と同等の光強度分布が得られている。このように Hf 蛍光灯と同等の配光特性を持つことから，最新の栽培用照明は既存の Hf 蛍光灯を使用したシステムへの導入を容易に行うことができると考えられる。

3.4 周囲温度変化

LED 照明は蛍光灯と比較して発熱量が少ないため，光源点灯時の栽培空間の温度上昇を抑えることができることもメリットである。図3は LED 赤＋青と Hf 蛍光灯の光源点灯時の栽培空間の温度変化を測定したデータである。LED 赤＋青では Hf 蛍光灯と比較して，光源点灯時の平均気温が2.0℃低くなり，最大気温差は点灯開始45分後に3.8℃となる。この気温差は，空調への負荷に直結するものと考えられる。

完全閉鎖型植物工場で生産される野菜の製造原価のうち，電気代がおよそ1/4を占め，空調コストはそのおよそ1/3を占める[9]。LED 照明を利用することで，既存設備の置換えの場合は空調負荷を軽減することにより，ランニングコストの削減になる。新規設備の場合では空調負荷が

軽くなった分，冷却能力が少ない空調を採用することで，空調イニシャルコストの削減が可能になると考えられる。このように最新の LED 照明では，全体的なコスト低減に寄与することが可能となりつつある。

3.5 LED 照明が生育に及ぼす影響

これまで LED 赤＋青と Hf 蛍光灯のハードウェアとしての性能比較を行ってきたが，次に，栽培する野菜の生長に及ぼす影響について，当社研究結果の一部を紹介する。

表 2 に LED 赤＋青，Hf 蛍光灯を用いてリーフレタスを水耕栽培した結果を示す。発芽および育苗期間は Hf 蛍光灯下で行い，栽培期間の 14 日間に LED または Hf 蛍光灯を照射した。生体重は Hf 蛍光灯と比較して，LED 赤＋青において 23％増加した。葉枚数は光条件による差は

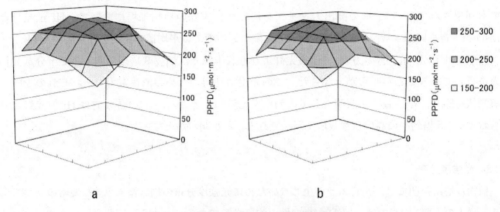

図2　Hf 蛍光灯と LED 赤＋青の光強度分布
a：Hf 蛍光灯，b：LED 赤＋青

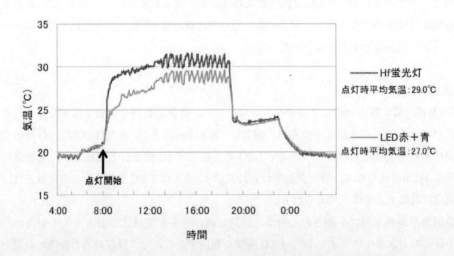

図3　LED 赤＋青および Hf 蛍光灯の点灯時における栽培空間の気温変化

第 22 章　植物栽培用 LED 照明の研究事例と現状

表 2　リーフレタス'グリーンウェーブ'の生長に及ぼす LED の影響（播種後 32 日目）

	生体重 (g／株)	葉枚数	茎長 (mm)	最大葉身長 (mm)	最大葉幅長 (mm)	総収量/消費電力 (g／w)
LED 赤＋青	62.5±1.6	16.0±0.2	24.2±2.2	229.9±3.8	196.7±5.1	11.7
Hf 蛍光灯	50.9±1.5	16.0±0.3	30.1±1.7	233.2±4.1	179.8±5.5	6.8

みられなかったが，葉および茎の形態には変化が確認された。Hf 蛍光灯と比較して，LED 赤＋青では茎長が減少し，最大葉幅が増加したため，ずんぐりと詰まった形態となった。大嶋ら[10]は赤色光の割合が増えることで葉幅が増加することを示している。本実験において葉幅が増加した原因は赤色光成分が多いことが影響していると考えられる。平井ら[1]はリーフレタスにおいて青色光が茎長を抑制する作用があることを明らかにしている。本実験において茎長が減少したのは，青色光による伸長抑制作用が強く作用したためと考えられる。

これらの結果より，LED 赤＋青を植物栽培用照明として利用することで，Hf 蛍光灯よりも消費電力を抑えながら，収量を増加させることができることが明らかとなった。

4　おわりに

紹介した当社研究成果では，光合成の効率を高くするために赤色 LED と青色 LED を組み合わせた照明を使用しているが，この 2 種類の LED の組み合わせだけでは，あらゆる植物工場に適応できる照明にはなりえないと考えられる。学会などにおいても赤色 LED，青色 LED 以外の波長の影響に関する報告も増加傾向にあることから，今後は，植物の生育，機能性などを含めた波長組合せに関する研究は加速していくと考えられる。

LED の技術開発の進展により，植物栽培光源としての LED 照明の性能は Hf 蛍光灯を超えるレベルにまで到達しており，さらに費用面においても大きな改善がみられている。イニシャルコストに関しては，Hf 蛍光灯と倍以上の差はあるが，当社の試算では 3～5 年程度でトータルコストとして Hf 蛍光灯を上回るという試算も出ており，植物工場において利用可能な水準に達したと考えられる。今後は，研究分野での最適波長，最適比率などの知見を取り入れた，LED 照明を採用した事例が増加していくことが期待される。

味，食感，形，栄養成分などを制御するためには製品の搭載波長や波長比率だけでなく，照射時期や強度も重要な要素となる。当社ではそういった栽培ノウハウの提供も含めて活動していけるように，今後も引き続き LED 照明による栽培研究を行っていく予定である。

文　献

1) 平井正良ほか，植物環境工学，**18** (2)，160-166 (2006)
2) Tracy A. O. Dougher and Bruce Bugbee, *Photochemistry and Photobiology,* **73** (2), 199-207 (2001)
3) Hiromichi H. and Kazuhiro S., *Environ. Control in Biol.,* **38** (1), 13-24 (2000)
4) 庄子和博ほか，日本生物環境工学会 2011 年札幌大会講演要旨，152-153 (2011)
5) 松本拓也ほか，植物環境工学，**22** (3)，140-147 (2010)
6) 庄子和博ほか，植物環境工学，**22** (2)，107-113 (2010)
7) 宮地重遠編，現代植物生理学 1 光合成，朝倉書店 (1992)
8) 和田正三ほか監修，細胞工学別冊「植物細胞工学シリーズ 16」植物の光センシング，秀潤社 (2001)
9) 期待高まる植物工場の現状及び将来市場展望 2009, pp.21, 142-145, ㈱矢野経済研究所 (2009)
10) 大嶋泰平ほか，日本生物環境工学会 2011 年札幌大会講演要旨，294-295 (2011)

第23章　LED 照明技術
―人工光用，補光用，実験研究用―

岡田　透[*]

1　はじめに

本章では，㈱シバサキ（以下，当社）が2002年よりLED事業としてスタートした一般照明分野，工業用（画像処理）分野，漁業分野等の各分野での多くの実績とノウハウをもとに，2008年より植物育成関連の LED 光源の開発と製品化に取り組んできた植物用 LED 光源について，植物栽培用の植物工場向け人工光源，補光用光源，植物実験研究用光源の実用化と特徴や使用例等の一部を紹介する。

2　人工光用 LED 栽培光源[1,2]

当社の植物栽培用 LED 光源では，高出力4元系660 nm 赤色 LED 素子と青色 LED 素子を搭載し，従来の植物工場用 LED 光源の問題点を解決し，さらに多くの特徴を備えたライン型の植物工場用 LED 光源の開発・量産に成功し，LED 植物工場はより現実のものとなった。

当 LED 光源を採用したリーフレタス等の葉菜類を生産する LED 植物工場では，従来の蛍光灯とほぼ同本数の植物栽培用 LED ライン光源でほぼ同等の生育が可能で，消費電力 1/2～1/3，発熱量 1/2～1/3 を実現し大幅なランニングコストの低減を達成した。また，植物栽培用 LED 光源では，器具の薄型化と生育植物との光源距離の短縮により，栽培棚の段数を30％～40％増やすことにより，単位床面積当たりの収穫量アップが可能である。このため，蛍光灯光源に比較した器具の導入コストは明らかに高いものの，これらのメリットを考えると今後予想される電力料金のアップ，環境問題や CO_2 削減等の観点からも植物栽培用 LED 光源が積極的に採用され，今後の植物工場では LED 光源が主流になっていくものと考えられる。

すでに，この植物工場用 LED ライン光源は，経済産業省の植物工場モデル施設や先進的植物工場研究施設を始め多くの施設に採用されており，民間企業による LED 植物工場の設置計画への具体的な検討も進んでいる。

また，植物研究分野向けには，各波長を自在に調光して栽培検討が行なえる LED 栽培光源も製品化されており，多くの大学や栽培研究機関で栽培研究に利用されている。

---

[*]　Toru Okada　㈱シバサキ　顧問

① 植物工場用 LED ライン光源の仕様
- 発光波長： 660 nm, 450 nm
- 光出力： 70μmol/m²s （Type 1 単体，直下 150 mm），配光角 120 度（半値幅）
- 外形寸法： 1300 mm × 40 mm × 18 mm（標準タイプ） （図1，図2）
- 電源電圧： AC 100 V, 50/60 Hz
- 消費電力： 22.5 W/Type 1, 15 W/Type 2
- 防水性能： IP 54 相当
- 寿命： 4 万時間以上

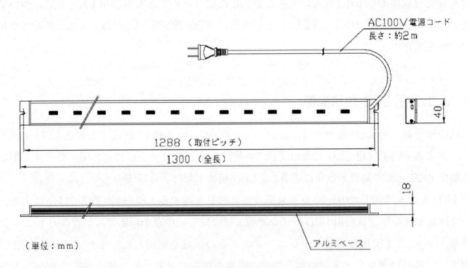

図1　植物栽培用 LED ライン光源

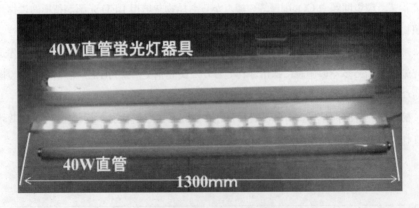

図2　直管形蛍光灯との比較

第23章　LED照明技術—人工光用，補光用，実験研究用—

以下，植物工場用LED光源採用による主要なメリットを具体的に説明する。

② 栽培段数40%アップ

　蛍光灯による一般的な多段の植物工場に比較して栽培棚の間隔が図3のように狭められるため，栽培段数の増加に比例して生産株数を増加し蛍光灯での生産量が日量1000株であれば，LED化により同一床面積当たり1400株の収穫が可能となる。

　また，棚間を狭められるもう一つの要因は，蛍光灯を使用した場合光源自体の表面温度が高いため，植物が光源に接触してしまうと葉やけを起こして出荷出来なくなることから，光源との距離をあけておく必要が有る。これに対し，植物栽培用LED光源では光源部の発熱が少なく光源部の表面温度も低いため，葉が接触しても葉やけを起こすことが無いため無駄な空間が不要で，光源を植物に近く配置できることから植物の生育にもプラスとなる。

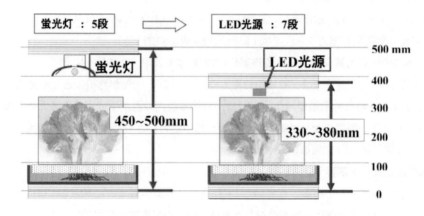

図3　蛍光灯とLED光源の水耕栽培棚のイメージ

図4　LED光源による植物栽培棚

③ 消費電力50%の省エネ効果

植物工場のランニングコストに大きな影響を与える栽培光源の消費電力は、表1に示すように通常植物工場で使われている蛍光灯直管型器具に比べて約50%に消費電力を抑えることが可能となる。なお、表1に示すLED光源の消費電力は内蔵する電源回路の消費電力も含んでいる。大型の閉鎖型植物工場では、数千本の光源を設置しており電力料金の削減額は大変大きな金額になる。

・電力料金削減額の試算

消費電力44 Wの蛍光灯を消費電力22.5 Wの植物栽培用LED光源に変えた場合の電力料金の差額の試算例。

条件：年間365日，1日16時間点灯，3000本使用
　　　1 kWh当たりの電力料金を20円と仮定
－1本当たりの年間電力使用量：　蛍光灯＝257 kWh，LED光源＝88 kWh
－1本当たり年間削減電力：　　　257 kWh－88 kWh＝169 kWh
－3000本での年間削減金額：　　169 kWh×3000本×20円＝1014万円

また、直管形蛍光灯器具では一般に消費電力の約75%から80%が熱損失として発熱し、約33 Wが熱となる。このため閉鎖型植物工場では、栽培施設内の温度上昇を抑えるため大型の空調設備が必要となり、空調のための電力が照明のための電力にさらに上乗せとなるが、LED光源の採用により発熱量も約50%の削減が可能となる。

④ 外部電源ユニット不要

従来、植物工場用として提案されているLED光源は電源が別ユニットとして構成されているものが多く、実際の栽培棚に光源を設置した場合、防滴や湿度等の設置環境面から電源ユニットをどこに設置するか問題となり、また、電源ユニットの寿命がLEDと同様な寿命を持っていないケースも見られた。このため、植物工場への光源の実用化にあたってはLED光源に電源部を内蔵しその寿命も確保した上でAC 100 V電源で直接点灯可能で、かつ、通常行われている水耕栽培の環境に対応した防滴構造を実現している。

表1　蛍光灯とLED光源の消費電力比較

		消費電力（W）	電力比率（%）
直管型蛍光灯（ランプ＋器具）	40 W管	47	111
	36 W管	44	100
植物栽培用LED光源* L＝1300 mm	Type 1	22.5	51.1
	Type 2	15	34.1

*電源回路内蔵

3 補光用 LED 栽培光源

日々の日照に頼っている太陽光型の植物栽培システムにおいては,季節変動や気候変動による日照の変化が植物の生育に大きく影響し,その状況によっては単に生育が遅れるばかりでなく,花芽が付かなかったり果実が十分成長しない等の影響がある。実際にオランダなどでは緯度の関係で日照時間が短いため,ハロゲンランプやメタルハライドランプなどが補光光源として非常に多く使われている。しかしながら,これらの従来光源は大電力で発熱も大きいため,高出力な補光用 LED 栽培光源が期待されている。太陽光型の栽培ハウスでの補光用として開発した補光用 LED 栽培光源について紹介する。

① 補光用 LED 栽培光源の仕様
- 補光対象: 葉菜,果菜,果樹全般,その他研究用
- 発光波長: 660 nm(赤色)
- 光出力: 1400μmol/m²s(直下 250 mm),300μmol/m²s(直下 1000 mm)(図 6)
- 外形寸法: 光源ユニット 278 mm×171 mm×75 mm(ケーブル・突起部除く)
- ケーブル長: 5 m
- 電源電圧: 光源ユニット DC 24 V,電源ユニット AC 100 V
- 消費電力: 35 W(光源ユニット 31 W,電源ユニット 4 W)
- 防水性能: IP 54 相当
- 寿命: 4 万時間以上

補光用 LED 栽培光源から 1000 mm 離れた位置での PPFD 分布を図 6 に示す。

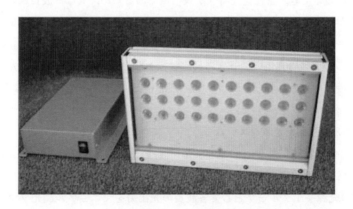

図 5 補光用 LED 栽培光源

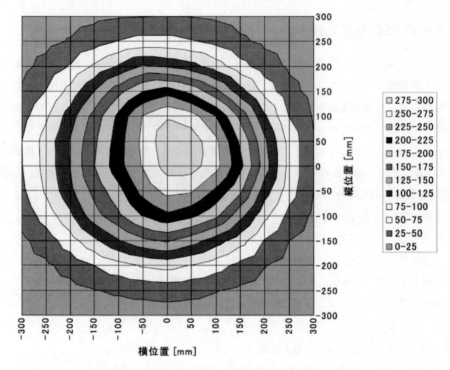

図6　補光用LED栽培光源から1000 mm離れた位置でのPPFD分布図

4　実験研究用LED光源

　太陽光や蛍光灯などの従来光源には様々な波長成分が含まれており，植物の光源の波長成分による生育や反応の違い等の研究に当たっては，波長成分を選択して個別にその照射量や比率を可変できる光源が必要となる。半導体による固体発光素子であるLEDは，その半導体材料の構成により発光波長を設定でき，また発光特性が狭帯域であるため，異なる波長域の光受容体を同時に励起することが無いので，光応答メカニズムの解明に適していることから，葉菜類，花き類，果菜類，果樹やキノコなどの各分野での光応答性の研究に最適な光源と言える。

　当社ではこれらの実験研究用のニーズに最適な様々なLED光源を提供し，大学や研究機関等での植物研究に役立っている。以下に当社実験研究用LED光源の一部を紹介する。

4.1　植物研究用3波長調光光源システム

　当LED光源システムは，赤色LED（660 nm），緑色LED（520 nm），青色LED（450 nm）の3種類の波長光源を約55 cmのライン状LED光源（最大12本）と調光コントローラーで構成され，最大12本の光源を1グループとして各波長の光出力をマニュアル調光ツマミまたはホスト側からの制御コマンドにより，自由に調光と点灯制御を行なうことが出来る。この光源システム

第23章　LED照明技術—人工光用，補光用，実験研究用—

を複数組み合わせて制御することにより大型の栽培研究施設で様々な栽培研究を行なうことが可能であるが，小規模な栽培システムでは，コントローラーパネルにタイマーを搭載した仕様により，照射時間を簡単に設定することも出来る。

従来この種のLED光源パネルは，各波長のLED素子が個別に配列されていたために波長成分の分布にムラが出ていたが，LED発光部は同一パッケージに3種の波長のLED素子を実装して構成しているため，パッケージ内で各色が混色され照射時の色むらがまったく起こらない。また，光源部をライン状としているため，光源ユニットの間隔を変えて設置することにより研究対象で必要な光照射量を簡単に変えることが出来，光量制御による野菜の省エネルギー栽培研究[3]等に活用されている。

また，農水省による「生物の光応答メカニズムの解明と高度利用技術の開発」プロジェクト（通称：光プロジェクト）では様々な波長に対する光応答性の評価試験等が必要であり，従来には無い6波長（①405 nm②465 nm③530 nm④595 nm⑤660 nm⑥735 nm）のLED光源を搭載した研究用光源システムを富士原和宏 教授（東京大学）と谷野 章 准教授（島根大学）と協力して開発した。その詳細については，第21章「6波長帯光混合照射LED光源システム」を参照願いたい。

① **植物研究用3波長調光光源システムの仕様**
- 照射対象：　葉菜，果菜，果樹全般，その他研究用
- 発光波長：　660 nm（赤色），520 nm（緑色），450 nm（青色）
- 光出力：　　光源単体　700 µmol/m²s（発光面），
　　　　　　　複数配列時　最大 450 µmol/m²s（直下 250 mm）
- 制御インターフェイス：　RS 485
- 外形寸法：　光源部　550/ 712/ 870 mm×40 mm×18 mm（ケーブル除く）（図7）
　　　　　　　コントローラー部　350 mm×110 mm×260 mm（突起部除く）（図8）
- ケーブル長：　光源ユニット2 m，電源ケーブル2 m
- 電源電圧：　光源ユニット DC 24 V，コントローラーユニット AC 100 V
- 光源ユニット消費電力：　17 W/550 mm，23 W/712 mm，29 W/870 mm
- 寿命：　4万時間以上

② **植物研究用3波長調光光源の表面温度比較**

植物の栽培研究では，照射光源の発熱や表面温度が大きいと栽培試験装置内の温度が上昇するだけでなく表面から放射される熱線によって栽培評価に影響を与えてしまう可能性がある。図10の写真は同一の光出力条件下で3波長LED光源と蛍光灯光源の温度を測定したもので，図10からも判るように光源により表面温度が大きく異なることが判る。
- 条件：　直下10 cmの照射光量（PPFD）　110〜130 µmol/m²s，室温17℃

アグリフォトニクスⅡ

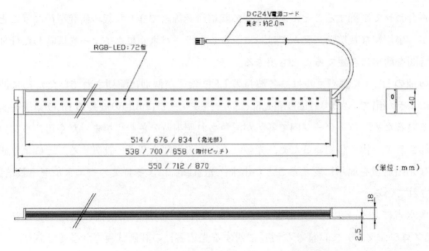

図7　植物研究用3波長調光光源（外観図）

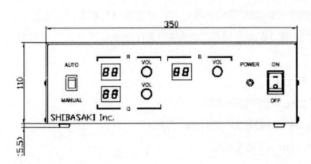

図8　植物研究用3波長調光光源コントローラー（前面パネル）

図9　栽培研究施設での採用例
写真提供：信州大学　先進植物研究教育センター

LED光源　最高温度　30.6℃

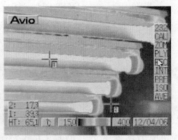
蛍光灯光源　最高温度　65.1℃

図10　栽培光源温度分布比較
信州大学　先進植物研究教育センター提供

第23章　LED照明技術—人工光用，補光用，実験研究用—

4.2　開花制御研究用波長選択型ランプ光源

　花きの栽培分野では，菊の電照栽培などで見られるように，植物の光反応を利用して開花時期を遅らせる栽培方法などが従来から行なわれている。これらの光源は通常白熱電球や電球形蛍光ランプなどが使われているが，今後は消費電力の大きい白熱電球は製造されなくなり，その代替光源としてLED光源が期待されている。しかしながら，白熱電球や電球形蛍光ランプでは幅広い帯域の波長成分が含まれており，多くの品種に対してどの波長が開花の抑制や促進に有効なのかはっきりと解明されていない。このため，各大学や研究機関ではLEDを使った様々な栽培評価のために最適なランプ光源を必要としている。

　当社は，これらの研究分野の要望に応え可視光から赤外線までの様々な波長の電球型ランプを開発した。これらの光源はすでに園芸学会等の花きの開花応答メカニズム解明の研究報告他[4,5]に使用されており，今後の更なる光応答メカニズム研究に役立つものと期待している。

① 開花制御研究用波長選択型ランプ光源の仕様
- 発光波長： 450 nm, 525 nm, 595 nm, 620 nm, 660 nm, 700 nm, 730 nm, 760 nm
- 光出力： 220〜1380 mW/m^2（各波長による）
- 外形寸法： 54 mm×Φ 109 mm
- 電源電圧： AC 100 V, 50/60 Hz
- 消費電力： 2.2 W〜6.8 W（各波長による）
- ソケット： E 26
- 防水仕様： IP 54 防滴対応
- 寿命： 4万時間以上

図11　波長選択型ランプ光源の外観

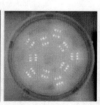

595nm　　　660nm　　　700nm　　　730nm　　　760nm

図12　波長選択型ランプ光源の発光部

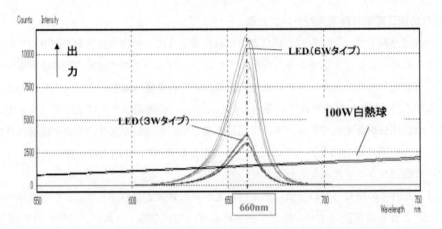

図13 白熱電球と波長選択型ランプ光源（660 nm）の波長-出力特性比較

　開花制御のための光源は，光合成のメカニズムと異なり，特定の波長成分の有無で花芽分化の促進や抑制を行なうことが可能なため，光合成による成長に比べて小さな照射エネルギーで制御が可能である。また，特定の波長だけで開花の制御が可能なことから，従来の白熱電球に比べて大幅な省エネ効果が得られる。図13は，開花抑制用として実際に採用されている660 nmのランプと100 W白熱電球との光出力を比較したもので，3 WのLEDランプの出力が白熱電球の約2倍となっている。実際のハウスで3 WのLEDランプの採用により97％の大幅な省エネを実現している。

　以上，植物栽培用としての人工光用LED光源，補光用LED光源，実験研究用LED光源について最新の技術等を紹介した。これらの他にも様々なニーズに対応した植物関連や水産分野等のLED光源ニーズに幅広く対応しているが誌面の関係で割愛させていただいた。今後も人工光植物工場や植物研究に有効なLED光源の開発を通して関連分野のさらなる発展に貢献出来るものと考えている。

文　　　献

1) 岡田　透，植物栽培分野でのLED光源の動向，日本太陽エネルギー学会シンポジウム (2010)
2) 高辻正基，図解　よくわかる植物工場，日刊工業新聞社，pp.80-81 (2010)
3) 野末雅之ほか，LEDの光質，光量制御による野菜の省エネルギー栽培，日本生物環境学会2011年札幌大会，講演要旨，pp.268-269
4) 住友克彦ほか，暗期中断によるキクの花成およびFT様遺伝子発現抑制における分光感度，園芸学会2011年秋季大会，10（別2）p.251
5) 石川隆司ほか，赤色LED光が小輪系アスターの節間伸長に及ぼす影響，日本生物環境学会2011年札幌大会，講演要旨，pp.292-293

第 24 章 高演色白色 LED 照明導入によるイチゴの成長促進実証と緑色 LED 照明・青色 LED 照明導入によるイチゴのうどんこ病抑制効果の実証

阿波加和孝*

1 はじめに

我が国にとって農作物の「ものづくり産業」である「農業」は非常に重要であるにもかかわらず，農業就業者数の減少，高齢化，後継者不足，耕地面積の減少，ライフスタイルの変化による供給熱量ベースの食料自給率の低下，地球温暖化，CO_2 環境問題，消費者の農作物への「品質」や「安心・安全」への高まり等，多くの問題を抱えている。

弊社は，1945 年に和泉電気㈱として創業し，2005 年には創業 60 周年を機に社名を IDEC（アイデックと呼称）と変更した。FA（Factory Automation）分野における制御を主体としたものづくり技術の研究開発型エキスパート企業として，自動車・半導体・液晶・ロボット等のものづくり分野へ，各種制御機器・制御システムを提供してきた。

IDEC では長年培ったシステム制御技術や自動制御技術を，近年着目されている植物工場分野に導入すべく，LED 照明機器に代表されるフォトニクス技術，超微細気泡生成技術（GALF: Gas Liquid Foam），センシング技術を融合し「農業の工業化」を目的に富山市内に LED 照明を用いた太陽光利用型の植物工場ラボを 2009 年 9 月に設置し，（写真 1）実証実験を行っている。

本章では，高演色白色 LED 照明によるイチゴの成長促進実証の紹介と，工藤らによる緑色光の多様な効果の研究事例を，緑色 LED 照明を使ったイチゴのうどんこ病抑制効果について青色 LED 照明の効果と合わせて定量的に検証した結果を紹介する。

写真 1　植物工場ラボの外観

---

*　Kazutaka　Awaka　IDEC㈱　環境事業推進部　植物工場ラボ　担当リーダ

2 高演色白色 LED 照明によるイチゴの成長促進

2.1 高演色白色 LED 照明の実現

当社ではこれまでに複数の蛍光体の配合比を調整することで，任意の発光スペクトルへ波長変換させる技術を開発しており，このような蛍光体を含有させた樹脂プレートのことを「ラムダコンバータ」と呼んでいる。今回これまで培ったラムダコンバータの技術を LED 照明に応用することで，赤色と緑色の蛍光体発光によって高演色の白色を発光させ（図1），クロロフィルの吸収帯である 400〜500 nm，600〜700 nm にピークを持つスペクトルを実現した（図2）。

2.2 高演色白色 LED のモジュール化

光源となる LED モジュールは 27 個の LED チップを基板上に実装（現在は改良し LED チップ 9 個）したものであり，写真 2 にモジュール（自社開発品）の外観を示す。このモジュールを自社 LED 照明ユニット LG 1 J 形（長さ 125 cm）のアルミ製のフレームに 13 cm 間隔で 10 個取付し，イチゴの高設栽培ベンチ上に設置した。光合成光量子密度（PPFD）は光源から葉面高さ 30 cm で最大 26 $\mu mol\ m^{-2} s^{-1}$ である。なお PPFD の測定には LI-COR 製の光量子メータ（LI-250）を用いた。

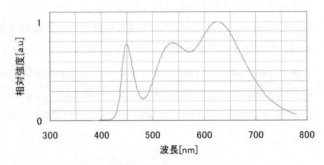

図1 高演色白色 LED の発光原理　　　図2 高演色白色 LED のスペクトル

写真2　LED モジュール

2.3 高演色白色LED照明による実験方法

供試品種は宮城県産のいちご(品種名:もういっこ)を用いた。実験ハウスの面積は約100坪・300 m^2 の大きさである。この中に長さ約30 mのイチゴの高設栽培ベンチを7本設置し(写真3),図3に示すように9つのセクションに区切るとともに,1セクションの栽培株数を140株で統一した。高演色白色LED照明の効果について3セクションを選定し,高演色白色LED照明点灯無し1セクションと苗の成長および収穫量で比較を行った。定植は2010年10月8日に行い,株間30cm,条間20cmの千鳥2条植として,評価期間は2012年1月1日から3月31日までとした。また高演色白色LED照明の設定条件は電照として日照延長:17～19時までの点灯と曇り時など日照不足の補助照明として,ハウス内に設置した写真4のミノルタ製の照度計(T-10)の照度が1万lx以下で自動点灯するよう設定した。

写真3 ハウス内7本の高設栽培ベンチ

写真4 照度計

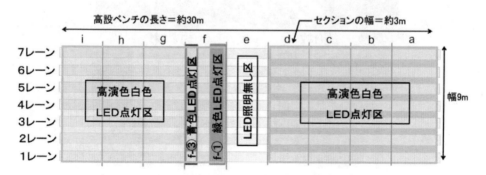

図3 高設イチゴ栽培ベンチの実験条件設定

2.4 実験結果

① 定植後106日目での観察では葉数,株幅が高演色白色LED無し栽培と比較して成長が促進されたことを確認した(図4)。

② 評価期間中(1~3月)の収穫量は,高演色白色LED無し区のセクションeの3ヶ月合計収穫量を「1」とすると,高演色白色LED有り区のセクションbは1.57倍,高演色白色LED有り区のセクションcは1.56倍,高演色白色LED有り区のセクションdは1.45倍となった(図5)。

③ 日照時間の最も少ない1月の収穫量では,高演色白色LED無し区の収穫量を「1」とすると,高演色白色LED有り区のセクションbは3.9倍,高演色白色LED有り区のセクションcは3.8倍,高演色白色LED有り区のセクションdは3.2倍となった(図5)。

④ 気象庁発表による富山県の評価期間中の月別晴天日数は,1月:6日,2月:18日,3月:14日であり,日照時間の少ない1月は高演色白色LED照明の補助照明としての効果が顕著であったことがわかる。

図4 高演色白色LED無し区と有り区の成長状況

第 24 章 高演色白色 LED 照明導入によるイチゴの成長促進実証と緑色 LED 照明・青色 LED 照明導入によるイチゴのうどんこ病抑制効果の実証

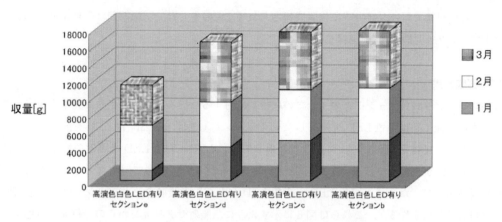

図5 高演色白色 LED 無し区と有り区の収穫量比較

3 緑色 LED 照明・青色 LED 照明導入によるイチゴ栽培におけるうどんこ病抑制効果

3.1 緑色 LED 照明・青色 LED 照明の実験方法

本実験は，先に紹介した高演色白色 LED 照明の実験と同一ハウス内，同一時期に行った。緑色 LED 照明（写真5）は自社 LED 照明ユニット・LF1A 形にピーク波長 523 nm のチップを実装し，PPFD は光源から 55cm でイチゴ苗の定植位置で約 $6.5\mu mol\ m^{-2}s^{-1}$ である。また青色 LED 照明（写真6）は自社 LED 照明ユニット LG1J 形の LED モジュールの蛍光体の無い仕様であり，ピーク波長は 450 nm で PPFD は光源から 55cm 位置で約 $17\mu mol\ m^{-2}s^{-1}$ である。高演色白色 LED 照明によるイチゴの成長促進実験同様にイチゴ栽培レーンを 9 セクションに分割し，その中の 1 セクションに緑色 LED 照明と青色 LED 照明のセクション区（図3）を設け，イチゴの高設栽培ベンチ上に設置した。点灯条件は夜間 20～22 時の間，交互に隔日で点灯を行った。緑色・青色 LED の点灯開始日は定植日 10 月 8 日以降の 11 月 11 日からとした。うどんこ病発

写真5 緑色 LED 照明

写真6 青色 LED 照明

生の確認は目視で行い，発生時に位置情報とあわせて記録をした。記録期間は1月4日～2月25日までの約2ヶ月間で11回記録を行った。

3.2 実験結果

各レーンと各セクションごとのイチゴの収穫数に対するうどんこ病の発生数と発生率を表1に，まとめた。発生率は緑色LEDを照射したセクションf-①では1.34%，青LEDを照射したセクションf-③区では7.38%であった。これに対して緑色LED・青色LED未照射の結果は，セクションb：11.95%，セクションc：15.25%，セクションd：13.20%でいずれもうどんこ病発生率が高い値となった。また緑色LEDと青色LEDがともに未照射のセクションf-②では0.67%と抑制効果が見られるが，これらは図6に示すように，照射セクションからの緑色光や青色光が漏れ出た効果が現れていると考えている。

4 おわりに

高演色白色LED照明はイチゴ栽培に有用であり，日照不足における補助や日照延長に用いることでイチゴの収穫量，成長促進への有効性が定量的に示された。また緑色LED照明によるうどんこ病の抑制効果が定量的に結論づけられ，あわせて青色LED照明の抑制効果の可能性が示された。現在，LEDやレーザによる光環境の植物に対する様々な効果について調査を継続して

表1 各実験条件に対するうどんこ病発生状況まとめ

セクション	i	h	g	f-③	f-②	f-①	e	d	c	b	a
緑色LED	−	−	−	−	−	緑色	−	−	−	−	−
青色LED	−	−	−	青色	−	−	−	−	−	−	−
栽培品種	もういっこ&さちのか	あきひめ	さちのか	もういっこ	もういっこ	もういっこ	もういっこ	もういっこ	もういっこ	もういっこ	もういっこ
栽培株数	182株	140株	140株	46株	46株	46株	140株	140株	140株	140株	231株
7レーン	8	1	3	1	0	2	1	7	7	14	5
6レーン	4	3	7	0	0	0	1	4	10	9	1
5レーン	1	0	2	1	0	0	0	4	12	2	0
4レーン	4	2	0	2	0	0	1	4	10	7	8
3レーン	3	0	0	1	0	0	3	1	5	2	2
2レーン	11	1	6	4	1	0	1	13	19	12	2
1レーン	0	0	1	2	0	0	9	24	11	12	2
うどん粉病発生数	31	7	19	11	1	2	16	57	74	58	20
イチゴ収穫数	295	148	385	149	149	149	335	431	485	485	603
うどん粉病発生率	10.50%	4.72%	4.93%	7.38%	0.67%	1.34%	4.77%	13.20%	15.25%	11.95%	3.31%

第 24 章 高演色白色 LED 照明導入によるイチゴの成長促進実証と緑色 LED 照明・青色 LED 照明導入によるイチゴのうどんこ病抑制効果の実証

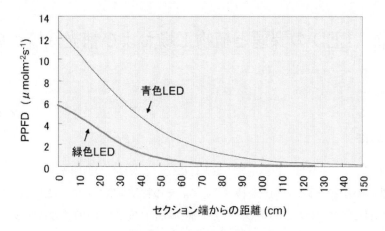

図 6　緑色 LED・青色 LED の漏れ光分布

おり，今後は植物工場における光による病害虫の防除効果などのより詳細な検証を通じて，食の安全・安心に寄与していきたいと考えている。

文　　献

1) 錦朋範 ほか，世界初全館 LED 照明建屋の構築と現状，LED 2009〜最新技術と市場動向，pp. 114–123（2009）
2) 阿波加和孝 ほか，植物栽培における高演色白色 LED 照明の導入効果と植物工場への展開，日本生物環境工学会 2010 年大会，日本生物環境工学会，pp.72–73（2010）
3) 田伏栄徳 ほか，GALF（超微細気泡発生装置）及び高演色 LED 照明を用いた制御システムによる植物工場ラボでのいちご栽培実証，日本生物環境工学会 2010 年大会，日本生物環境工学会，pp.74–75（2010）
4) 工藤りか ほか，農作物への緑色光照射技術の開発，日本生物環境工学会 2010 年大会，日本生物環境工学会，pp.294–295（2010）
5) 阿波加和孝 ほか，高演色白色 LED 照明導入によるイチゴ栽培における成長促進実証，日本生物環境工学会 2011 年札幌大会，pp.80–81（2011）
6) 阿波加和孝 ほか，緑色 LED 照明・青色 LED 照明導入によるイチゴ栽培におけるうどんこ病抑制効果の実証，日本生物環境工学会 2011 年札幌大会，pp.82–83（2011）

第25章　LEDの課題と植物工場および補光栽培への応用

金満伸央[*]

1　はじめに

　LED（発光ダイオード）は，白熱電球や蛍光灯に代わる次世代の照明光源として，寿命が長い，消費電力が少ないなどの多くの利点を持っている。その特長を生かして，最近では植物栽培用光源としても注目を浴びている。しかし，一方で植物栽培に安易にLEDを設置することは多くの課題も含んでおり，課題を克服するためには専門メーカーによる技術的なノウハウが必要である。本章では，植物栽培用光源の応用事例の紹介とともに植物栽培の世界では馴染みの少ないLEDの課題や対策にも触れ，LEDの特性を正しく理解した上で利用をしてもらうための情報を専門メーカーの立場から提供したい。これから植物工場や栽培の光源にLEDの導入を考えている方への参考になれば幸いである。

2　LEDの構造

　LED照明にはチップLEDと呼ばれるプリント基板などに表面実装するタイプのLEDが多く使われている（写真1）。リードフレームとランプハウスが一体成形されたパッケージにLED素子を実装し，リードフレームと接続した後に封止樹脂をランプハウス枠内に注入して固めることで，LED素子を内部に固定する構造である。ランプハウスは光の反射にも利用され，配光特性

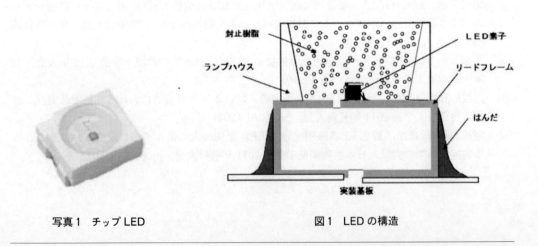

写真1　チップLED　　　　　　　図1　LEDの構造

[*]　Nobuhisa Kanemitsu　スタンレー電気㈱　横浜技術センター　新規事業開発室　主任技師

第 25 章　LED の課題と植物工場および補光栽培への応用

を制御して光の利用効率を高める役割もしている。また，封止樹脂に発光色を変換する蛍光体を分散することで（3.5 項で説明），効率の良い白色発光を得ることも可能である（図 1）。

3　LED の課題と対策

3.1　防水

　LED が水や湿気に弱いということは見落とされがちである。LED の内部は半導体材料の集積であり，水の浸入や高湿度にさらされることで金属の腐食や樹脂の劣化が起こり，やがては不灯にいたるケースも多い。したがって，人工光型植物工場のように常に高い湿度の雰囲気の中で使用する場合には，特に防水への注意が必要である。LED を基板の上にただ並べただけの照明灯具では，上記の理由から不灯になるのはごく当然のことである。そのため，植物栽培用の照明灯具には防水対策が必要になる。防水対策の一例を当社の照明灯具で説明する（図 2）。LED を基板上に実装した LED モジュールの上からアウターレンズと呼ばれる部品を被せ全体を覆い，放熱用のフィンと一体化したハウジングと溶着することで LED が密閉された状態となり，水や湿気から LED を保護する構造となっている。また，点灯や消灯時に生じる照明灯具内外の温度差による圧力差を調整する呼吸弁（呼吸キャップ）も備えている。このような対策を施していない照明灯具では，短い使用期間で不灯になるという問題が発生しかねない。

3.2　配光

　LED の発光する部分（LED 素子）は，大きいものでも数 mm 程の大きさであり，点発光の光源といっても過言ではない。点光源を数多く並べることで，線や面の光源を作ることは物理的には可能であるが，使用する LED の数の多さやコスト面を考えると決して得策ではない。少ない数の LED でいかに効率よく光を拡散させ，対象物（植物）に照射するのかが照明灯具の重要なポイントとなる。この問題を解決する手段として，LED の前面に配光用レンズを設けて配光を制御する方法がある。一口に配光用レンズといっても，レンズを配するには緻密な設計と加工技術が必要である。事前にコンピューター上で配光をシミュレーションするなどして，必要な光量を必要な部位に効率よく照射するための検討が重要である（図 3）。こうしたシミュレーションを行うことで，

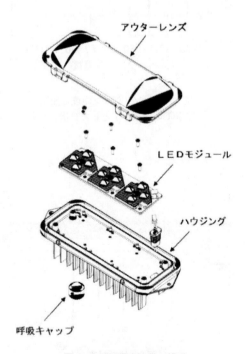

図 2　LED 照明灯具の構造

栽培品種や栽培条件の異なる植物工場でも最適な配光特性を持った照明灯具の提案が可能になる。

3.3 放熱

LEDは発熱が少ない光源であることを耳にされたことがあると思う。LEDで誤解されやすいのは，確かに電流を流した際に消費される多くの電力は光に変換されるが，一部のエネルギーは熱に変換されてLED素子自体が発熱することである。この熱がLEDの特性低下を招く原因となる。なぜならば，LED素子の接合部（ジャンクション）温度が高くなるにつれ，光量が落ちてしまうからである（図4）。言い換えれば，発生した熱をいかに効率よく放熱させるかがLEDの特性を引き出すことにつながる。例えば人工光型植物工場栽培システムでは，このLEDから発生した熱をどう放熱するかがLEDにとっても栽培する植物の温度への影響からも重要な鍵となる。人工光型植物工場栽培システムにおける放熱対策の一例を紹介する（図5）。LEDから発生した熱を照明灯具のフレーム（筐体）を介して栽培に利用する水（養液）と接するようにすることで冷却し放熱を行う。こうすれば，水（養液）の温度管理を行うことで，LEDにとっても栽培する植物にとっても理想的な環境を作ることが出来る（大成建設㈱との共同特許出願済）。

3.4 劣化

3.1項でLEDは水や湿気に弱いこと

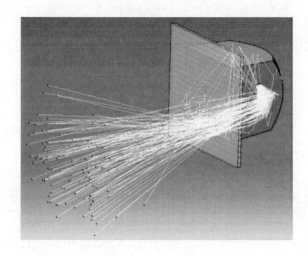

図3　配光シミュレーション

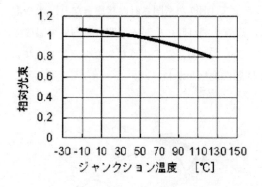

図4　ジャンクション温度と光量
50℃の光束を1として算出。

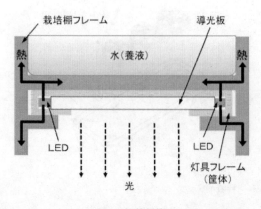

図5　放熱対策

第25章　LEDの課題と植物工場および補光栽培への応用

を説明した。最近の報告では，大気中に含まれる硫化ガスが輝度低下を引き起こす原因になっていることが分かり問題となっている。この事象の意味するところは，LEDを通常どおりに使用していてもいつのまにか劣化が進んでしまうということである。ユーザーにとっては，何とも防ぎようのない問題である。これは，LEDへの電力を供給し，光を効率よく外部に取り出す役目を果たすリードフレーム（図1）と呼ばれる部品の「硫化現象」に起因することが分かっている。リードフレームが硫化ガスとの反応により黒っぽく変色する現象である（写真2）。硫化によって変色したリードフレームは，光の反射率が低下し，結果として外に出る光が減少して輝度が低下する。この硫化への対策はメーカーによっても異なるが，リードフレームに耐湿性のあるコーティングを施すことやLED素子を封止している樹脂を耐湿性の高いものにするなどの対策が一般的である。LEDを植物工場の照明として利用する際には，硫化対策を施されたLEDを選定することも，後々の輝度低下を招かないために重要なことである。ちなみに，当社の植物栽培用光源のLEDには硫化対策が施されていることを付け加えておきたい。

3.5　光質

1990年代にGaN系材料による青色のLEDが実現されたことで，LEDによる白色発光の技術は急速に進んだ。現在，白色LEDと呼ばれるものの多くは，青色LED（450 nm）と黄色のYAG系蛍光体を組み合わせて，擬似的に白色を出す方法を採用している。最近では昼光色の白色に加えて電球色と呼ばれる蛍光体の比率を増やしたものも出てきている。そのため，

写真2　硫化現象
左：正常品，右：硫化により変色した状態。

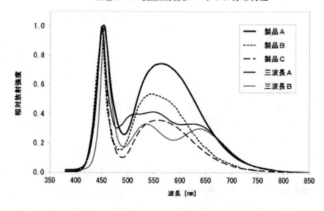

図6　白色LEDの発光スペクトル

一口に白色LEDといってもメーカーや型番によって使われる蛍光体の種類や配合比率も様々である（図6）。人工光型植物工場や補光栽培のように光質（波長）が生育や形態形成に影響を与える場合には，この光質の違いにも注意を払う必要がある。

4 人工光型植物工場への応用

4.1 光源

太陽光をまったく利用しない人工光型植物工場では，照明（光）は栽培条件の中でも重要な位置を占める。したがって，照明には光量や光質（波長）以外にも，発熱が少ない，収量の向上，作業環境に良いなどといった様々な要求がある。こういった要求に答えるために開発した光源が植物栽培用照明パネルである（写真3）。液晶テレビなどのバックライトに採用されている導光板技術を応用したエッジライト方式の照明である。以下にその特長を紹介する。

写真3　植物栽培用照明パネル

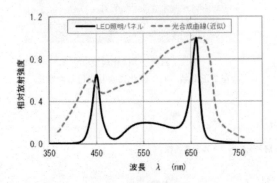

図7　発光スペクトル

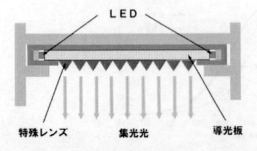

図8　照明パネルの構造

①光量子束密度（PPFD）：$100\mu mol\,m^{-2}s^{-1}$と$200\,\mu mol\,m^{-2}s^{-1}$の2種類（光源下20 cm）。

②波長：光合成作用曲線に合った青色（450 nm）と赤色（660 nm）をピークとした光質（図7）。

③発熱：LEDから発生した熱を金属性のフレーム（筐体）全体で放熱する構造。

④配光：導光板方式による発光面の均一照射分布と混色を実現。また，特殊レンズにより照明パネル外への光の分散を抑制（図8）。

⑤高収量：照明パネルの厚さを13 mmに抑えることで栽培棚の多段化が可能。また発光面に光源がなく発熱が少ないので栽培物との距離が縮められる（蛍光灯方式との比較）。

⑥作業環境：白色と赤色の組み合わせによ

第 25 章　LED の課題と植物工場および補光栽培への応用

り自然な色合いを実現。植物工場用の LED 照明には青色＋赤色のみの照明もあるが，植物工場で働く作業者の視環境には適さない。また栽培物の生育障害や変色といった不具合も見つけにくい。

⑦防水：植物からの蒸散，栽培溶液の飛散，高湿度環境でも使用が可能な防水構造。

4.2　応用事例

照明パネルを利用して大成建設㈱と共同開発をした人工光型植物工場栽培システムの事例を紹介する（写真4）。2009 年に同社が行ったサラダ菜による LED と蛍光灯下での生育比較試験（PPFD はともに 100 μmol m^{-2}s^{-1}）では，地上部生体重，糖度，硝酸態窒素も同等であることを確認している（図9）。また，LED 照明パネルの採用で蛍光灯のシステムより栽培棚を多段化することができ，1.75 倍の収量増が可能になるとしている（大成建設㈱算出値）。

5　補光栽培への応用

5.1　光源

太陽光が不足する時期や時間に光を照射して栽培する補光栽培は北欧を中心に普及しているが，日本でも LED の高輝度化にともない徐々に浸透してきている。補光栽培に要求される照明の条件は，光質（波長）というよりはむしろ光量に重点が置かれることが多い。最近では白色 LED の高輝度化も進み LED でも補光に十

写真4　人工光型植物工場システム
大成建設㈱本社

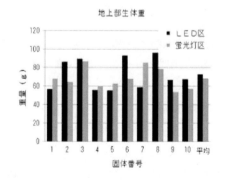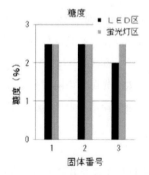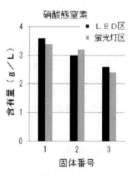

図9　生育試験結果
左：地上部生体重，中央：糖度，右：硝酸態窒素。

アグリフォトニクスⅡ

写真5　補光用照明灯具

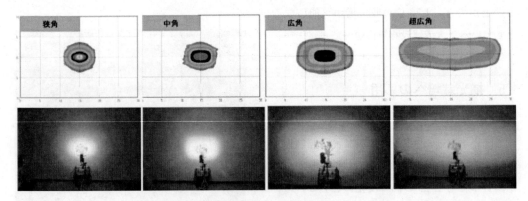

図10　配光レンズによる比較

分必要な光量が得られるようになった。したがって，前述の人工光型植物工場用の照明と比較すると灯具が設置される場所や条件も様々で，照明に要求される条件も違ったものとなる（写真5）。以下にその特長を紹介する。

　①光量：300 μmol m^{-2}s^{-1} 以上（中角で光源下 20 cm）。
　②波長：白色（青色 450 nm と黄色蛍光体の組み合わせ）。
　③発熱：照明灯具背面に放熱フィンを設けた自然空冷方式にて放熱する構造。
　④配光：LED＋配光レンズの組み合わせにより 4 種類の異なる配光パターンが選択可能（図10）。
　⑤形状：ハウス内の使用で太陽光照射の阻害を極力少なくしたスリム形状。
　⑥構造：散水，薬剤散布，細霧冷房などの環境に対応した防水構造（図2）。

5.2　応用事例

　白色 LED を搭載した照明灯具を補光栽培として利用した植物工場に東京農工大学の植物工場（平成 21 年度経済産業省補助事業「先進的植物工場施設整備費補助金」に採択）がある。この植物工場では「ブルーベリーの周年生産による多収化」を目指す研究と実証試験を行っている（写

第25章　LEDの課題と植物工場および補光栽培への応用

写真6　東京農工大学の植物工場

写真7　栽培室に設置されたLED補光灯具（矢印部分）

表1　LED補光がブルーベリーの果実収量および補光開始後の新梢伸長に及ぼす影響

	果実収量[1]			新梢伸長[2]		
	総重量(g)／樹	果樹数／樹	平均1荷重(g)	総新梢長(cm)／樹	発生本数／樹	平均新梢長(cm)
対象区	346.5	280	1.4	298.8	17	15.4
LED補光区	424.5	255	1.7	410.2	62	7.0

1) 2010年7月26日〜8月19日に成熟した果実を測定
2) 2010年6月22日〜8月25日に伸長した新梢を測定

真6,7）。

　LEDが補光に採用された背景について触れておきたい。ブルーベリーは日本では主に6〜9月まで出荷されるが，生産者からは収量を高める技術や収穫時期を長くする技術が望まれている。そこで，LEDによる補光が周年生産に寄与するかの事前実験（ブルーベリーの果実生産と新梢生長を同時に増大することが可能かの検討[1]）を同大学で行ったところ，補光を行っていない対象区とLEDの補光区で果実収量や新梢伸長に明らかな差異が見られた（表1）。

　この差異は，樹木上部からの補光でより多くの光を受けた上葉用の光合成速度が増したことにより光合成量が増加したためと考えられる（図11）。その結果，補光が葉の光合成量の増大と葉面積の拡大に影響し，結果的に同化産物量が増加することで高収量化の可能性を導くことを示している[1]。

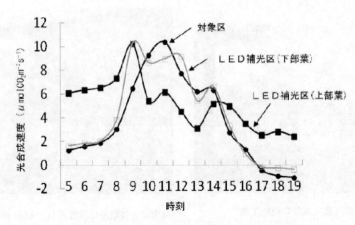

図 11　LED 補光でのブルーベリーの光合成速度

6　おわりに

　人工光型植物工場の照明に蛍光灯が多く利用されている理由は，蛍光灯が栽培に適した光源というよりは，むしろ安価で入手しやすい面に重点が置かれているのではないだろうか。今後，LED が一般照明へと普及をしていけば，植物工場の照明もやがて LED に代わることはむしろ自然な流れとも言える。また，LED を植物栽培に利用する目的は生育だけではない。植物の持つ生理機能の活性や抑制もしくは特定機能性成分の発現や向上といった面にも注目すべきである。LED を用いた光制御によって栄養成分（ビタミン）や機能性成分（ポリフェノール）を強化したものができるという報告[2]もある。LED だから可能になる植物のこうした反応は今後も研究や解明が進むであろう。そのためにも LED の性能向上や照明灯具の効率改善さらにはコスト低減を図ることで LED の普及を加速していきたい。

文　　献

1)　荻原勲ほか，園芸学研究，**10**（別 2），p. 400（2011）
2)　食品工業編集部編纂，植物工場，p. 148，光琳（2010）

第26章　サスティナブル・低環境負荷都市型植物工場の事業に向けた提言

岡﨑聖一[*]

1　はじめに

「植物工場」または「野菜工場」というフレーズが新聞，テレビ，雑誌などのさまざまなメディアへの露出度を増している。かつて原木栽培が当たり前だったキノコが数社の勝ち組企業による"工場製"に取って代わられたように，葉物野菜を中心に「植物工場」や「野菜工場」で栽培された農産物が身近な存在となってきた。

植物工場は栽培技術，栽培環境制御技術，人工光源技術，情報ネットワーク技術，流通および販売チャネル整備などの複合技術と，それらを組み合わせた仕組みの縦糸と横糸を精緻に織り成すことが求められる。とりわけ完全制御型植物工場は閉鎖環境でバイオマス生産を行うため人工光源が重要なポジションを占めることになる。

筆者は植物栽培用LED照明装置および植物工場用プラントシステムを開発，販売する企業を主宰する立場から，植物工場ビジネスの現状について幅広く解説する。

2　フードマイレージの数値を小さくする努力と都市型植物工場の関わり

21世紀型アグリビジネスの方向性として，低環境負荷の都市型食料生産および流通システムが注目されている。その中心的概念に当るのがフードマイレージである。フードマイレージとは，イギリスのティム・ラング氏が，1994年に提唱した運動に由来する。食料の生産地から消費地までの輸送距離に着目し，なるべく近くで生産・収穫された食料を食べることで，輸送に伴う化石エネルギー消費とCO_2排出を出来るだけ減らし，環境への負荷を軽減しようという運動である[1]。

わが国で消費される大豆や小麦などは，そのほとんどを輸入に依存している上，生産・輸出国の多くが遠距離という状況にあるため，フードマイレージの数値は減らすことが難しいのが現状である。都市生活者がわが国の人口に占める割合が高いこともフードマイレージの数値を大きくしている。都市は消費地であり，食料生産機能は有していないか，もしくは限定的である。多くの土地を必要とし，労働集約的な従来型の農業は，都市内では経済的にも成り立ちにくい。しかし，植物工場の普及により状況は変化する。

太陽光は二次元的にしか利用できないが，人工光を栽培光源に用いた完全制御型植物工場は三

---

[*]　Seiichi Okazaki　㈱キーストーンテクノロジー　代表取締役社長 兼CEO ;
　　鹿児島大学　大学院連合農学研究科　博士後期課程

次元的にスペースを活用できるため、土地の利用効率が飛躍的に向上する。遊休工場の有効活用策として、空き店舗の有効活用策として、さらに狭い土地を有効活用するなどして完全制御型植物工場を都市内部や、その周辺部に設置運営することで、水や肥料を最小限の使用に抑え、完全無農薬の消費者が求める安心・安全な野菜を周年栽培し、その結果として都市内での地産地消が進むことで、フードマイレージの数値を極小化した食料の安定供給が可能となるのである。

3 植物工場における栽培用光源選定に求められる視座

植物の大部分は光合成によって生活を営んでいるので、太陽光を如何に効率よく自分のエネルギー源とするかは、植物自身にとっての最重要課題である。進化の過程で植物は、太陽光量のダイナミックな変化に対して、自分を何とか最適化しようとする仕組みを発達、進化させてきた。一般に葉緑体は葉の中で静止していると思われがちだが、青色光をモニターして、弱光下では葉の表側に集合して集光面積を増加させ、逆に過剰な光強度下に晒されれば葉緑体の向きを変えて逃避運動を行っている。植物は動物と異なり固着生活を営むので、環境に対する順応性や適応性を発達させてきた。光や重力を感じ取りながら、それに応じて形を変化させる能力を持っている。植物が持つこうした「形態の可塑性」という特性は、植物工場の採算性向上に有効な「植物の潜在能力を引き出す栽培」を目的としたLED光源の要求仕様および栽培技術検討時に、極めて重要なファクターを提示する。

植物に当てる光は強ければ強いほど良いわけではない。植物の種類や生理状態によって、適切な光の量は異なる。光合成は、光のエネルギーを電子の動きに変換し、その電子を使って過激なほどの化学反応を引き起こす反応である。光合成の最初の電荷分離過程での光エネルギーの転換反応は非常に速く数ピコ秒オーダーの速度で進行すると言われている。しかし、この反応を進行させるためには、LHCと呼ばれる周辺の集光アンテナ装置（クロロフィルbを多く含有）を介して多大な光エネルギーを流入させる必要が有る。また光合成化学反応には二つの光化学系（PSI, PSII）があり、それぞれ光励起されて直列的に機能している。このような光化学反応が葉緑体チラコイド膜で行われるのに対し、引き続き進行する炭素還元反応は、葉緑体内のストロマと呼ばれる水溶性領域で進む。この反応の中心的役割を担うRubiscoの活性機構には光が関与することが解っている（図1）。このような複雑な制御を受ける光合成過程に、光照射の方法の違いがどのように影響するのだろうか。一連の反応のどこかが滞れば、葉は化学反応が暴走し焼き切れてしまう。光合成の原料である水が不足し、萎れた状態で強い光が射し込めば、葉は光合成反応が進められないまま、光エネルギーの容赦ない攻撃を受け続けることになってしまう。低温の状態で強い光を当てるのも禁物である。低温では植物の生理活性が低下し、化学反応が遅くなるからだ（図2）。

完全制御型植物工場の場合、一般的に太陽光は栽培光源に用いない。植物栽培に適した無機的環境条件を閉鎖系内に整えて野菜生産を行う場合、気まぐれな太陽光は外乱的性質を帯びるから

第26章　サスティナブル・低環境負荷都市型植物工場の事業に向けた提言

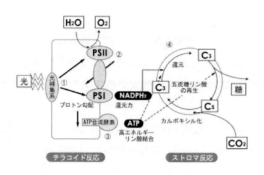

図1　光合成反応
文献2）より作図

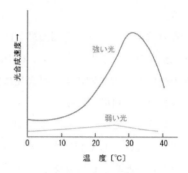

図2　温度・光と光合成速度
文献3）より作図

である。完全制御型植物工場における人工光源は，自然環境下での太陽の代役を務めることが目的である。但し，この表現は太陽放射をそのまま人工光源で再現するものではないことに留意すべきである。電気という経済的負担を伴うエネルギーを，光エネルギーに変換して利用する際に，目的とする植物生産に最大限の効果をもたらす光波長の組合せ検討が植物栽培用光源選定の重要な視座である。

4　植物栽培に利用可能な光源

これまでのところ，植物栽培に利用されている光源には，白熱電球，蛍光ランプ，メタルハライドランプ，高圧ナトリウムランプ，冷陰極管（CCFL），発光ダイオード（LED）などがある。以下それぞれの概略と特徴を示す。

4.1　白熱電球

白熱電球はフィラメントに電流を流して加熱し，その熱放射を利用して発光させる光源である。放射効率は高いが，赤外放射が多く可視放射は少ない。植物栽培分野では，電照ギクに代表されるような長日処理を目的とした用途に長く使用されてきたが，消費電力削減を求める時流から，大手メーカーは製造中止を打ち出している。

4.2　蛍光ランプ

蛍光ランプは，低圧の水銀放電により紫外放射を得て，その紫外線によって励起された蛍光体の発光を利用している。白熱電球に比べて効率が高く，寿命が長い。蛍光体を使用するため，光色，演色性の設定が容易である。一方，安定器を必要とし，低圧放電であるため輝度が低く，大きな光束のランプが得にくい。また，特性が水銀の蒸気圧に依存するため，周囲温度により効率，始動特性が変わるのが短所である。間接照明より直接照明が好まれるわが国では最も広く使われ

ている。

　一般の蛍光ランプは，周囲温度20〜25℃で明るさが最大になるように設計されている。40Wの白色蛍光ランプの場合，ランプ電力が紫外放射（主に254nmの紫外）に変換される割合は約60％と高いが，蛍光体により可視光に変換する際のエネルギー損失があり約25％のエネルギーが可視光として利用される。

　植物栽培分野では，従来の白熱電球に置き換わり，電照用途や実用化されている多くの閉鎖型植物工場用光源として利用されている。HID方式のランプと異なり植物に近接照射が可能で，葉物野菜の生産を中心に普及している。

　蛍光体により発光波長が規定されるため，栽培対象植物の生活環に合わせて光質をコントロールすることはできない。また，閉鎖型植物工場においては設置本数が莫大なため，蛍光ランプからの発熱が空調コストを押し上げる要因となっている。

4.3　メタルハライドランプ

　メタルハライドランプは，高圧ナトリウムランプや高圧水銀ランプを含むHID（高輝度放電ランプ）の一種である。点灯中に数気圧程度になる高圧放電による発光を利用している。輝度が高く大電力，大光束が特徴である。光質は青色光成分が多く，赤色光成分は少ない。他のHIDランプより光束維持率は低く，寿命は短い。

4.4　高圧ナトリウムランプ

　低圧ナトリウムランプの発光はナトリウム（Na）のD線（590nm）の発光がほとんどであるが，高圧ナトリウムランプは，590nmの発光は自己吸収によりほとんど見られず，その両側，特に長波長側に連続スペクトルが広がっている。光質は赤色光から遠赤色光成分が多く，青色光成分は少ない。現在実用化されている太陽光利用型植物工場の補光用光源や一部の閉鎖型植物工場の栽培光源として利用されている。HIDランプは消費電力が多く，近接照射ができないので，水耕栽培ベンチを多段に設置したような場所では不向きである。

4.5　冷陰極管（CCFL）

　電極が熱陰極ではないグロー放電の蛍光ランプである。一般照明用には適していないが，導光板を使用したパネル式の誘導灯や案内表示器にも使用されている。植物栽培の分野では，滋賀県の日本アドバンストアグリ㈱が大型液晶テレビに利用されるバックライトを改良したHEFL（ハイブリッド電極蛍光管）を利用した照明装置を開発し，同社の植物工場用光源として実用化されている。

4.6　発光ダイオード（LED）

　輝度の高い青色LEDが1994年に開発されて，R, G, Bの光の三原色が揃った。その後，青色

第 26 章　サスティナブル・低環境負荷都市型植物工場の事業に向けた提言

LED や紫外 LED と蛍光体を組み合わせて一つの LED で白色光が得られるようになった。2008 年の時点で白色 LED は 2500 億円の市場規模があり，今後 2012 年にかけて年率 10％前後で成長することが予測されている。携帯電話市場はほぼ頭打ちになってきたが，自動車用ヘッドライト，LCD ディスプレイのバックライト，一般照明用市場が一気に拡大してきている。特に 2009 年は，LCD ディスプレイのバックライトが CCFL から LED に置き換わり始め，一般照明用の電球型 LED ランプが従来の半分以下の市場価格で販売されるなど，アプリケーションメーカーの戦国時代到来といった形相を呈している。

このように多くの分野で利用や普及が進むことは植物栽培用光源としての LED 化を加速すると思われる。LED 関連産業が活性化し，技術革新が活発になり，関連企業が競争することで一段と製品価格も下がり，ユーザーの立場から利用しやすくなるからである。

LED の特徴は，スペクトル（発光波長）の幅が狭く，目的の単色光を発光することが出来る，放熱が少ない，発光する光に赤外線成分が含まれていない，寿命は 4〜5 万時間程度，ランプサイズが小さく設計の自由度が高い，植物に対し近接照射可能などである。

このような特徴を活かして，植物栽培に LED を用いる試みはかなり以前から行われており，研究分野では徐々に普及が進んでいる。近年の普及事例として，光合成細菌，藻類，水産などの研究分野へと応用幅を拡大してきた。

LED を栽培光源として使うことにより，植物にとって利用効率の低い波長エネルギーを含まず，生育に有効な波長の光だけを集中して照射することが可能である。さらに，植物の発芽，展葉，開花などといったいわゆる光形態形成も，各々ある特定の波長の光が関与していることが知られている。LED から照射される単色光（必要に応じてミックス）を植物の各生活環に最適な条件で与え，植物の形態形成を誘導するための光シグナルとして用い，小さなエネルギーで効率よく特定の植物生理機能や形態形成，器官分化を促すことも可能である[4]。

筆者が主宰する㈱キーストーンテクノロジーでは，植物栽培用 LED 照明装置および植物工場用プラントシステムを開発し，世界的な普及に取り組んでいる。以下，自社製品を使用して植物工場事業を展開中の事例を紹介する。

5　植物工場用栽培ユニット「AGRI-Oh!」

筆者が独自開発に成功した 660nm 4 元系赤色 LED，460nm 青色 LED および 525nm 緑色 LED を実装した植物工場用 LED 栽培光源は，これまでの研究開発の集大成として，植物の潜在能力を引出せる実用レベルに達したと多くの専門家から評価，期待されている（写真 1）。

植物の生育に必要な環境条件は，もっとも不足している条件に支配されるため，環境制御の出来ない露地栽培や太陽光利用型植物工場の生産量は外部環境条件によって支配される。特に光合成速度は，必要な外界条件の中でもっとも不足している条件によって支配される（図 3）。これらの光合成におよぼす外界の諸条件のうち，従来の施設園芸で重視されてこなかったのが光であ

る。光は，太陽が無尽蔵に無償で提供してくれるものだからというのが常識を形成してきた。真夏の直射日光は強烈で，関東地方でもPPFD値は晴天時には最大で2,000 μmol m^{-2} s^{-1}程度になるとされている。それだけの光子のエネルギーを全て光合成産物の生産に利用できれば膨大な植物資源が生産されるが，実際に植物の葉に照射される光のうち，光合成によって糖を生成するとき，化学エネルギーに変換されるのは，葉に注がれた光エネルギーの僅かに1/100程度である（図4）。葉に当たり，光合成産物をより多く生産し得るLED栽培光源が植物工場には不可欠な存在である。

　高性能なLED栽培光源が製品化され，利用可能な状況になってもそれだけで，持続可能で収益性の良い完全制御型植物工場事業は営めない。植物の光波長による応答特性を上手に活かせば，商品化と差別化に有利に働くであろう。しかし，さらに収益性を向上させるためには，栽培設備の単位面積当たりの収穫量増加と収穫回数増加を徹底して追及することは重要なテーマである。そのため，栽培光源以外の要素，養液循環系や給気系などを含めた栽培装置としての"全体最適"が重要な考え方となる。筆者が開発した植物工場用栽培ユニット「AGRI-Oh!」は，全体最適を具現化したプラント設備として普及が進んでいる（写真2）。

6　LED植物工場の導入事例

6.1　異業種参入事例

　完全制御型植物工場の新規参入企業は，農業以外の事業からの参加がほとんどを占める。国内市場の低迷，円高による輸出不振などの影響を受けて第二次産業および建設業などを中心に構造調整が必須となっている。

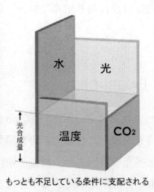
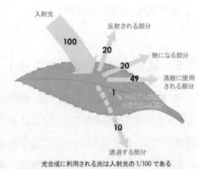

写真1　植物工場用R/G/B3波長LED光源　　図3　光合成におよぼす外界の条件　文献4)から作図　　図4　入射光と光エネルギーの収支　文献5)より作図

第 26 章　サスティナブル・低環境負荷都市型植物工場の事業に向けた提言

写真 2　植物工場用栽培ユニット「AGRI-Oh!」

写真 3　H.S.V. ㈱完全制御型 LED 植物工場

建物概要：鉄骨造・クリーンルーム仕様・建築面積 288m^2（北陸コラム工場内）
プラント仕様：植物工場用栽培ユニット「AGRI-Oh!」32 台（栽培用 28 台・育苗用 4 台），包装機 1 台），空調制御（温湿度制御・CO_2 制御・差圧管理），栽培モニタリングシステム
プラント設計：佐藤工業㈱・㈱キーストーンテクノロジー
栽培品目：葉物野菜（レタス類），ハーブ類
生産規模：最大日産千株（リーフレタス換算）

　H.S.V. ㈱（富山県射水市）は，関連会社である北陸コラム㈱（建築用鋼材加工卸業）の工場遊休部分を有効活用することを念頭に，完全人工光型植物工場事業を平成 22 年 1 月より開始し，工場内実験室で，LED プラントや蛍光灯照明プラントなどによる栽培実験と比較検討を行った。1 年以上にわたり栽培品質・設備投資費用・ランニングコスト等を検討した結果，㈱キーストーンテクノロジーが開発した植物工場用栽培ユニット「AGRI-Oh!」の導入が最適と判断し，工場建設計画を進め，平成 23 年 5 月に着工し，同年 9 月に竣工した（写真 3）。

植物工場ビジネスは，異業種からの参入が多く，販路開拓およびマーケティングに関する知見と経験が不足している。栽培に関しては完成度の高いプラントの導入により設備産業化することが期待できるが，販路の確保がビジネス成功の肝である。そのため筆者はプラントメーカーの枠を超えて，6次産業を実践している企業としてマーケティング，ブランディング，栽培指導など植物工場ビジネスを成功に導く支援を積極的に展開している。

6.2　店産店消事例

　「被災地・東北復興のシンボルに」をスローガンに，野菜ビュッフェレストラン六丁目農園（仙台市若林区）[6]に植物工場用栽培ユニット「AGRI-Oh!」2台を導入し，店産店消を具現化している。"人にやさしく環境にやさしい"がコンセプトの自然派レストランであり，地元産のオーガニック野菜をふんだんに使ったビュッフェスタイルが人気で，連日地元客で賑わっている。六丁目農園では障害者就労にも取り組んでおり，障害者の経済的自立を支援している。LED菜園による野菜栽培は軽作業なため，障害者就労の新たな作業の場として役割を果たしている。LED菜園は店内中央に設置され，育てられた無農薬野菜は，ビュッフェ食材として供される。来店客は野菜が育つ姿を間近で興味深く見ながら，その野菜を使った料理を食べるという「店産店消」スタイルが定着している（写真4）。

写真4　野菜ビュッフェレストラン六丁目農園LED菜園

第 26 章　サスティナブル・低環境負荷都市型植物工場の事業に向けた提言

7　高収益植物工場事業に求められる生産－直販一貫姿勢

　蛍光灯を栽培光源に使用している多くの完全制御型植物工場は皮肉なことに事業採算性が低く，事業撤退が相次いでいる。背景には「規模の経済」を追及したビジネスモデルが存在する。日々生産される財に占める設備償却負担額が相対的に少なくなり，結果的に植物工場産野菜を露地栽培野菜と競合する価格で販売することを与件に設定した場合，毎日の野菜生産量は数千株から一万株程度が必要とされる。露地栽培野菜の市場価格と同等か，それ以下に低コストで生産出来るとする考え方である。しかし，現実問題として，毎日数千株から一万株もの野菜が生産され，それを全量売り切るためには露地栽培野菜との市場競合は避けられない。価格決定権を市場が支配した場合「規模の経済」は不利である。薄利多売型のビジネスモデルはキャッシュフローを圧迫する。植物工場を事業として成り立たせるためには，露地栽培野菜などとの競合を避け，「機能性成分」を増加させるなどの明確な差別化，付加価値付けが欠かせない。蛍光灯を栽培光源とした生産設備では，露地栽培との明確な差別化は困難であり，販売先や流通チャネル開発も従来型野菜販売手法とは異なる発想が必要であることを示唆している。

　植物工場の普及とフードマイレージの数値を極小化させることは親和性が高いが，植物工場ビジネスが，事業として成り立たなくては絵に描いた餅である。LED 光源で栽培した高機能野菜の販売戦略には 6 次産業を前提とした成長モデルが欠かせないのである。その一つの事例として筆者が展開しているのが，写真 5 に示す直売所である。

　JR 桜木町駅から徒歩 5 分のオフィス街の一角にある「驛の食卓」という，横浜に 1 軒だけの地ビール製造企業である横浜ビールが経営するレストラン 1F のテラス席を開放してもらい，地元野菜の直売を目的に「驛テラス」という店名で販売活動を行っている。ランチタイム中心の野菜直売を行っていたが，反響が大きく，野菜の生産が追い付かない状況が続いている。「驛テラ

写真 5　横浜馬車道ハイカラ野菜直販ショップ「驛テラス」

ス」店長の仲里一郎氏は神奈川県内のある大規模太陽光利用型植物工場を立ち上げた経歴を持ち，その際の野菜販売の苦労と経験を糧に，メールマガジンを活用した集客と情報提供を行い，リピーター作りに大きな成果を挙げている．同氏の尽力もあり，筆者が栽培した野菜は「驛テラス」の店頭に出た段階で，半数は予約で売れる．ベンチャー企業の外部ネットワーク機能は侮れないのである．

　第三次植物工場ブームを追い風に社会的に植物工場の認知は進んできた．しかし，生産機能に限定したイノベーションだけでは社会インフラとしての普及には相当な時間を要するであろう．労働生産人口減少，農業従事者の深刻な高齢化，食の安全に関する問題など植物工場業界関係者が向き合う課題は山積し，待ったなしである．今こそ，生産・流通・マーケティングを三位一体で改革し，社会に役立つ植物工場を普及させなければならない．

文　　献

1) 農林水産省 HP，http://www.maff.go.jp/j/heya/sodan/0907/05.html（2010 年 12 月 11 日確認）
2) 鈴木祥弘，基礎生物学テキストシリーズ 7　植物生理学，光合成の概要，p.46，化学同人（2009）
3) 山本良一，櫻井直樹，絵とき植物生理学入門，光合成と代謝，p.191，オーム社（2007）図 5.28 を改変
4) 山本良一，櫻井直樹，絵とき植物生理学入門，光合成と代謝，p.192，オーム社（2007）図 5.29 を改変
5) 山本良一，櫻井直樹，絵とき植物生理学入門，光合成と代謝，p.164，オーム社（2007）図 5.1 を改変
6) 野菜ビュッフェレストラン六丁目農園 HP，http://www.sprasia.com/tv/user/rokunouen/index（2012 年 3 月 31 日確認）

第27章　LED照明を用いた植物栽培研究・植物工場

齋藤和興[*]

1　はじめに

　植物の発芽や成長には水，空気，光，温度，肥料など，どれもが重要な要素である。これらを基に以前からの露地を利用した農業は特に水，光，温度などの気象変化の影響を受け最終的には作物の収量増減につながり，また気象災害においては農作物に壊滅的被害をもたらし農業経営のリスク管理が重要になっている。

　2009年1月経済産業省本省ロビーに閉鎖型植物栽培システムモデルが展示され，栽培環境が整えられた空間で太陽光の代わりにLED光源を用いて，気候変動の影響を受けることなく24時間365日野菜が収穫できる植物工場（写真1）として，連日のようにテレビ等のニュースで取り上げられたこともまだ記憶に新しい。植物工場にもまだ解決しなければいけない問題も残るが，気象環境や設置場所に左右されにくい，21世紀型工業的農業として今後さらに期待される。

写真1　閉鎖型植物栽培システムモデル

---

*　Kazuoki Saito　㈱セネコム　代表取締役社長

アグリフォトニクスⅡ

2 植物栽培用 LED

近年は LED 素子の品質も以前に比べると向上しさらに向上を続けている。植物栽培に用いる LED の基板化の必要条件として温度，湿度対策が必要であり，当然寿命にも影響する。弊社では 2005 年当初から当時としては超高輝度と言われる 1W 型のチップ LED を多数用いて基板化を行い，完全閉鎖型オール LED の養液ミストによる多段式植物工場（写真 2）をはじめとして各種の植物栽培システムに使用してきた。今日において初期の設備投資として LED の占める割高感はあるが，植物工場の光源として理想的であると考える。光源として LED パネルを用いる場合植物工場では減価償却を考慮すると，少なくとも 7 年から 8 年以上使用できるような設計が求められる。

2.1 LED 照明に関する LED 配置の重要性

植物の光合成に有効な波長域 460nm（青），660nm（赤）の LED を有効に配置することが対象となる植物を均一に成長させるためには重要なことである。図 1，図 2 は光学系シミュレーションソフトにより 30×30cm の LED 基板をもとに赤 LED と青 LED の光が照射面に対して均一になるような配置パターン条件を求めることで栽培に合わせた色々なサイズの LED 基板を短時間で作製することが可能である。

2.2 LED 照明の温度，湿度対策

LED の放熱対策には通常アルミ基板や近年ではセラミック基板が使用されるが，より低価格のガラスエポキシ樹脂基板を使用することで初期の設備投資額を抑えることができる。しかし

写真 2　完全閉鎖型オール LED の養液ミストによる多段階式植物工場

第 27 章　LED 照明を用いた植物栽培研究・植物工場

LED の熱を拡散させることが重要であり，対策としてサーモグラフィー（図3）を用いて基板からの放熱を増す設計を施すため，実装基板にスルーホールを設けることで放熱効果を高める対策を行う。また弊社が 1W チップ LED を使用してきたのは，高輝度を利用して栽培に必要な光量子量を確保しながら規定電流値以下に抑えることで LED からの発熱をより下げることが可能となるためである。

　LED 実装基板の湿度対策について，植物栽培環境としておおよそ湿度 60〜85%の環境下では LED 電極部の酸化加速や温度環境設定条件，場合によっては LED 実装基盤上に結露が発生することがあるため，あらかじめ防湿対策として，放熱効果と相反することであるが，弊社では実装基板にシリコン皮膜を施している。

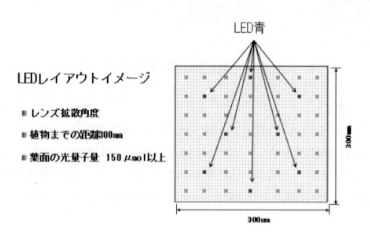

図1　シミュレーションによる赤・青 LED パターン

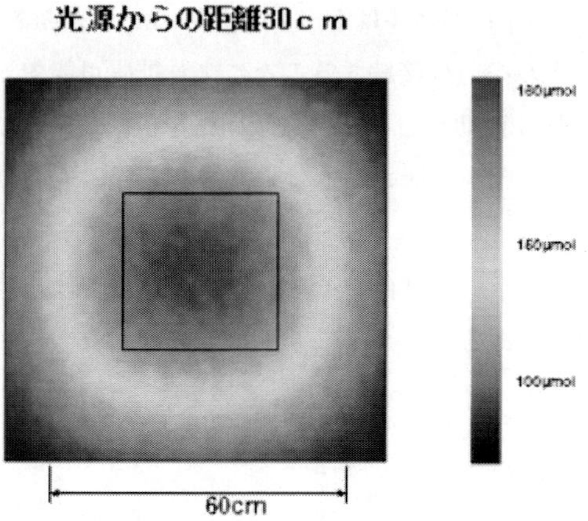

図2　シミュレーションによる LED 光量子分布

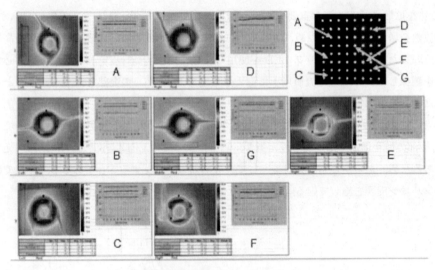

図3 基板上の各LED温度パターン

2.3 LED照明の電源

植物工場などで使用されるLED素子はDC（直流）動作であるが，工場電源は一般的にキュービクルと言われる変電設備を通して交流電源100V，200Vが供給されており，直接AC電源を接続できることが望ましい。弊社のLEDパネルはAC電源100V，200Vが直接駆動できるように設計されており，更に設置時の作業効率を高めるため各LED基板を直列接続できるように設計されている。

2.4 研究用LED照明

栽培研究用として開発したLEDパネルは1枚150×300mmの大きさで，卓上インキュベーターから大型設備までLEDパネルを直列接続することにより拡張可能で，更に調光機能として写真3のようにディユーティー比4段切替とパルス点滅回路を標準装備している。また多数接続したLEDパネルのディユーティー比を一括コントロールできる機器もあり目的に応じた研究が可能となる。

LEDパネルは研究用として赤，青混合タイプの他，赤，青，緑，紫外，近赤外，赤外，白各単色LEDパネルも対応可能である。

第 27 章　LED 照明を用いた植物栽培研究・植物工場

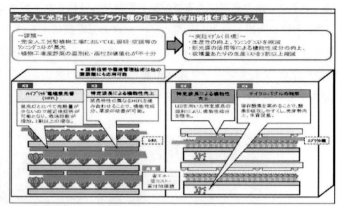

写真 3　LED パネルシステム[1]

3　研究用 LED の応用

研究用に対応した各種 LED パネルの植物に関するキーワードは，植物工場をはじめ生物環境，施設園芸，環境調節，植物ストレス，室内緑化，花き，バイオ，光合成，蒸散，地衣類，海洋生物，栽培漁業など幅広い応用が考えられる。LED は単一波長光源として，またそれぞれの LED 光源を組み合わせることにより目的に応じた研究が可能である。

3.1　スプラウト類栽培への利用

スプラウト類の高付加価値生産技術の実証[1]

ア）レタスに比べて栽培期間が短いスプラウト類の検討を行う。

イ）人工光源下での生産に適したスプラウト品目・品種の選定を行う。

ウ）光触媒反応水®や高保水培地などを利用した発芽・生育促進技術を検討する。

エ）LED 等を用いた特定波長の光照射による機能性成分向上技術の検討を行う。

オ）これらの技術組み合わせによって，現状の植物工場でのレタス生産と比べて，収穫物重量当たりの生産コスト 3 割削減を目指す。

3.2　農研機構 生研センター LED 植物栽培試験室

大型 LED 栽培試験室として，栽培実験の種類によって天井より吊るされた LED 光源を上下移動させることができ，LED 光源から床面までの距離が 2.4m のとき光量子量は写真 4 に示すとおり約 150μmol である。LED パネルは 30×30cm 角で各パネル毎にデューティー比を設定することができる。

3.3 マイクロ水力発電によるコンテナ型機能性植物ミスト栽培システム

農業水路を利用した 10kW 型マイクロ水力発電機によるコンテナ型ミスト栽培システム（写真5）により，天候に左右されることなく機能性植物の栽培を行っており，各種センサーを用い，画像も含め Web センシングにより遠隔地から専門家によるアドバイスを受けることができる「見える化システム」を導入している。

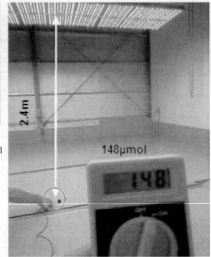

写真4　光量子計による床面 PPFD 測定

写真5　農業水路を利用した 10kw 型マイクロ水力発電機によるコンテナ型ミスト栽培システム

第 27 章　LED 照明を用いた植物栽培研究・植物工場

4　ED 植物工場と栽培システム

完全閉鎖型 LED 植物工場は敷地面積を有効に利用した多段栽培が一般的である。植物工場として多量に使用する LED，とりわけ弊社が使用している 1W 型チップ LED は，数年前に比べ製品のばらつきも少なく回路設計に適合した独自の LED が供給されるようになり，価格の点でも計画生産を行うことで植物工場の初期投資を抑えることが可能となった。

4.1　完全閉鎖型 LED ミスト栽培工場

4 段式ミスト栽培として，写真 6 に示す葉物野菜をはじめ機能性植物栽培にも適し，定植後の生育状態に合わせて LED フレームを上下することができる。LED はパネル型から写真 7 のようにライン LED 間を開けることにより各棚の空気溜をなくし，各栽培棚の気流効果を高め生育環

写真 6　4 段式ミスト栽培

写真 7　見せる化野菜栽培システム

境を改善している。上段の管理は2段目と3段目にキャットウォーク（作業通路）を設け安全性を高めている。

4.2 見せる化野菜栽培システム

野菜の栽培を身近に見ながらまた食し楽しむシステムとして，写真7のようにイメージを重視したものが近年コーヒーショップやレストランなどに導入されている。使用されるLEDは光合成に効果のある赤や青を混合したLEDではなく，赤に近い波長を含んだ白色系を使用し，人への違和感をなくし人気を博している。

資　　料

1)　農研機構（九州拠点）植物向上実証・展示・研究拠点（グループ1）

アグリフォトニクス Ⅱ ―LEDを中心とした植物工場の最新動向― 〈普及版〉　(B1283)

2012年11月 1 日　初　版　第 1 刷発行
2019年 5 月10日　普及版　第 1 刷発行

監　修　　後藤英司　　　　　　　　　Printed in Japan
発行者　　辻　賢司
発行所　　株式会社シーエムシー出版
　　　　　東京都千代田区神田錦町 1-17-1
　　　　　電話 03 (3293) 7066
　　　　　大阪市中央区内平野町 1-3-12
　　　　　電話 06 (4794) 8234
　　　　　http://www.cmcbooks.co.jp/

〔印刷　株式会社遊文舎〕　　　　　　Ⓒ E. Goto, 2019

落丁・乱丁本はお取替えいたします。

本書の内容の一部あるいは全部を無断で複写（コピー）することは，法律で認められた場合を除き，著作者および出版社の権利の侵害になります。

ISBN978-4-7813-1366-5　C3061　¥5600E